G. Schweitzer, A. Traxler, H. Bleuler

Magnetlager

Grundlagen, Eigenschaften und
Anwendungen berührungsfreier,
elektromagnetischer Lager

Mit 139 Abbildungen

Springer-Verlag Berlin Heidelberg GmbH

Prof. Dr. Gerhard Schweitzer
Institut für Robotik und Arbeitsgruppe Mechatronik
ETH Zürich
CH-8092 Zürich

Dr. Alfons Traxler
MECOS TRAXLER AG
Gutstrasse 38
CH-8400 Winterthur

Prof. Dr. Hannes Bleuler
Institute for Industrial Science
University of Tokyo
7-22-1 Roppongi, Minato-ku
Tokyo 106

ISBN 978-3-662-08449-6

Die Deutsche Bibliothek - Cip-Einheitsaufnahme
Schweitzer, Gerhard: Magnetlager: Grundlagen, Eigenschaften und Anwendungen
berührungsfreier, elektromagnetischer Lager / G. Schweitzer; A. Traxler; H. Bleuler.
ISBN 978-3-662-08449-6   ISBN 978-3-662-08448-9 (eBook)
DOI 10.1007/978-3-662-08448-9
NE: Traxler, Alfons:; Bleuler, Hannes:

Dieses Werk ist urheberrechtlich geschützt. Die dadurch begründeten Rechte, insbesondere die der Übersetzung, des Nachdrucks, des Vortrags, der Entnahme von Abbildungen und Tabellen, der Funksendung, der Mikroverfilmung oder der Vervielfältigung auf anderen Wegen und der Speicherung in Datenverarbeitungsanlagen, bleiben, auch bei nur auszugsweiser Verwertung, vorbehalten. Eine Vervielfältigung dieses Werkes oder von Teilen dieses Werkes ist auch im Einzelfall nur in den Grenzen der gesetzlichen Bestimmungen des Urheberrechtsgesetzes der Bundesrepublik Deutschland vom 9. September 1965 in der jeweils geltenden Fassung zulässig. Sie ist grundsätzlich vergütungspflichtig. Zuwiderhandlungen unterliegen den Strafbestimmungen des Urheberrechtsgesetzes.

© Springer-Verlag Berlin Heidelberg 1993
Ursprünglich erschienen bei Springer-Verlag Berlin Heidelberg New York 1993
Softcover reprint of the hardcover 1st edition 1993

Die Wiedergabe von Gebrauchsnamen, Handelsnamen, Warenbezeichnungen usw. in diesem Werk berechtigt auch ohne besondere Kennzeichnung nicht zu der Annahme, daß solche Namen im Sinne der Warenzeichen- und Markenschutz-Gesetzgebung als frei zu betrachten wären und daher von jedermann benutzt werden dürften.

Sollte in diesem Werk direkt oder indirekt auf Gesetze, Vorschriften oder Richtlinien (z.B. DIN, VDI, VDE) Bezug genommen oder aus ihnen zitiert worden sein, so kann der Verlag keine Gewähr für Richtigkeit, Vollständigkeit oder Aktualität übernehmen. Es empfiehlt sich, gegebenenfalls für die eigenen Arbeiten die vollständigen Vorschriften oder Richtlinien in der jeweils gültigen Fassung hinzuzuziehen.

Satz: Reproduktionsfertige Vorlage vom Autor
Bindearbeiten: Lüderitz & Bauer, Berlin
62/3020 5 4 3 2 1 0 - Gedruckt auf säurefreiem Papier

Vorwort

Magnetlager sind ein typisches Produkt der Mechatronik. Neben mechanischen Komponenten enthalten sie elektronische Bauteile wie Sensoren und Leistungsverstärker, einen Regler z.B. in Form eines Mikroprozessors sowie einen zunehmenden Anteil an Software, der letztlich ihren "intelligenten" Einsatz bestimmt. Die immer besser werdende Verfügbarkeit und Integrationsfähigkeit dieser "Bauelemente" macht die Magnetlager zunehmend attraktiv zur Lösung klassischer Lagerungsprobleme in der Maschinendynamik.

Anwendung finden die Magnetlager derzeit z.B. in der Vakuumtechnik, bei Werkzeugmaschinen und bei Turbomaschinen. Besondere Vorteile bieten die Berührungsfreiheit und die regelbare Dynamik der Lagerung. Die Eigenschaften erlauben z.B. neue Konstruktionen, einen Betrieb ohne mechanischen Verschleiss und deshalb weniger Wartungsaufwand sowie hohe Drehzahlen mit der Möglichkeit zur aktiven Schwingungsdämpfung.

Ziel des Buches ist es, grundlegende Kenntnisse über den Aufbau und die Komponenten eines Magnetlagersystems zu vermitteln und damit die Fähigkeit, ein elektromagnetisches Lager zu beurteilen, es bei einer rotordynamischen Aufgabe in der Konstruktion und der Entwicklung einzusetzen oder im Betrieb damit umzugehen. Das Buch wendet sich deshalb gleichermassen an Ingenieure und Physiker in Forschungsinstituten und in der Praxis, die Magnetlager richtig einsetzen oder neue Anwendungen für Magnetlager erschliessen möchten.

Das Buch entstand aus langjährigen Forschungs- und Entwicklungsarbeiten der Verfasser im Bereich der Grundlagen und bei industriellen Anwendungen. Erste Arbeiten begannen 1971 an der TU München. Dem damaligen Leiter des Instituts für Mechanik, Prof. Dr. rer. nat. Dr. hc. K. Magnus, gebührt Dank für seine weitsichtige und grosszügige Förderung. Der Aufbau des Buches orientiert sich an den Anforderungen für Vertiefungsvorlesungen und für Weiterbildungskurse über Magnetlager, welche die Verfasser an der ETH Zürich und der Technischen Akademie Esslingen gehalten haben. Die Gliederung zeigt, dass der Aufbau dem Prinzip vom Einfachen zum Schwierigen und vom Speziellen zum Allgemeinen folgt. Der Schwerpunkt liegt auf der Erklärung des theoretischen Hintergrundes und seines Bezugs zur praktischen Anwendung. Jedes Kapitel enthält ausführliche Literaturangaben.

Das Buch wäre nicht entstanden ohne die permanente Anregung durch Studenten, sowie die technischen und wissenschaftlichen Mitarbeiter der Arbeitsgruppe Mechatronik der ETH Zürich. Speziell dankbar sind wir Herrn Dr. R. Larsonneur für die kritische Durchsicht der Kapitel über Regelung und für seinen Beitrag zur Festigkeit des Rotors bei hohen Drehzahlen (Abschnitt 5.7). Unser Dank geht auch an Frau P. Zimmermann für die Schreib- und Koordinationsarbeit sowie an den Springer-Verlag für seine Förderung und Geduld.

Ganz herzlich danken wir unseren Ehefrauen Gerda, Tchié und Monika für ihre Unterstützung und ihr Verständnis, wenn für die Familie wieder einmal zu wenig Zeit blieb.

Zürich, im Sommer 1992   G. Schweitzer, H. Bleuler, A. Traxler

Inhaltsverzeichnis

1 Einleitung und Übersicht **1**
   1.1 Prinzipielle Funktionsweise der magnetischen Lagerung 1
   1.2 Das Magnetlager als Mechatronikprodukt 3
   1.3 Das Magnetlager in der Verkehrstechnik, in der Physik und im Maschinenbau 4
   1.4 Bauweisen von Magnetlagern 10
   1.5 Eigenschaften der magnetischen Lagerung von Rotoren 16
   1.6 Beispiele für die aktive elektromagnetische Lagerung aus Forschung und Industrie 18
   Literatur 24

2 Magnetische Lagerung eines einfachen starren Körpers .. **27**
   2.1 Das Magnetlager als Element des Regelkreises 27
   2.2 Schließen des Regelkreises: Das Magnetlagersystem 32
   2.3 Stromsteuerung mit PD- und PID-Regler 36
   2.4 Strom- oder Spannungssteuerung? 41
   2.5 Zustandsdarstellung 44
   2.6 Reglerauslegung im Zustandsraum 46
   Literatur 50

3 Komponenten im Magnetlagersystem **51**
   3.1 Grundlagen 51
   3.2 Materialeigenschaften ferromagnetischer Stoffe 54
   3.3 Magnetischer Kreis 56
   3.4 Magnetkraft 59
   3.5 Auslegung von Lagermagneten 63

	3.6	Leistungsverstärker	73
	3.7	Sensoren im Magnetlagersystem	75
	3.8	Dauermagnetlager	83
		Literatur	87
4	**Kenngrößen von Magnetlagern**	**89**
	4.1	Geometrie	89
	4.2	Abschätzung der Tragkraft	90
	4.3	Ansteuerungsarten und Linearisierung	92
	4.4	Ummagnetisierungsverluste im Rotor	94
	4.5	Luftverluste	96
	4.6	Umfangsgeschwindigkeit	97
	4.7	Übertragungsverhalten des magnetischen Aktuators	97
	4.8	Messung von Systemkenngrößen	102
		Literatur	106
5	**Dynamik des starren Rotors**	**107**
	5.1	Übersicht	107
	5.2	Trägheitseigenschaften	107
	5.3	Eigenschwingungen bei elastischer Lagerung	113
	5.4	Einfluß der Rotordrehung	118
	5.5	Statische und dynamische Unwucht	123
	5.6	Kritische Drehzahlen	126
	5.7	Festigkeitsprobleme bei hohen Drehzahlen	134
		Literatur	141
6	**Magnetische Lagerung des starren Rotors**	**143**
	6.1	Aufteilung des Mehrgrößensystems in Teilsysteme	143
	6.2	Rotorbewegungen in einer Ebene	144
	6.3	Zustandsregelung	149
	6.4	Regelung des starren, drehenden Rotors	151
	6.5	Verfeinerung der Reglerauslegung: Dezentralisierung, Beobachter	158
		Literatur	164

7 Dynamik des elastischen Rotors 165
- 7.1 Übersicht 165
- 7.2 Modellierung durch Eigenschwingungen 165
- 7.3 Unwuchten beim elastischen Rotor 170
- 7.4 Finite Element Modell, Softwarepakete 173
- 7.5 Modalanalyse 176
- Literatur 186

8 Magnetische Lagerung des elastischen Rotors 187
- 8.1 Identifikation der Strecke 187
- 8.2 Modellreduktion 189
- 8.3 Einfluß der Lager- und Sensorposition längs des Rotors 194
- 8.4 Möglichkeiten und Grenzen der Regelung für elastische Rotoren 195
- Literatur 200

9 Digitale Regelung 201
- 9.1 Weshalb digitale Regelung? 201
- 9.2 Regler Hardware 203
- 9.3 Von den Differentialgleichungen zu den Differenzengleichungen 205
- 9.4 Abtastzeit 211
- 9.5 Reglerauslegung 215
- 9.6 Das Regelprogramm 216
- Literatur 220

10 Aspekte der Anwendung 221
- 10.1 Anwendungsbeispiel Frässpindel 221
- 10.2 Fanglager 233
- 10.3 Sicherheits- und Zuverlässigkeitsaspekte 238
- Literatur 240

Sachverzeichnis 242

1 Einleitung und Übersicht

1.1 Prinzipielle Funktionsweise der magnetischen Lagerung

Die aktive elektromagnetische Lagerung ist das derzeit am häufigsten verwendete Prinzip unter den magnetischen Lagern. Bild 1.1 zeigt die Funktion des Lagers an einer einfachen Anordnung: Ein Sensor mißt die Abweichung des Rotors von seiner Referenzlage, ein Mikroprozessor als Regler leitet aus der Messung ein Regelsignal ab, dieses erzeugt über einen Leistungsverstärker einen Steuerstrom durch den Stellmagneten und damit Magnetkräfte derart, daß der Rotor gerade in der Schwebe bleibt.

Das Regelgesetz bestimmt die Stabilität des Schwebezustandes sowie die Steifigkeit und die Dämpfung dieser Aufhängung. Deren Werte lassen sich innerhalb physikalischer Grenzen sehr weit ändern und den technischen Anforderungen anpassen, und sie können auch während des Betriebes variiert werden. Bild 1.2 zeigt ein Versuchsmodell, das nach diesem Prinzip aufgebaut ist. Die Wegmessung erfolgt hier optisch mit einem einfachen Fototransistor.

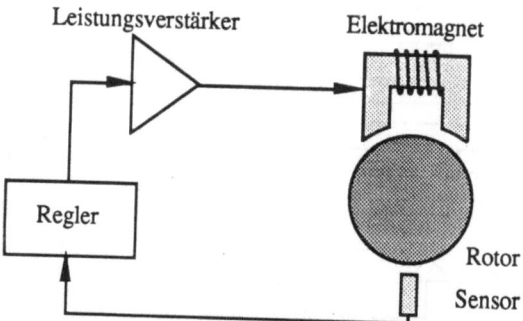

Bild 1.1 Funktionsprinzip der aktiven elektromagnetischen Lagerung

Bild 1.2 Demonstrationsversuch

Ein realer Rotor braucht natürlich mehrere Tragmagnete, die in dem Beispiel von Bild 1.3 durch eine Mehrgrößenregelung miteinander verknüpft sind. Ergänzend dazu zeigt Bild 1.4 einen entsprechenden Hardware-Aufbau. Der etwa 0,8 m lange Rotor wiegt 12 kg, die Wegmessung erfolgt optisch über CCD-Arrays, die direkt digitale Signale für die Mikroprozessorregelung liefern. Der Luftspalt für diesen Demonstrationsrotor war mit 10 mm recht groß.

Auch wenn das elektromagnetische Rotorlager ein neuartiges und noch nicht sehr weit verbreitetes Bauelement ist, so gehört es doch zu einer Gruppe von Produkten, die grundsätzlich alle einen zueinander ähnlichen Aufbau aufweisen, und die sich alle mit ähnlichen Methoden untersuchen lassen. Sie lassen sich durch das Stichwort "Mechatronikprodukt" kennzeichnen. Ihre Gemeinsamkeiten werden im nächsten Abschnitt diskutiert.

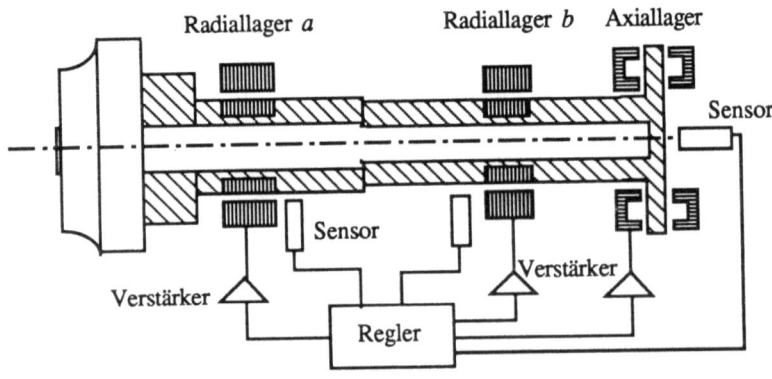

Bild 1.3 Blockdiagramm für die Lagerung eines Rotors in einer Ebene

1.2 Das Magnetlager als Mechatronikprodukt 3

Bild 1.4   Rotor mit Magnetlagern, rechts und links, und Antrieb in der Mitte /TRAX 84/.

1.2 Das Magnetlager als Mechatronikprodukt

Mechatronik ist ein interdisziplinäres Gebiet der Ingenieurwissenschaften, das auf den klassischen Disziplinen Maschinenbau, Elektrotechnik und Informatik aufbaut. Ein typisches mechatronisches System nimmt Signale auf, verarbeitet sie und gibt Signale aus, die es in Kräfte und Bewegungen umsetzt.

Im Vordergrund steht die Erweiterung und Ergänzung mechanischer Systeme durch Sensoren und Mikrorechner. Die Tatsache, daß ein solches System Änderungen in seiner Umgebung durch Sensoren aufnimmt und darauf nach einer geeigneten Informationsverarbeitung reagiert, unterscheidet es von herkömmlichen Maschinen. In der Übersicht von Bild 1.5 sind die Verknüpfungen von Bauelementen des Maschinenbaus, der Elektrotechnik und der Informatik zu einem Mechatronikprodukt dargestellt. Beispiele mechatronischer Systeme sind Roboter, digital geregelte Verbrennungsmotoren, Werkzeugmaschinen mit selbsteinstellenden Werkzeugen, gleislose automatische Transporteinrichtungen usw. Typisch für ein solches Produkt ist der hohe Anteil von Systemwissen und Software, der für seine Entwicklung und Konstruktion notwendig ist, und der auch in das Produkt eingebaut ist und einen intregralen Teil davon darstellt. Es ist durchaus berechtigt, hier von der "Software als Maschinenelement" zu sprechen.

Mit seiner Verknüpfung von mechanischen und elektronischen Komponenten und dem starken Anteil an Software, die als "Bauelement" im Lager ent-

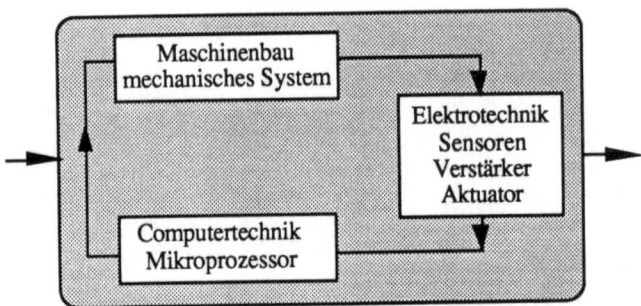

Bild 1.5 Mechatroniksystem. Das System nimmt Signale aus seiner Umgebung auf, verarbeitet sie "intelligent" und reagiert z.B. mit Kräften oder Bewegungen. Methoden zur Verknüp-fung der drei Fachgebiete Maschinenbau, Elektrotechnik und Computertechnik liefern die Ingenieurgrundlagen, die Systemtheorie, die Regelungstechnik und die Informatik.

halten ist, stellt auch das elektromagnetische Lager ein typisches Produkt der Mechatronik dar. Aus diesem Grund läßt sich anhand des Magnetlagers exemplarisch der Aufbau von Mechatronikprodukten zeigen und erlernen. Die erforderlichen Methoden, wie die Berechnung der Dynamik der mechanischen Regelstrecke oder der Reglerentwurf, werden dargestellt und begründet. Wichtige Komponenten, wie Sensoren und Mikroprozessoren, werden eingeführt und ihre Eigenschaften und Einsatzmöglichkeiten an einem konkreten Beispiel, der magnetischen Lagerung von Rotoren, diskutiert. Zuvor wird aber im nächsten Abschnitt kurz auf historische Zusammenhänge, auf das technische Umfeld und auf die Anwendungsgebiete des magnetischen Lagerungsprinzips eingegangen.

1.3 Das Magnetlager in der Verkehrstechnik, in der Physik und im Maschinenbau

Die Idee, einen Körper mit Hilfe von magnetischen Kräften berührungsfrei schweben zu lassen, ist ein alter Wunschtraum des Menschen. Er ist allerdings nicht leicht zu erfüllen. Schon im Jahre 1842 wies Earnshaw /EARN 42/ nach, daß es mit Permanentmagneten nicht möglich ist, einen ferromagnetischen Körper in allen 6 Freiheitsgraden frei und stabil schweben zu lassen. Im Jahre 1939, als das Interesse an der technischen Verwertung der Magnetkräfte schon sehr aktuell war, hat Braunbek /BRAU 39/ diese Zusammenhänge weiter verdeutlicht. Nur wenn die verwendeten

1.3 Das Magnetlager in der Verkehrstechnik ...

Materialien diamagnetische Eigenschaften aufweisen, lassen sich mit geeigneten Konfigurationen von Permanentmagneten Feldverteilungen für ein stabiles Schweben aufbauen /JUNG 88/. Allerdings waren bisher die diamagnetisch erzeugbaren Magnetkräfte zu klein, um von technischem Interesse zu sein. Das mag sich ändern, wenn einmal Hoch-Temperatur-Supraleiter mit ihren diamagnetischen Eigenschaften zur Verfügung stehen.

Wenn man die ferromagnetisch erreichbaren großen Kräfte für ein stabiles, freies Schweben nutzen möchte, muß man das Magnetfeld dauernd dem Schwebezustand des Körpers anpassen. Das läßt sich mit geregelten Elektromagneten erreichen. Im Jahre 1937 erschienen Vorschläge dazu auf zwei ganz verschiedenen Gebieten, der Verkehrstechnik und der Physik. Diese Vorschläge und die Folgerungen, die sich im Laufe der Zeit daraus entwickelt haben, sollen im folgenden kurz vorgestellt werden, und zwar als eine Überleitung in den Hauptteil, wo dann die elektromagnetische Lagerung von Rotoren vor allem im Bereich des Maschinenbaus im Vordergrund stehen wird.

Kemper beantragte 1937 ein Patent /KEMP 37/ für eine "schwebende Aufhängung, eine Möglichkeit für eine grundsätzlich neue Fortbewegungsart". In /KEMP 38/ beschreibt er einen Versuch, wo ein Elektromagnet mit einer Polfläche von 30 × 15 cm bei 0,25 Tesla und bei einer Leistung von 250 W eine Last von 210 kg im Abstand von 15 mm trägt. Für die Regelung verwendete er induktive oder kapazitive Sensoren und Röhrenverstärker. Dieser Versuch war der Vorgänger der späteren Magnetschwebefahrzeuge. Sie entstanden in den 60er Jahren in den verschiedensten Bauformen vor allem in England, Japan und Deutschland. Das Magnetschwebefahrzeug KOMET der Firma Messerschmitt-Bölkow-Blohm z.B. erreichte in Deutschland bereits 1977 eine Geschwindigkeit von 360 km/h auf einer speziellen Versuchsstrecke. Entscheidungen über Neubaustrecken, die einen regulären Betrieb erlauben würden, stehen derzeit in Deutschland bevor. Das konkurrierende Prinzip, die elektrodynamische Aufhängung, wurde vor allem in Deutschland und Japan untersucht und wird vor allem in Japan weiterentwickelt.

Das nach dem elektromagnetischen Prinzip gelagerte Magnetschwebefahrzeug MAGLEV (magnetically levitated vehicle), Bild 1.6, "hängt" berührungsfrei mit mehreren Magneten an der Eisenschiene der Fahrbahn. Ein Begriff, der das Tragverhalten eines solchen Magneten kennzeichnet, ist das

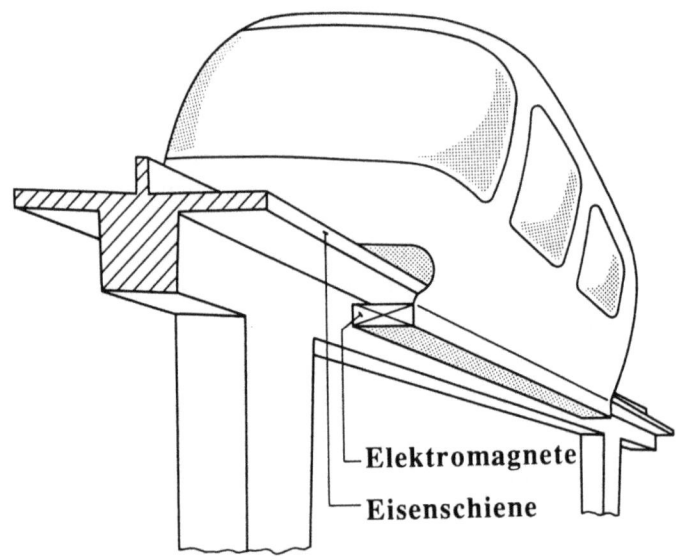

Bild 1.6 Schema eines MAGLEV Fahrzeugs auf einer aufgeständerten Fahrbahn

"magnetische Rad". Die Bilder 1.7 bis 1.10 stammen aus den Arbeiten /GOTT 80, GOTT 84/ und zeigen die mechanische Anordnung der magnetischen Räder, den elektrischen Aufbau eines einzelnen magnetischen Rades und auch seine Reglerstruktur. Jeder dieser Elektromagnete wird einzeln geregelt.

Nach dem Blockschaltbild von Bild 1.10 wird bei jedem Magneten der Luftspalt s, die Beschleunigung $\ddot{z}$ sowie die Flußänderung $\dot{\Phi}$ gemessen. Die Zustandsgrößen des Magneten werden dann in separaten reduzierten Beobachtern geschätzt. Die Schätzwerte sind durch (^) gekennzeichnet. Daraufhin werden die Regelspannungen u für jeden Magneten bestimmt. Der Nullpunktfehler des Beschleunigungssignals wird über ein Hochpassfilter kompensiert. Der magnetische Fluß ergibt sich aus einer näherungsweisen Integration der Flußänderung $\dot{\Phi}$. Die Parameter D und ω_0 kennzeichnen Dämpfung und Frequenz des Beobachters. Über die Auslegung des Reglers existiert eine umfangreiche Literatur.

MAGLEV-Fahrzeuge werden regelmässig auf internationalen Tagungen behandelt, ihre magnetischen Bauelemente werden häufig in den "IEEE-Transactions on Magnetics" vorgestellt. Grundsätzliche Überlegungen, die auch für andere Bereiche der Magnetlageranwendungen gelten, und

1.3 Das Magnetlager in der Verkehrstechnik ...

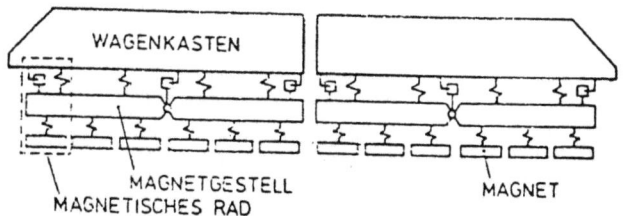

Bild 1.7   Prinzipskizze eines Fahrzeugs mit modularem Trag- und Führsystem. Zahlenbeispiel für das anwendungsnahe Versuchsfahrzeug Transrapid 06. Baujahr: 1982, Gewicht: 122 t, Geschwindigkeit: 400 km/h, Antrieb: Synchron-Langstatorlinearmotor, eisenbehaftet, Leistung ca 12 MW, Fahrweg: aufgeständert, Spannbeton, 25 m Feldlänge, Aufständerung: Zwillingsstützen aus Stahlbeton, 5 m Höhe

Beispiele sind von Jayawant /JAYA 81/, Sinha /SINH 87/ und Jung /JUNG 88/ zusammenstellt worden.

Auch ein anderes, für die Anwendung von Elektromagneten interessantes Gebiet, der physikalische Apparatebau, erhielt im Jahre 1937 wesentliche Anstöße. Beams and Holmes arbeiteten an der University of Virginia an elektromagnetischen Aufhängungen für spezielle Rotoren /BEAM 37, HOLM 37/. Unter anderem waren es kleine Stahlkugeln, die Beams auf sehr hohe Drehzahlen brachte, um ihre Festigkeit zu prüfen. Dabei wurde

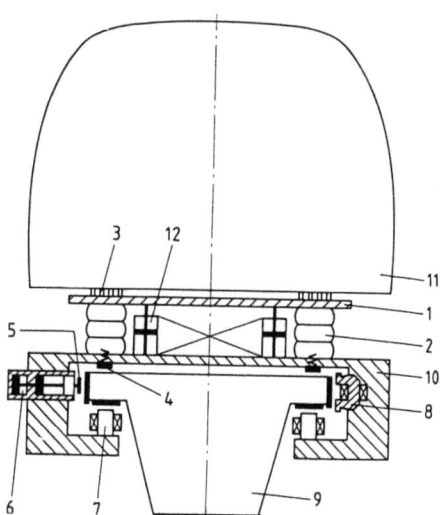

Bild 1.8   Prinzipbild für die mechanische Struktur des "magnetischen Rades" mit Sekundärfederungselementen und mechanischen Hilfssystemen

1	Wiege	7	Tragmagnete
2	Luftfedern	8	Führmagnete
3	Abrollfedern	9	Fahrbahnträger
4	Trag-Gleitkufe	10	Schwebegestell
5	Führ-Gleitkufe	11	Wagenkasten
6	Brems-Notführzylinder	12	Rollstabilisatoren

8   *1 Einleitung und Übersicht*

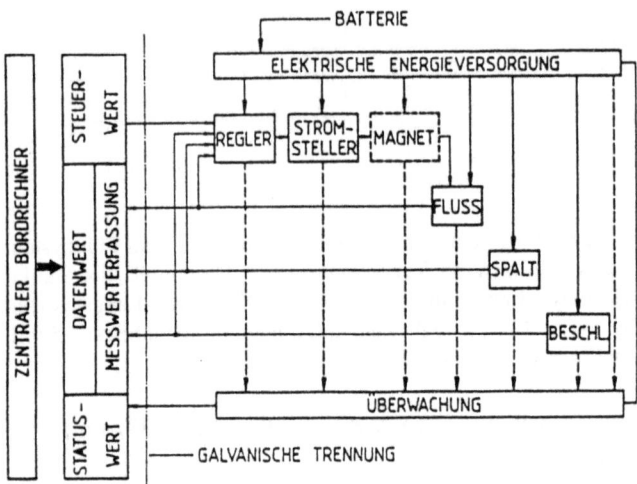

Bild 1.9   Elektrischer Aufbau des "magnetischen Rades" mit dem Blockschaltbild der Regelungstechnischen Grundeinheit

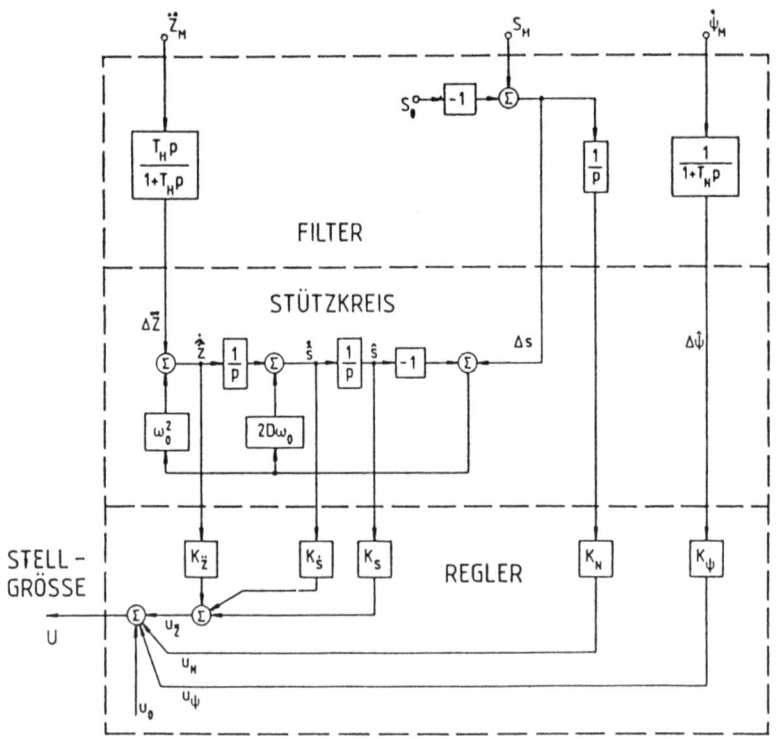

Bild 1.10   Struktur des Reglers für ein einzelnes "magnetisches Rad"

1.3 Das Magnetlager in der Verkehrstechnik ...

die spektakuläre Drehzahl von 18 Millionen min^{-1} (300 kHz) erreicht, um die Stahlkugeln in einem Zentrifugalfeld von 20 Millionen g zum Bersten zu bringen /BEAM 46/.

Ein Gebiet, das einige interessante Magnetlagerkonstruktionen hervorgebracht hat, ist die Raumfahrttechnik. Eine der Untersuchungen zielte darauf, einen Drehgeschwindigkeits-Meßkreisel magnetisch zu lagern, und aus den Regelsignalen der Magnetlagerung direkt auf das Meß-Signal Winkelgeschwindigkeit zu schließen /KLIM 72/. Gebaut wurden Drallräder zur Lageregelung von Satelliten seit etwa 1970 /SIND 76/, und diese Arbeiten werden in USA und Japan intensiv fortgesetzt. Auch zur schwingungsfreien Lagerung empfindlicher Komponenten, z.B. für optische Anlagen in Satelliten oder für Mikro-g-Versuche /GOND 84, FDGJ 90/, sind Magnetlagerungen vorgeschlagen worden.

Die magnetische Lagerung von Rotoren für technische Zwecke hat in den letzten Jahren stark zugenommen. Ursache dafür sind mehrere Faktoren: zum einen die Verfügbarkeit von Komponenten für die Leistungselektronik und für die Informationsverarbeitung, und dann auch die theoretischen Fortschritte beim Reglerentwurf und die Entwurfshilfsmittel zur Auslegung von Regelkreisen und zur Berechnung des dynamischen Verhaltens des Rotors. So gab es schon 1975 theoretische und experimentelle Lösungen zur aktiven Dämpfung selbsterregter Schwingungen bei Zentrifugen /SCHW 75/. Wesentliche Beiträge zur Verbreitung der Magnetlager im industriellen Bereich haben Habermann bzw. die Firma Société de Mécanique Magnétique (S2M) geleistet /HALI 77, DUSS 90/, die 1976 aus der französischen Société Européenne de Propulsion (SEP) hervorgegangen ist. Inzwischen gibt es mehrere Firmen, die sich mit dem "Engineering" und dem Bau von Magnetlagern befassen. Eine gute Übersicht über den derzeitigen Stand der Technik geben das "First" und das "Second International Symposium on Magnetic Bearings", die im Juni 1988 an der ETH Zürich bzw. im Juli 1990 an der Tokyo University stattfanden /SCHW 88, HIGU 90/. Inzwischen wird versucht, eine Verbindung zwischen den verschiedenen Magnetlagerkonzepten - der Regelung für große Spalte bei Magnetbahnen, der Regelung für hochdynamische Lager bei den Rotoren, den Lagern für kleinste Kräfte wie in der Mikro-g-Technik der Raumfahrt sowie den neuen Ansätzen bei der Supraleitung - herzustellen.

1.4 Bauweisen von Magnetlagern

Außer der bisher hauptsächlich genannten aktiven elektromagnetischen Lagerung gibt es zahlreiche andere Möglichkeiten, berührungsfrei Feldkräfte zu erzeugen. Auch wenn ein Körpers damit nicht in jedem Falle stabil und frei schweben kann, so läßt sich das Schweben wenigstens in einigen Freiheitsgraden erreichen. Bild 1.11 gibt eine mögliche Klassifikation der magnetischen Kräfte und des magnetischen Schwebens an /BLEU 92/.

Diese Klassifikation erlaubt es, die derzeit bekannten Magnetlagertypen systematisch zu erfassen. Zwei Hauptgruppen lassen sich dabei unterscheiden, und zwar aufgrund der Art und Weise wie sich die Magnetkräfte berechnen und darstellen lassen. Natürlich ist das zugrundeliegende physikalische Prinzip, die Ursache des magnetischen Effekts in bewegten Ladungen, das gleiche für beide Gruppen. In der ersten Gruppe, wo eigentlich Quanteneffekte zu beschreiben wären, hat die technische Praxis, die sich für makroskopische Wirkungen interessiert, eine nützliche Vereinfachung gefunden, indem sie die Materialeigenschaften durch eine Konstante, die relative Permeabilität μ_r beschreibt. Die Magnetkraft berechnet sich aus der im Feld gespeicherten magnetischen Energie, die sich in mechanische Energie umsetzen läßt. Nach dem Prinzip der virtuellen Arbeit folgt die Kraft f aus

$$f = dW/ds \qquad (1.1)$$

mit der Feldenergie W und der virtuellen Verschiebung ds des schwebenden Körpers. Eine magnetische Kraft dieser Art entsteht immer an der Oberfläche zweier Materialien mit unterschiedlicher magnetischer Permeabilität μ_r, z.b. Eisen und Luft. Die Richtung der Kraft ist senkrecht zur Trennfläche der beiden Materialien. Die Größe der Kraft hängt entscheidend von der Differenz in der Permeabilität der verwendeten Materialien ab. Bei ferromagnetischem Material mit $\mu_r \gg 1$ können die Kräfte sehr groß werden, und damit ist eine der Voraussetzungen für eine technische Nutzung erfüllt. In der Elektrotechnik nennt man den magnetischen Widerstand einer Anordnung "Reluktanz". Die Reluktanz ist umgekehrt proportional zur Permeabilität μ_r. Die Kraft wirkt so, daß sie versucht, die Reluktanz der mechanischen Anordnung zu verkleinern. Elektromotoren, die diese Kraft ausnützen, nennt man Reluktanz-Motoren. In Übereinstimmung mit der Literatur über Elektromotoren verwenden wir für die Magnetkraft in dieser ersten Gruppe von Magnetlagertypen den Ausdruck *Reluktanzkraft*.

1.4 Bauweisen von Magnetlagern

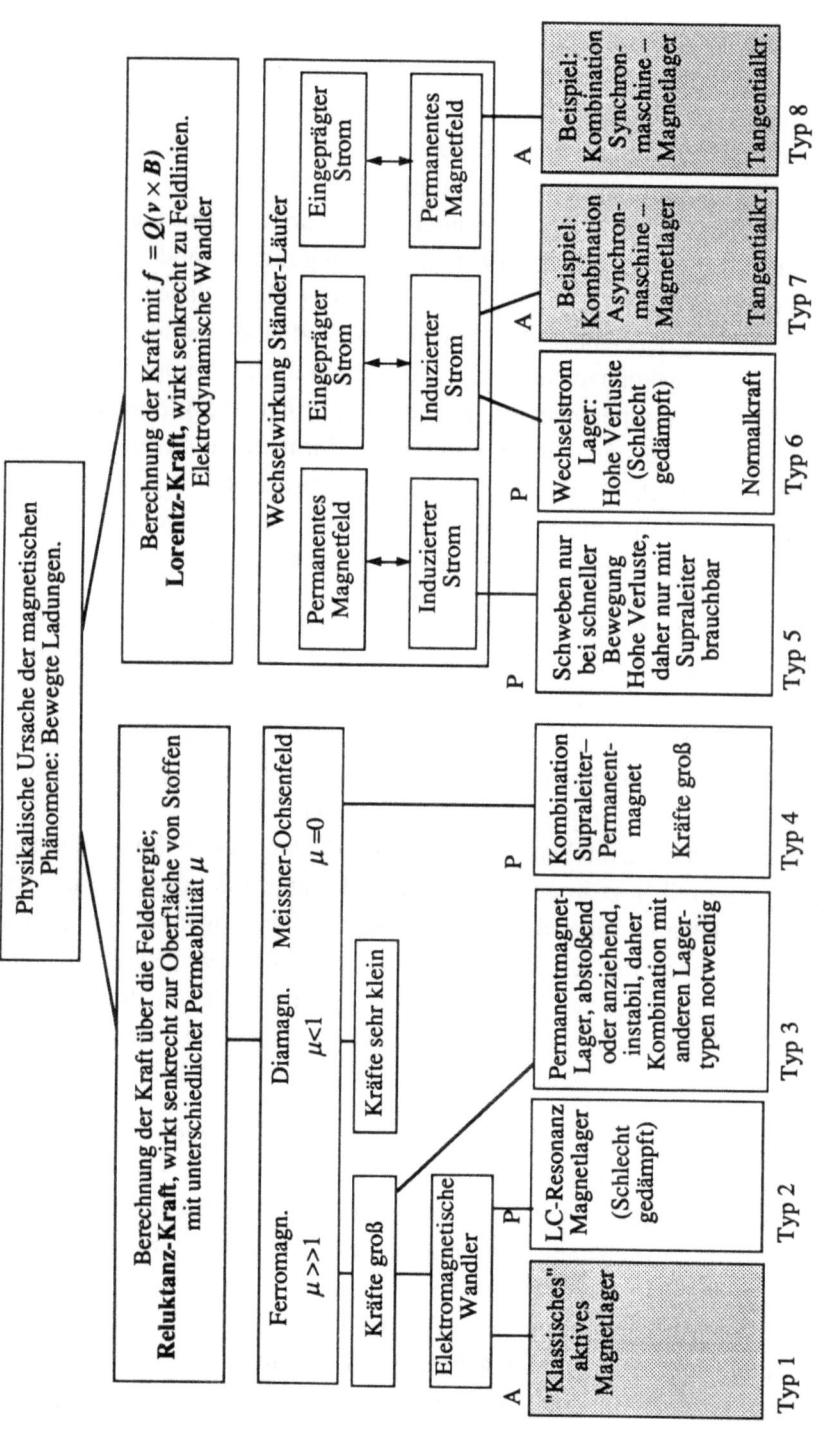

Bild 1.11 Einteilung der Magnetlager in zwei Gruppen gemäß der Berechnungsart der Magnetkraft und in acht grundlegende Magnetlagertypen. "A" kennzeichnet Systeme mit aktiver Stabilisierung (das heißt mit Regler), "P" kennzeichnet passive Systeme.

Eine weitere Voraussetzung für das Schweben ist, daß die am Schwebekörper angreifenden Magnetkräfte den Schwebezustand auch tatsächlich stabil halten. Wie schon in Kapitel 1.3 ausgeführt, ist diese Stabilisierung mit einem passiven System von Kräften (in Bild 1.11 mit P bezeichnet), also z.B. mit Permanentmagneten, nicht gleichzeitig in allen Bewegungsrichtungen eines starren Körpers möglich. Es bedarf also eines aktiven Eingriffs, einer Regelung, um das Feld dem Bewegungszustand anzupassen. Dieses Vorgehen führt auf die Gruppe der aktiven Magnetlager. Sie sind in Bild 1.11 mit "A" bezeichnet. Aktive Reluktanzkraft-Lager sind als Magnetlager vom Typ 1 gekennzeichnet. Auch innerhalb dieser Gruppe lassen sich weitere Bauformen unterscheiden, z.B. durch die Art und Weise wie diese aktive Regelung realisiert wird. So gibt es Bauformen, wo das magnetische Feld, der magnetische Fluß, der Abstand zwischen Stator und Rotor oder die Induktivität wie beim "Self-Sensing Bearing" geregelt werden. Darauf wird in den späteren Abschnitten eingegangen werden.

Das LC-Resonanz-Magnetlager (Typ 2) erreicht eine stabile Steifigkeit dadurch, daß die Induktivität des Lagers als Teil eines leicht verstimmten LC-Kreises behandelt wird. Eine Spaltänderung verändert die Induktivität so, daß der LC-Kreis in Resonanz kommt. Dadurch erhöht sich der Strom aus der Wechselspannungsquelle, und die resultierende Magnetkraft zieht den Rotor in die Ausgangslage zurück. Kräfte und Steifigkeiten sind nicht groß, aber sie sind ausreichend für gewisse gerätetechnische Anwendungen. Der Hauptnachteil liegt in der fehlenden Dämpfung, d.h., ohne zusätzliche mechanische Dämpfer oder Regelungen neigen solche Lager zur Instabilität. Sie wurden früher für Kreiselgeräte benutzt /PARE 69, FRGI 74/, aber heute, wo relativ einfache gute Regler verfügbar sind, kann ihr einfacher Aufbau ihre inhärenten Nachteile nicht mehr wettmachen. Sie sind heute eine Art "Außenseiter", werden aber immer noch untersucht /HIGU 91/.

Permanentmagnete alleine (Typ 3) können, wie zuvor schon gesagt, einen ferromagnetischen Körper nicht frei in der Schwebe halten. Earnshaw weist nach /EARN 42/, daß ein Pol in einem statischen Kraftfeld kein stabiles Gleichgewicht haben kann, wenn die auftretenden Kräfte umgekehrt proportional zum Quadrat der Abstände wirken, wie das bei einer statischen magnetischen Aufhängung mit $\mu_r > 1$ der Fall ist. Dennoch kann es durchaus sinnvoll sein, Permanentmagnete zur Lagerung oder zur Entlastung eines Lagers z. B. in einer Richtung zu verwenden. Bekannt sind die permanentmagnetischen Entlastungslager für die elektrischen Energie-

1.4 Bauweisen von Magnetlagern

zähler. Auch in Verbindung mit aktiven elektromagnetischen Lagern finden Permanentmagnete zunehmend Verwendung und führen dann auf sogenannte hybride Lösungen. Schwierig ist es, in solchen Fällen eine hinreichend große Dämpfungskraft in Richtung der permanentmagnetischen Lagerung zu erzeugen. Deshalb bleiben diese Anwendungen auf Spezialfälle beschränkt, können aber dort zu sehr attraktiven Lösungen führen /BODE 88, FREM 88/. Auch die Verwendung einer mechanischen Positionsregelung für den Permanentmagneten wurde schon für MAGLEV-Fahrzeuge /ABE 89/ und später auch für andere Anwendungen vorgeschlagen.

Die technische Nutzung von diamagnetischen Materialien ($\mu_r < 1$) ist durch neue Entwicklungen auf dem Gebiet der Supraleitung nähergerückt (Typ 4). Die Supraleitung ist dadurch gekennzeichnet, daß bei tiefen Temperaturen der elektrische Widerstand vollständig fehlt. Ein Strom in der supraleitenden Spule wird weiterfließen, auch wenn keine Spannung mehr anliegt. Alle magnetischen Feldlinien werden aus dem Supraleiter durch den sogenannten Meißner-Ochsenfeld Effekt herausgedrängt. Das ermöglicht stabiles Schweben mit Hilfe von Permanentmagneten. Die vor kurzem entdeckten Hochtemperatur-Supraleiter (HTS) zeigen diese erstrebenswerten Eigenschaften schon bei der Temperatur des flüssigen Stickstoffs. Wenn auch die ideale Meißner-Phase bei höheren Belastungen durch Strom oder Kraft in die nicht mehr ganz verlustfreie Shubnikov-Phase übergeht /MARE 89/ und viele Phänomene und technische Realisierungen noch ungeklärt sind /HUAN 88, HULL 90/, so werden doch immer mehr Anwendungsexperimente versucht. Moon beschreibt in seiner Arbeit /MOON 90/ die Experimente zur Lagerung eines supraleitenden Rotors, der mit 120.000 min^{-1} rotieren kann und stellt in /MOCH 90/ den derzeitigen Stand der Technik zur supraleitenden Magnetlagerung dar.

Die zweite große Gruppe in der Klassifikation von Magnetkräften kennzeichnet die sogenannten "Lorentzkräfte", und sie umfaßt die elektrodynamischen Wandler. Die Magnetkraft f folgt aus der grundlegenden Beziehung

$$f = Q(E + v \times B) \tag{1.2}$$

wo Q die mit der Geschwindigkeit v bewegte Ladung in einem Magnetfeld mit der Flußdichte (Induktion) B darstellt. Da die Energiedichte üblicher elektrischer Felder in makroskopischen technischen Anordnugen etwa um den Faktor 10^5 kleiner ist als die Energiedichte üblicher magnetischer

Felder, werden elektrostatische Kräfte im folgenden nicht mehr betrachtet. Sie könnten jedoch in der Mikrotechnik wichtig werden. Das Produkt aus Ladung und Geschwindigkeit wird deshalb durch den Strom i ersetzt, um das bekannte Kreuzprodukt

$$f = i \times B \tag{1.3}$$

zu erhalten. Die Kraft steht in diesem Fall also senkrecht auf den Feldlinien. Auch hier folgen wieder verschiedene Untergruppen für die technischen Anwendungen. Sie unterscheiden sich durch die Art und Weise wie die Bewegung der Ladung, der Strom i, zustande kommt. Der Strom kann induziert werden durch die räumliche Bewegung eines permanentmagnetischen Feldes, oder durch das Wechselfeld eines wechselstromgespeisten, räumlich festen Elektromagneten. Der Strom kann auch aktiv geregelt sein und mit einem Permanent-magnetfeld interagieren. Schließlich sind bei der Interaktion von Wechselfeld und induziertem Strom beide Fälle, mit oder ohne aktive Regelung, möglich, je nachdem ob die normale oder tangentiale Kraftkomponente im Luftspalt verwendet wird. Damit ergeben sich die folgenden Typen 5 bis 8.

Elektrodynamisches Schweben stellt sich ohne aktive Regelung ein (Typ 5), wenn starke Wirbelströme induziert werden durch einen hochfrequenten Strom oder durch eine schnelle relative Bewegung von Rotor gegen Stator. Die abstoßenden Kräfte sind bei schneller Bewegung groß genug, den bewegten Körper zu tragen. Versuche mit Schwebebahnen in Deutschland und Japan basieren auf diesem Prinzip. Dieser Schwebetyp ist ausführlich in Büchern /JAYA 81, SINH 87, JUNG 88/ und Proceedings dargestellt. Um die hohen Flußdichten für einen technisch sinnvollen Betrieb zu erzeugen, werden supraleitende Magnete auf dem Fahrzeug eingesetzt. Das ist noch nicht wirtschaftlich, und aus diesem Grund wird derzeit auch für Magnetschwebefahrzeuge das elektromagnetische Schweben (Typ 1 und Abschnitt 1.3) bevorzugt. Es sind vor allem diese beiden Typen 1 und 5, die im Zusammenhang mit dem magnetischen Schweben bekannt sind, und deshalb wird häufig angenommen, daß elektromagnetisches Schweben aktiv zu sein habe und daß das elektrodynamische Schweben passiv sei. Bild 1.11 zeigt, daß diese vereinfachende Schußfolgerung nicht zutrifft.

Die Interaktion von Wechselstrom und induziertem Strom führt auf das passive Schweben von Typ 6. Gegenüber dem vorhergehenden Fall ist die Relativgeschwindigkeit ersetzt durch ein Wechselfeld. Auch hier ist bei

1.4 Bauweisen von Magnetlagern

normaler Leitfähigkeit die Schwebekraft relativ klein und der Wirkungsgrad gering. Außerdem haben diese sog. Wechselstromlager schlechte Dämpfungseigenschaften /NICO 88, EALA 74/.

Auch ein aktives System ist bei der Interaktion von Wechselstrom und induziertem Strom möglich (Typ 7). Der Hauptunterschied zwischen einem Induktionsmotor, mit einem bekanntermaßen sehr guten Wirkungsgrad, und dem vorhergenannten Typ 6 ist der, daß die den Motor antreibenden Kräfte tangential wirken und nicht radial. Es ist nun möglich, solche tangentialen Kraftkomponenten zur Lagerung zu verwenden, doch müssen dann zur Stabilisierung die Statorströme aktiv geregelt werden. In diesem Fall weist der Stator z.B. zwei verschiedene Wicklungsanordnungen auf. Die erste Wicklung entspricht der eines Asynchronantriebs, und sie erzeugt ein Drehmoment zum Antrieb des Ankers. Der Strom durch die zweite Wicklung erzeugt eine resultierende Kraft in radialer Richtung, wobei der Strom in Abhängigkeit vom Luftspalt zwischen Anker und Stator und synchron mit der Drehzahl so geregelt wird, daß der Anker berührungsfrei schwebt. Auf diese Weise gelingt die Kombination von Antrieb und Lager und ermöglicht so den "lagerlosen Elektromotor". Auch wenn die Lagerkräfte vor allem bei kleinem Luftspalt nicht so groß sind wie bei der elektromagnetischen Lagerung, so läßt die Kombination Antrieb/Lager doch interessante konstruktive Lösungen, z.B. für einen Resonanzdämpfer, zu.

Ersetzt man die Feldwirkung des induzierten Stroms von Typ 7 durch die eines Permanentmagneten (Typ 8), dann erhält man als Variation von Typ 7 die Kombination von Synchronmotor mit aktiver magnetischer Lagerung. Dieser lagerlose Elektromotor war erfolgreich von Bichsel /BICH 90, BICH 90a/ gebaut worden, was zeigt, daß auch solche Lager ein Potential für industrielle Anwendungen haben.

Das elektrodynamische Prinzip, wo eine Kraft auf einen stromdurchflossenen Leiter in einem Magnetfeld wirkt, funktioniert natürlich auch in eisenlosen Anordnungen. Die auf diese Weise erzielbaren Lorentzkräfte sind dann zwar klein, doch das Prinzip wird oft gerade da eingesetzt, wo störende Eigenschaften wie Remanenz oder Hysterese vermieden werden sollen, z.B. bei Lautsprechern. Dabei wird z.B. das Magnetfeld in einem Luftspalt durch Permanentmagnete erzeugt und der Strom durch eine im Luftspalt befindliche Spule so geregelt daß zum Schweben geeignete Lorentzkräfte entstehen. Solche Anordnungen finden sich bei der

Aufhängung von Drallrädern in Satelliten /SIND 76/ oder bei der praktisch schwingungsfreien Aufhängung einer Mikro-g-Plattform /GOND 84/.

1.5 Eigenschaften der magnetischen Lagerung von Rotoren

In den folgenden Kapiteln wird die am häufigsten verwendete Lagerungsart, die elektromagnetische, ausführlicher vorgestellt. Die aktive elektromagnetische Lagerung hat einige spezifische Eigenschaften, die sie für manche Anwendungen besonders geeignet macht, oder die ihr neue Anwendungen erschließen /TRAX 85/:

- Die Berührungsfreiheit und das Fehlen von Schmierstoffen und von kontaminierendem Abrieb erlauben den Einsatz in der Vakuumtechnik, in Reinst- und in Sterilräumen und für das Fördern von aggressiven oder besonders reinen Medien. Der Luftspalt im Magnetlager beträgt typischerweise wenige Zehntel Millimeter, kann aber bei speziellen Anwendungen auch bis 20 mm erreichen. Natürlich werden die übertragbaren Lagerkräfte dann viel geringer sein.

- Die hohe Umfangsgeschwindigkeit im Lager - sie wird begrenzt durch die Festigkeit des Rotors - bietet die Möglichkeit, neue Maschinen mit höherer Leistung zu entwerfen und neuartige Konstruktionen zu realisieren. Derzeit sind etwa 350 m/s erreichbar, z.B. bei Verwendung amorpher Metalle, die sehr belastungsfähig sind und gleichzeitig sehr gute weichmagnetische Eigenschaften aufweisen /LARS 90/. Konstruktive Vorteile ergeben sich durch den Wegfall von Schmiermittelabdichtungen und durch die Möglichkeit, die Welle am Lagerdurchmesser dicker zu gestalten. Damit wird sie steifer und weniger schwingungsempfindlich /SITR 89/.

- Die geringen Lagerungsverluste, die bei hohen Betriebsdrehzahlen um den Faktor 5 bis 20 tiefer liegen als bei konventionellen Lagern, verursachen geringere Betriebskosten.

- Geringere Wartungskosten und höhere Lebensdauer sind wegen des fehlenden mechanischen Verschleißes zu erwarten.

1.5 Eigenschaften der magnetischen Lagerung von Rotoren

- Die spezifische Tragfähigkeit des Lagers hängt von dem verwendeten ferromagnetischen Werkstoff und der Auslegung der Lagermagnete ab und kann bis zu 40 N/cm² betragen.

- Die Dynamik des Schwebezustandes hängt weitgehend von dem verwendeten Regelgesetz ab. So ist es möglich, die Steifigkeit und die Dämpfung innerhalb physikalischer Grenzen der Aufgabe und sogar dem jeweiligen Betriebszustand und der Rotordrehzahl anzupassen. Das erlaubt es z.B., die Lager zur Schwingungsisolation zu verwenden, kritische Drehzahlen ohne starke Amplitudenüberhöhungen zu durchfahren oder die Rotorbewegungen bei Anregung durch nichtkonservative Störungen zu stabilisieren.

- Die Genauigkeit, mit der sich der Rotorzustand regeln läßt, also z.B. das genaue Drehen um eine vorgegebene Achse, ist weitgehend durch die Qualität des Meß-Signals innerhalb des Regelkreises bestimmt.

- Da der Bewegungszustand des Rotors zur Regelung der Lagerkräfte sowieso gemessen wird, lassen sich diese Signale auch zum Feststellen des Wuchtzustandes, zur On-line-Diagnose für eine Betriebsüberwachung und damit zur Erhöhung der Zuverlässigkeit einsetzen.

- Neben dem Aufbringen von Lagerkräften zum Schwebenlassen des Rotors, zum Dämpfen seiner Schwingungen und zum Stabilisieren, kann der Magnet auch als Aktuator wirken und den Rotor gezielt zu Schwingungen anregen, die dann wiederum zur Identifizierung von Rotorkennwerten dienen.

Auch die Nachteile der magnetischen Lagerung seien an dieser Stelle genannt, wie sie beim derzeitigen Stand der Entwicklung erkennbar sind:

- Das Lager ist aufgrund seines komplexen Aufbaus teuer, vor allem im jetzigen Entwicklungsstadium, wo im allgemeinen noch keine großen Serien anfallen.

- Die für den Entwurf des Lagers benötigten Kenntnisse sind beim Verwender der Lager im allgemeinen nicht vorhanden, was die Akzeptanz erschwert.

- Die magnetische Lagerung befindet sich in einer raschen Entwicklung, so daß eine langfristige Beurteilung unsicher erscheint und eine Situation ähnlich wie auf dem Gebiet des Computereinsatzes vorliegt.

- Manche Gesichtspunkte, wie Sicherheits- und Zuverlässigkeitsaspekte, Energieverbrauch oder optimale Konstruktionsvarianten, zu denen es in Einzelbeispielen durchaus überzeugende Antworten gibt, bedürfen für allgemeine Aussagen noch einer erheblichen Forschungsanstrengung.

Im folgenden sind einige Anwendungen von Magnetlagern in Forschung und Industrie zusammengestellt.

1.6 Beispiele für die aktive elektromagnetische Lagerung aus Forschung und Industrie

Die verschiedenen Vorteile der magnetischen Lagerung führen zu Anwendungen vor allem in den drei folgenden Gebieten:

- Vakuum- und Reinraumtechnik: Durch die Lager können keine Verunreinigungen entstehen, und die Lager können gegebenenfalls sogar außerhalb des Vakuumbehälters angeordnet werden.

- Werkzeugmaschinen: Von Vorteil ist die erreichbare hohe Präzision und die hohe Drehzahl bei relativ hoher Traglast.

- Turbomaschinen und Zentrifugen: Vorteile bieten sich durch die Möglichkeit, Schwingungen zu regeln und zu dämpfen und gezielt ein besonderes dynamisches Verhalten zu erreichen. Außerdem sind konstruktive Vereinfachungen sowie bessere Betriebsüberwachung und Diagnostik möglich; geringere Wartungskosten und geringerer Energieverbrauch sind zu erwarten.

Die Beispiele der Bilder 1.12 bis 1.19 sollen die Breite der Anwendungsmöglichkeiten demonstrieren. Auf einige dieser Beispiele wird an späterer Stelle nochmals eingegangen werden.

1.6 Beispiele aus Forschung und Industrie

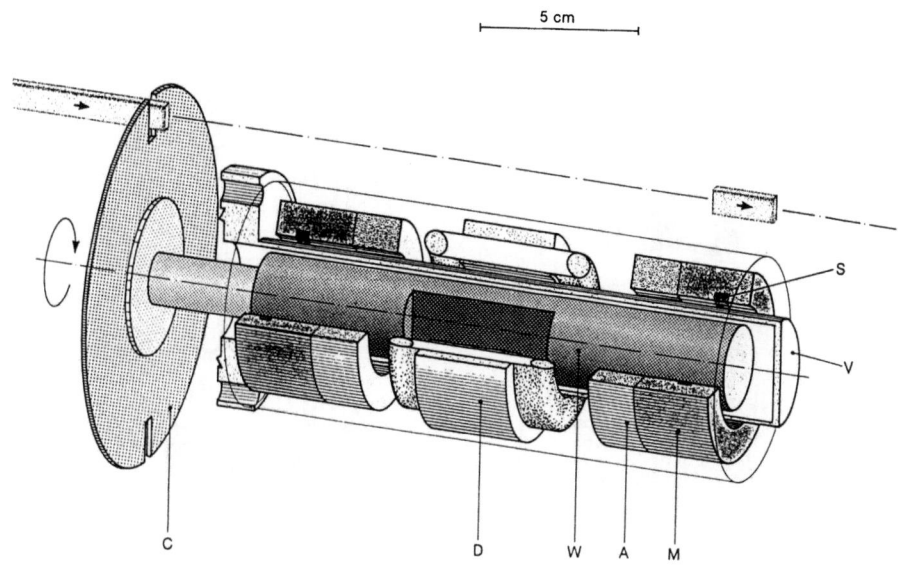

Bild 1.12 Molekularstrahl-Chopper der KfA Jülich /BODE 88/: C-Chopperscheibe, W-Welle, V-Vakuumkammer mit Anschlußflansch, M-Ringmagnet (axial magnetisiert), S-Sensorsystem für radiale Auslenkungen, A-Aktiver Lagerteil, D-Reluktanz-Synchronmotor

20

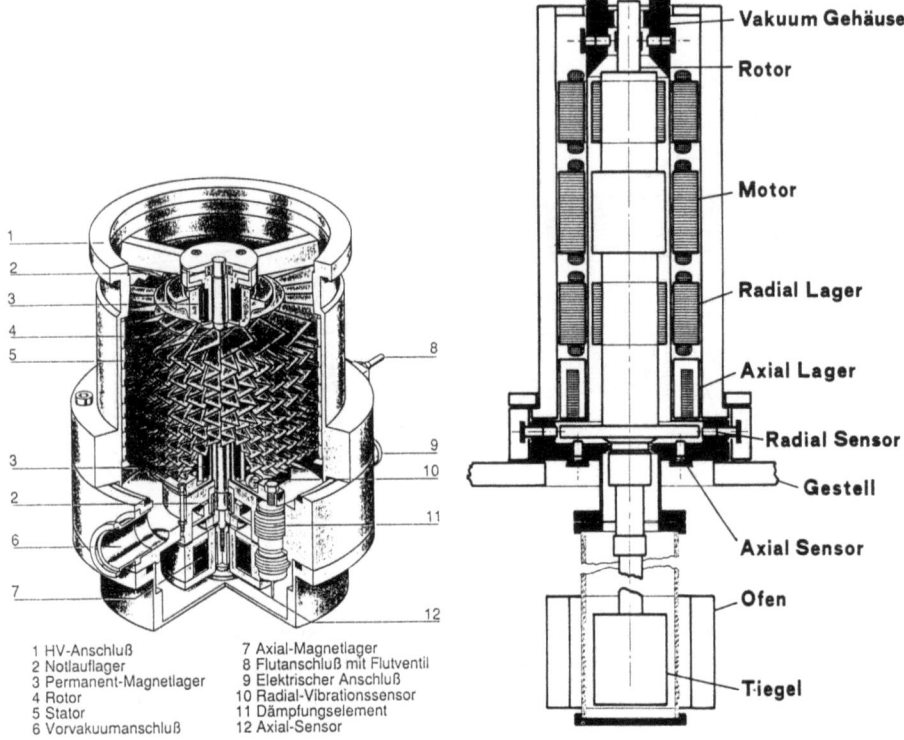

1 HV-Anschluß
2 Notlauflager
3 Permanent-Magnetlager
4 Rotor
5 Stator
6 Vorvakuumanschluß
7 Axial-Magnetlager
8 Flutanschluß mit Flutventil
9 Elektrischer Anschluß
10 Radial-Vibrationssensor
11 Dämpfungselement
12 Axial-Sensor

Bild 1.13 Turbomolekularpumpe der Fa Pfeiffer, Wetzlar. Auch voll aktiv gelagerte Turbomolekularpumpen werden von verschiedenen Firmen hergestellt. Sie gehören zu den ersten industriellen Anwendungen von Magnetlagern /FRUS 76/.

Bild 1.14 Epitaxie-Zentrifuge für das Max-Planck-Institut für Festkörperforschung, Stuttgart /BSST 88/: Die Welle mit Nutzlast ist berührungsfrei innerhalb eines vakuumdichten Gehäuses aufgehängt

1.6 Beispiele aus Forschung und Industrie 21

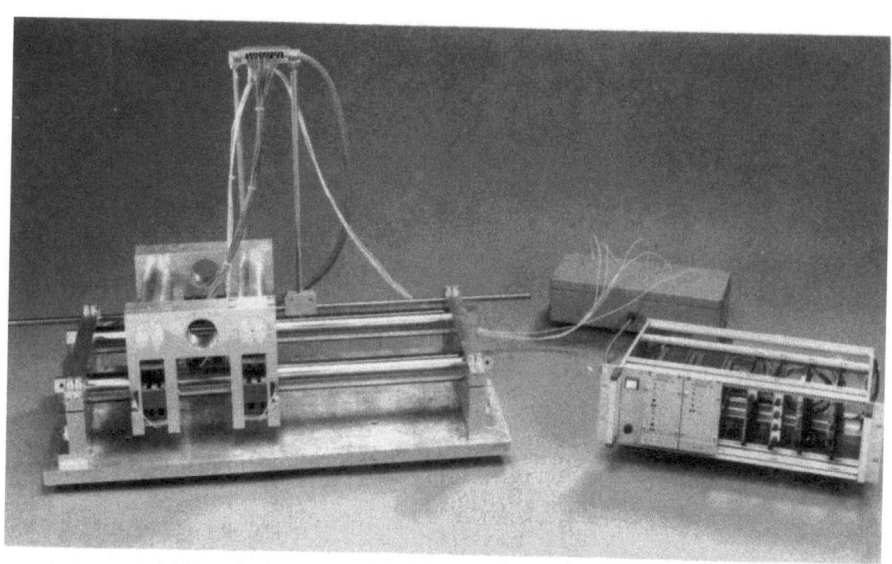

Bild 1.15 Berührungsfreie, magnetisch gelagerte Linearführung, Beispiel eines Bauelements für Reinstraumhandling und Robotik, ETH Zürich. Siehe auch /HIGU 88/

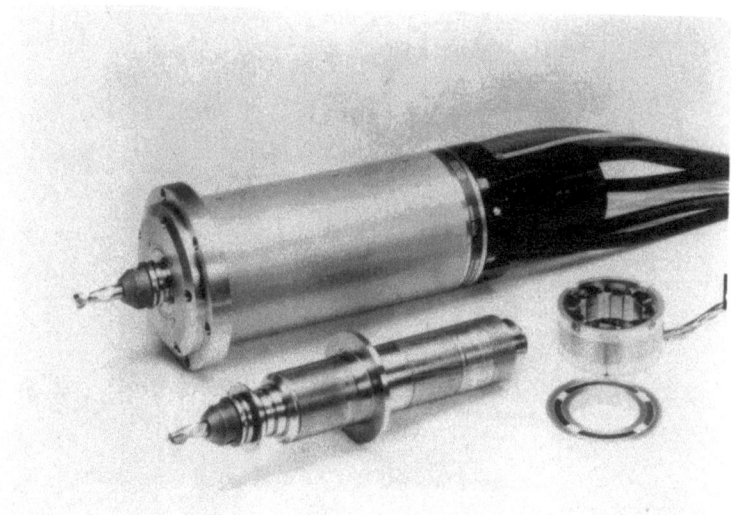

Bild 1.16 Frässpindel mit digital geregelten Magnetlagern (siehe Kapitel 10, /SITR 89/) für das Hochgeschwindigkeitsfräsen, Drehzahl 40.000 min^{-1}, Schnittleistung 40 kW, Hersteller Fa. IBAG Zürich AG/MECOS Traxler AG

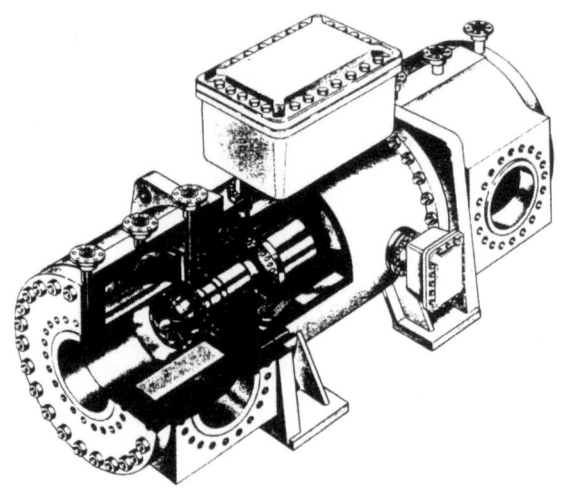

Bild 1.17 Pipeline Kompressor MOPICO der Firmen Sulzer/ACEC, Magnetic Bearing Inc. /SCHM 90/, 6 MW, 9000 min^{-1}, Integration von Direktantrieb und Magnetlager in die Turbomaschine

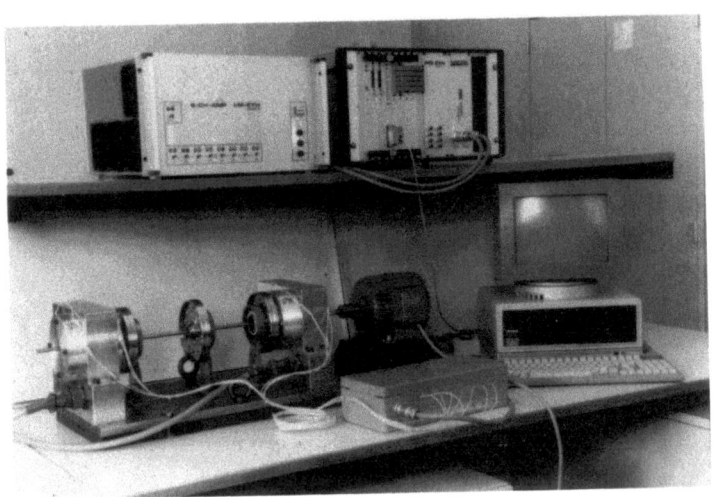

Bild 1.18 Elastischer Rotor, der mehrere kritische Drehzahlen bis zum Erreichen seiner Betriebsdrehzahl durchläuft /SALM 88/, mit dem Rotor in Magnetlagern, digitalem Regler, Verstärkereinheit, und Terminal für On-line-Parameteränderungen und Diagnose

1.6 Beispiele aus Forschung und Industrie

Bild 1.19 Reifenprüfstand mit magnetisch gelagerter Fahrbahntrommel unter Verwendung von Bauelementen aus der Magnetbahntechnik, Radius 3 m, maximale Fahrgeschwindigkeit 300 km/h, Lagerhersteller Thyssen/Henschel

Literatur

ABE 89   Abe, M.: A study on fundamentals of mechanically controlled permanent magnet levitation system for Maglev transportation vehicle. 11th Intl. Conf. on Magnetically Levitated Vehicles and Linear Drives, MAGLEV '89, July 1989, Yokohama, Japan

BEAM 37   Beams, J.W.: High rotation speeds. J. Appl. Phys., 8 (1937), 795-806

BEAM 46   Beams, J.W.; Young, J.L.; Moore, J.W.: The production of high centifugal fields. J. Appl. Phys., 1946, 886-890

BICH 90   Bichsel, J.: Beiträge zum lagerlosen Elektromotor. Diss. ETH Nr. 9303, 1990

BICH 90a   Bichsel, J.: The bearingless electrical machine. Intl Symp. on Magn. Susp. Techn., NASA Langley Res. Center, Hampton, VA, Aug. 1991

BLEU 92   Bleuler, H.: A Survey of Magnetic Levitation and Magnetic Bearing Types. ISME International Journal Series III, Vol. 35 No. 3, September 1992

BODE 88   Boden, K.: Wide-Gap, Electro-Permanentmagnetic Bearing System with Radial Transmission of Radial and Axial Forces. In /SCHW 88/, 41-52

BRAU 39   Braunbek, W.: Frei schwebende Körper im elektrischen und magnetischen Feld. Z. Phys., 112 (1939), 753-763

BSST 88   Bauser, E.; Schweitzer, G.; Strunk, H.P.; Traxler, A.: Centrifuge for Epitaxial Growth of Semiconductor Multilayers. In /SCHW 88/, 59-66

DUSS 90   Dussaux, M.: The Industrial Applications of the Active Magnetic Bearing Technology. In /HIGU 90/, 33-38

EALA 74   Eastham, J.L.; Laithwaite, E.R.: Linear induction motors as electromagnetic rivers. Proc. IEE, Vol. 121, 1974, 1099-1188

EARN 42   Earnshaw, S.: On the nature of the molecular forces which regulate the constitution of the lumiferous ether. Trans. Camb. Phil. Soc. 7 (1842), 97-112

FDGJ 90   Fenn, R.C.; Downer, J.R.; Gondhalekar, V.; Johnson, B.B.: An Active Magnetic Suspension System for Space-Based Microgravity Vibration Isolation. Proc. ASME 1990 Symp. on Active Control for Vibration Isolation and Pointing. Dallas, Nov. 90

FREM 88   Fremerey, J.K.: Radial Shear Force Permanent Magnetic Bearing System with Zero-Power Axial Control & Passive Radial Damping. In /SCHW 88/, 25-32

FRGI 74   Frazier, R.H.; Gilinson, P.J.; Oberbeck, G.A.: Magnetic Suspension. MIT Press, 1974

FRUS 76   Frank, R.; Usselmann, E.: Magnetgelagerte Turbomolekularpumpe des Typs TURBOVAC. Vakuumtechnik, 1976, 141-145

GOND 84   Gondhalekar, V.; Schweitzer, G.: Dynamics and magnetic control of a Micro-Gravity Platform. Rep. Inst. Mechanics, ETH Zurich, 1984

Literatur

GOTT 80 Gottzein, E.; Miller, L.; Meisinger, R.: Magnetic Suspension Control System for High Speed Ground Transportation Vehicles. World Electrotechn. Congr., Section 7, Paper 07. Moscow, June 1977

GOTT 84 Gottzein, E.: Das "Magnetische Rad" als autonome Funktionseinheit modularer Trag- und Führssysteme für Magnetbahnen. Fortschr.-Ber. VDI-Z, Reihe 8, Nr. 68, 1984

HALI 77 Habermann, H.; Liard, G.: Le palier magnétique active: un principe révolutionaire. SKF Rev. Roulements No. 192, 1977

HIGU 88 Higuchi, T.: Applications of magnetic bearings in robotics. In /SCHW 88/, 83-99

HIGU 90 Higuchi, T. (ed.): Magnetic Bearings. Proc. Sec. Internat. Sympos. on Magnetic Bearings, Tokyo University, July 1990

HIGU 91 Higuchi, T.; Jin, J.: Realization of non-contact AC magnetic suspension. 34th Jap. Joint Automatic Conf. (SICE and IEEE AC Tokyo), Keio Univ., Tokyo, Nov. 1991

HOLM 37 Holmes, F.T.: Axial magnetic suspension. Rev. Sci. Inst. 8 (1937), 444-447

HUAN 88 Huang, C.Y.; Peters, P.N.; et al.: The discovery and explanation of a new suspension effect using high-temperature superconductors. Modern Physics Letters B, Vol 2, No. 8 (1988), 1027-1032

HULL 90 Hull, J.R.; Mulcahy, T.M.; et al.: Phenomenology of forces acting between magnets and superconductors. Proc. 25th IECEC, American Institute of Chemical Engineers, Reno, Nevada, Aug. 1990, 432-437

JAYA 81 Jayawant, B.V.: Electromagnetic Levitation and Suspension Techniques. Edward Arnold Ltd, London, 1981

JUNG 88 Jung, V.: Magnetisches Schweben. Springer-Verlag, Berlin, 1988

KEMP 37 Kemper, H.: Overhead suspension railway with wheelless vehicles employing magnetic suspension from iron rails. Germ. Pat. Nos. 643316 (1937) and 644302 (1937)

KEMP 38 Kemper, H.: Schwebende Aufhängung durch elektromagnetische Kraft; eine Möglichkeit für eine grundsätzlich neue Fortbewegungsart. Elektrotechn. Z. 59 (1938), 391-395

KLIM 72 Klimek, W.: A contribution to the measurement technique using electromagnetic suspension. DLR Forschungsbericht 72-30, 1972

LARS 90 Larsonneur, R.: Design and control of active magnetic bearing systems for high speed rotation. Diss. ETH Zürich No. 9140, 1990

MARE 89 Marek, A.: Levitation stability of superconducting rings in a central magnetic field. Proc. 25th IECEC, American Institute of Chemical Engineers, Reno, Nevada, Aug. 1990, 438-443

MOCH 90 Moon, F.C.; Chang, P.Z.: High-speed rotation of magnets on high-T_c superconducting bearings. J.Appl. Phys., Vol. 56, 1990, 397-399

MOON 90	Moon, F.C.: Materials research issues in superconducting levitation and suspension as applied to magnetic bearings. Proc. 25th IECEC , American Institute of Chemical Engineers, Reno, Nevada, Aug. 1990, 425-431
NICO 88	Nicolajsen, J.L.: Experimental investigation of an eddy-current bearing. In /SCHW 88/, 111-118
PARE 69	Parente, R.B.: Stability of a magnetic suspension device. IEEE Trans. on Aerospace and Electronic Systems, May 1969, 474-485
SALM 88	Salm, J.: Eine aktive magnetische Lagerung eines elastischen Rotors als Beispiel ordnungsreduzierter Regelung großer elastischer Systeme. VDI Fortschr.-Ber. VDI-Z, Reihe 1, Nr. 162, 1988
SCHM 90	Schmied, J.: Experience with magnetic bearings supporting a pipeline compressor. In /HIGU 90/, 47-56
SCHW 75	Schweitzer, G.: Stabilization of self-excited rotor vibrations by an active damper. In Niordson, F.I. (ed.): IUTAM Symp. on Dynamics of Rotors, Lyngby, August 1974. Springer-Verlag, Berlin, 1975
SCHW 88	Schweitzer, G. (ed.): Magnetic Bearings. First Internat. Symp. on Magnetic Bearings, Zürich, Juni 1988. Springer-Verlag, Berlin, 1988
SCHW 90	Schweitzer, G.: Magnetic Bearings - Application, Concepts, Theory. JSME Internat. J., Ser. III, 1990, 13-18
SIND 76	Sindlinger, R.: Magnetic bearing momentum wheels with vernier gimballing capability for 3-axis active attitude control and energy storage. VII IFAC Symp. on Automatic Control in Space, Rottach-Egern, May 1976
SINH 87	Sinha, P.K.: Electromagnetic suspension, dynamics and control. IEE Control Engineering Series Nr. 30, Peregrinus Ltd., London, 1987
SITR 89	Siegwart, R.; Traxler, A.: Möglichkeiten und Grenzen schneller Aktuatoren am Beispiel einer magnetisch gelagerten Hochgeschwindigkeits-Frässpindel. VDI-Tagung Mechatronik "Kontrollierte Bewegungen im Fahrzeug- und Maschinenbau. Bad Homburg, Nov. 1989
TRAX 85	Traxler, A.: Eigenschaften und Auslegung von berührungsfreien elektromagnetischen Lagern. Diss. ETH Zürich Nr. 7851, 1985

2 Magnetische Lagerung eines einfachen starren Körpers

2.1 Das Magnetlager als Element des Regelkreises

Im Abschnitt 1.4 sind die möglichen Magnetlager-Prinzipien in einer Übersicht zusammengestellt. Daraus geht hervor, daß derzeit für industrielle Anwendungen am ehesten *aktive* Magnetlagerungen in Frage kommen.

Die Bezeichnung "aktive" Lager bedeutet, daß die Lagerkräfte *geregelt* sind, im Gegensatz etwa zu den "passiven" Permanentmagnetlagern. Viele wesentliche Lagereigenschaften wie Stabilität, Steifigkeit, Dämpfung und Unwuchtverhalten werden durch diese Regelung festgelegt. Sie ist somit die entscheidende Komponente, die das gewünschte Verhalten des Gesamtsystems erzeugt. Dieses Kapitel über die Grundlagen der aktiven Magnetlagerung befaßt sich daher vor allem mit der Regelung. Der "Rotor" wird hier als einfachen Körper ohne Rotationen betrachtet, auf spezifische rotordynamische Fragen wird später, in Kapitel 5 und 6, eingegangen.

Je nach Berechnungsart der Magnetkraft wurden nach Bild 1.11 unter den aktiven Magnetlagern zwei Gruppen unterschieden: Elektromagnetische und elektrodynamische Lager. Das elektromagnetische Prinzip ist dabei viel weiter verbreitet als das elektrodynamische. So beziehen sich weite Teile dieses Buches stillschweigend auf die Gruppe der aktiven elektromagnetischen Lager (Typ 1 in der Zusammenstellung Bild 1.11). Aussagen über Regelung und Systemverhalten gelten aber meist für alle aktiven Lagertypen. Der Hauptunterschied zwischen aktiven elektromagnetischen (Reluktanz-Kraft) und aktiven elektrodynamischen (Lorentz-Kraft) Lagern liegt in der komplizierteren Ansteuerung der Wicklungen im zweiten Fall.

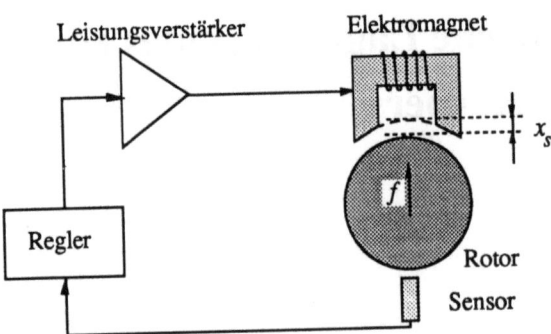

Bild 2.1 Geschlossener Regelkreis einer einfachen Magnetlagerung in einem Freiheitsgrad, der Vertikal-Auslenkung x_S

Der Elektromagnet, das Magnetlager in engerem Sinne, ist also in einen Regelkreis einbezogen, wie in Bild 2.1 gezeigt. Eine sehr direkte Realisierung dieser Anordnung wurde schon im Kapitel 1 in der Photographie der Schwebekugel (Bild 1.2) gezeigt. Der Schwebekörper soll in einem festen Abstand x_S zum Magneten berührungsfrei schweben. Primäres Ziel der Regelung ist es, den Körper in der Gleichgewichtslage "festzuhalten". Die Gleichgewichtslage ist folgendermaßen definiert: Sie ist diejenige Lage, für welche die Summe der am Körper angreifenden Kräfte Null wird. Im betrachteten Beispiel gibt es nur zwei Kräfte, nämlich die nach unten wirkende Gewichtskraft mg und die nach oben wirkende Magnetkraft f_m. Ihre vektorielle Summe ist

$$f = f_m - mg \qquad (2.1)$$

Die Auslenkung aus der Gleichgewichtslage wird mit einem Sensor berührungsfrei (meist induktiv) gemessen. In Kapitel 4 wird auf die Sensortechnik eingegangen. Ohne Regelung ist die Gleichgewichtslage instabil. Der Regler steuert den Leistungsverstärker so, daß die Gleichgewichtslage stabilisiert wird, daß der "Rotor" in der Schwebe bleibt. Diese Anordnung zum berührungsfreien Tragen eines Körpers wird Magnetlagersystem oder Magnetlager im weiteren Sinne genannt.

Der zu tragende Körper, der "Rotor", muß natürlich ferromagnetisch sein ($\mu_r \gg 1$). Vom "Rotor" interessiert zunächst nur die Vertikalbewegung. Später (Kapitel 6) werden Drehungen und Querbewegungen als weitere Freiheitsgrade dazukommen. Dann werden auch mehr Magnete notwendig sein. Hier beschränken wir uns auf eine einzige zu regelnde Variable, die vertikale Auslenkung, und einen einzigen Elektromagneten.

2.1 Das Magnetlager als Element des Regelkreises

Wie ist der Regler auszulegen damit der Rotor stabil schwebt? Um diese Frage zu beantworten, wird als erstes das Übertragungsverhalten des Stellgliedes benötigt (in Analogie zum Sensor "*Aktuator*" oder manchmal auch einfach "Aktor" genannt). Der Aktuator besteht aus zwei Komponenten, dem Elektromagneten und dem elektrischen Leistungsverstärker.

Die Gleichungen für die Magnetkraft werden in Kapitel 3 von den physikalischen Grundlagen ausgehend hergeleitet. Hier wird die Magnetkraft durch ihre wesentlichen Unterschiede zu einer einfachen Federkraft charakterisiert. Die Federkraft in Bild 2.2a nimmt mit dem Abstand x_s zu. Sie wirkt so als stabilisierende Rückstellkraft der Auslenkung entgegen. Gerade umgekehrt verhält sich die Magnetkraft in Bild 2.2b. Sie nimmt bei zunehmendem Abstand ab. Der Rückstelleffekt der Federkraft bleibt aus. Beim ungeregelten Magneten, Elektromagnet oder Permanentmagnet, stellt sich also keine stabile Schwebeposition ein, wie es jedes Kind durch Spielen mit Permanentmagneten erfahren kann.

In Bild 2.2b ist ebenfalls ersichtlich, daß die Magnetkraft im skizzierten Bereich und bei konstantem Wicklungsstrom umgekehrt proportional zum Quadrat des Abstandes abnimmt, außer für sehr kleine Luftspalte x_s wo sich die Magnetkraft einem durch die magnetische Sättigung gegebenen Wert nähert (siehe dazu Kapitel 3).

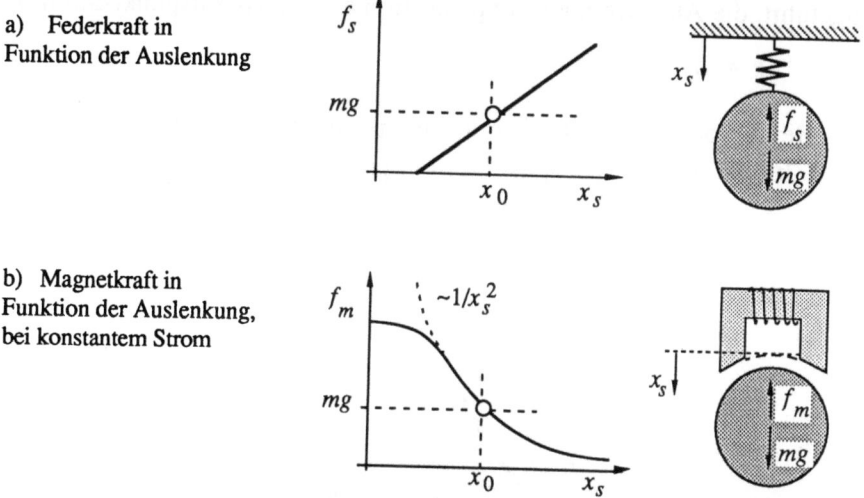

a) Federkraft in Funktion der Auslenkung

b) Magnetkraft in Funktion der Auslenkung, bei konstantem Strom

Bild 2.2 Vergleich der Wegabhängigkeit von Federkraft und Magnetkraft bei konstantem Wicklungsstrom i_0. Die Gleichgewichtslage $x = x_0$ ist durch $f_s = mg$ beziehungsweise $f_m = mg$ definiert

Bild 2.3 Magnetkraft in Abhängikeit vom Spulenstrom i_m bei konstantem Abstand $x_s = x_0$

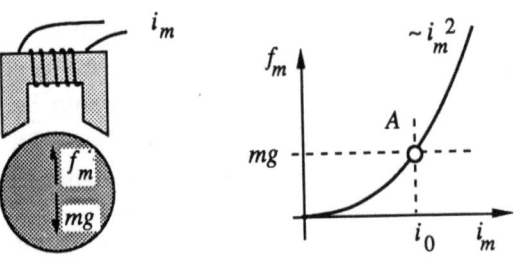

Die Magnetkraft ist über den Strom i_m steuerbar. Die Kraft des Elektromagneten nimmt quadratisch mit dem Strom zu (Bild 2.3), solange keine magnetische Sättigung eintritt.

Das Vorzeichen der Steigung der Kraft-Weg-Funktion (positiv bei der Feder, negativ beim Magneten) entscheidet also über Stabilität oder Instabilität der Gleichgewichtslage. Diese Steigung wird als Steifigkeit bezeichnet, entsprechend spricht man beim ungeregelten Magneten von "negativer Steifigkeit". Die Gleichgewichtslage wird auch als "Arbeitspunkt" des Magnetlagers bezeichnet. Im Arbeitspunkt ist nicht nur der Luftspalt $x_s = x_0$ fest definiert, sondern auch der Strom in der Magnetwicklung $i_m = i_0$. Zur Auslegung eines Reglers genügt es, von den nichtlinearen Funktionen Kraft-Weg und Kraft-Strom nur die Steigungen der Funktionen $f_m(i_m)$ und $f_m(x_s)$ im Arbeitspunkt zu betrachten. Bild 2.4 zeigt die Linearisierung der Kraft-Strom-Funktion. Dazu wird eine neue Variable i eingeführt, die Abweichung des Spulenstromes vom Arbeitspunkt-Strom i_0.

$$i = i_m - i_0 \qquad (2.2)$$

Den Betrag der Steigung von $f(i)$ nennt man Kraft-Strom-Faktor k_i SCLA 76, die Einheit von k_i ist Newton pro Ampère.

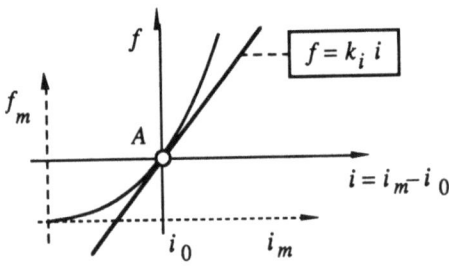

Bild 2.4 Magnetkraft f_m in Abhängigkeit von Spulenstrom i_m bei konstantem Abstand $x_s = x_0$ und ihre Linearisierung. Strom i und Kraft f sind als Abweichungen vom Arbeitspunkt A definiert

2.1 Das Magnetlager als Element des Regelkreises

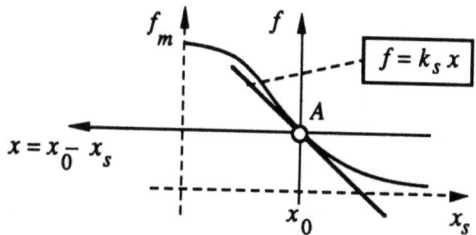

Bild 2.5 Magnetkraft f_m bei konstantem Strom $i_m = i_0$ und ihre Linearisierung. Auslenkung x und Kraft f sind als Abweichungen vom Arbeitspunkt A definiert

In ganz entsprechender Weise zeigt Bild 2.5 die Linearisierung der Kraft-Weg-Funktion $f_m(x_s)$ bei konstantem Strom $i_m = i_0$. Auch hier wird eine neue Auslenkungsvariable

$$x = x_0 - x_s \qquad (2.3)$$

eingeführt. Die neue Variable x wird positiv gezählt wenn der Luftspalt x_s kleiner wird (Bild 2.5), da es sich später als zweckmäßig erweist, daß die positiven Richtungen von Auslenkung x und Kraft f zusammenfallen. Die Steigung von $f(x)$ nennt man Kraft-Weg-Faktor k_s /SCLA 76/, die Einheit von k_s ist N/m. Der Kraft-Weg-Faktor hat also die physikalische Dimension einer Steifigkeit.

Für alle drei Größen, Kraft, Weg und Strom, wurden analoge Definitionen vorgenommen: Konstante Werte für den Arbeitspunkt (mg, x_0 und i_0) sowie Variable Werte (f, x, i) für Abweichungen vom Arbeitspunkt. Die Arbeitspunkt-Kraft ist Null da der Arbeitspunkt als die Gleichgewichtslage definiert ist. Mit diesen Definitionen kann nun die Gesamtkraft f in Funktion von Auslenkung und Strom in einer einzigen um den Arbeitspunkt linearisierten Formel angegeben werden.

$$f(x, i) = k_s x + k_i i \qquad (2.4)$$

Natürlich nimmt die Genauigkeit der Formel (2.4) mit zunehmenden Abweichungen vom Arbeitspunkt ab. Trotzdem zeigt die Praxis, daß sich die linearisierte Kraft-Strom-Weg-Beziehung (2.4) für die Reglerauslegung gut eignet. Sie ist aber für Grenzfälle wie Berühren von Schwebekörper und Magnet ($x = x_0$), starken Strom (magnetische Sättigung des Eisens) oder verschwindenden Magnetstrom ($i = -i_0$) unbrauchbar.

2.2 Schließen des Regelkreises: Das Magnetlagersystem

"Synthese" eines einfachen Magnetlagersystems

Nun soll aus den Komponenten ein einfaches Magnetlagersystem entstehen. Es erscheint naheliegend, mit dem Magnetlager zunächst ein Feder-Dämpfer-Verhalten nachzubilden. Es wird sich gleich zeigen, daß im aktiven Magnetlager weit mehr Möglichkeiten stecken als nur diese, eben weil es aktiv ist. Die Nachbildung eines Feder-Dämpfer-Systems ist aber die einfachste Magnetlagerung, es ist in Theorie und Praxis sinnvoll, sie als Ausgangspunkt zu betrachten. Die gewünschte Steifigkeit der Aufhängung sei k, damit der Körper nicht ungedämpft schwingt, sei zusätzlich eine Dämpfung vom Betrag d vorhanden (Bild 2.6a). Die Kraft f der Feder-Dämpfer-Aufhängung wird somit

$$f = -kx - d\dot{x} \qquad (2.5)$$

mit der zeitlichen Ableitung $\dot{x} = dx/dt$. Die Kraft f und die Auslenkung x sind Abweichungen aus der Gleichgewichtslage $f = 0$, $x = 0$ gemäß (2.1) und (2.3). Nun sollen Regler und Verstärker in Bild 2.6b so ausgelegt werden, daß sich die Kraft f auch hier aus einer Steifigkeitskraft und einer Dämpfungskraft gemäß (2.5) zusammensetzt.

Gleichsetzen der Kraft (2.4) und (2.5) und Auflösen nach dem Strom i ergibt die gewünschte Reglerfunktion.

$$i(x) = -\frac{(k + k_s)x + d\dot{x}}{k_i} \qquad (2.6)$$

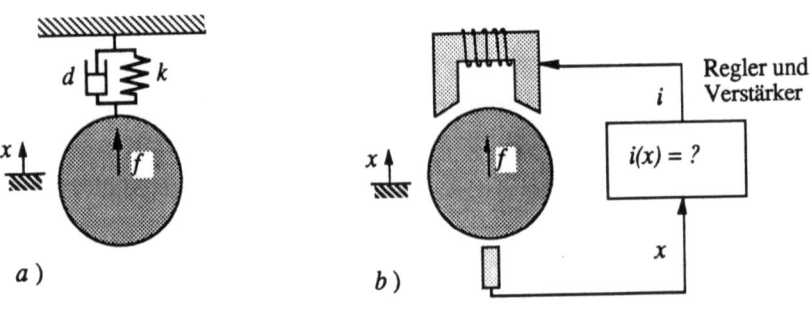

a)   b)

2.2 Schließen des Regelkreises: das Magnetlagersystem

Wenn das Sensorsignal genau der wirklichen Auslenkung entspricht und wenn der Leistungsverstärker ohne Verzögerung den vom Regler gemäß (2.6) vorgeschriebenen Strom i erzeugt, so haben beide Systeme (Bild 2.6a und b) gleiches Tragverhalten, eine berührungsfreie Lagerung der Masse ist gelungen. Das Verhalten des geschlossenen Regelkreises kann leicht analysiert werden: Die Regelstrecke "Schwebekörper" mit Ausgangsgröße x und Eingangsgröße f wird durch das Newtonsche Gesetz beschrieben.

$$m\ddot{x} = f \tag{2.7}$$

Wenn (2.4) in (2.7) eingesetzt wird und wenn der Term $k_s x$ auf die linke Seite geschrieben wird, dann wird der Strom zur Eingangsgröße einer erweiterten Regelstrecke, die aus Schwebekörper und Magnet zusammengesetzt ist:

$$m\ddot{x} - k_s x = k_i i \tag{2.8}$$

In dieser Gleichung ist die "negative Steifigkeit" des Magnetlagers durch das negative Vorzeichen des Terms $k_s x$ ersichtlich. Bei verschwindendem Kraftanteil $k_i i$ ist die Lösung der Bewegungs-Differential-Gleichung (2.8) instabil, das heißt, bei der kleinsten Störung aus der Gleichgewichtslage $x = 0$ wird eine Auslenkung $x(t)$ sofort in Richtung der Störung anwachsen bis der Körper entweder auf den Magneten aufschlägt oder herunterfällt. Mit Hilfe des Reglers wird der Strom i gemäß (2.6) so geführt, daß die Auslenkung x nach einer allfälligen Störung der Gleichgewichtslage wieder verschwindet. Einsetzen von (2.6) in (2.8) ergibt die Schwingungsgleichung des geschlossenen Regelkreises, wie sie auch für das Feder-Dämpfer-System gilt.

$$m\ddot{x} + d\dot{x} + kx = 0 \tag{2.9}$$

Die Lösung ergibt sich durch einen Exponentialansatz $x(t) = e^{\lambda t}$, welcher auf das charakteristische Polynom

$$m\lambda^2 + d\lambda + k = 0 \tag{2.10}$$

führt. Dessen Lösungen sind die konjugiert komplexen Eigenwerte $\lambda = -\sigma \pm j\omega$ mit $j^2 = -1$ und mit der *Schwingungsfrequenz* ω sowie der *Abklingrate* σ. Es gilt:

$$\omega = \sqrt{\frac{k}{m} - \frac{d^2}{4m^2}} \quad \text{und} \quad \sigma = \frac{d}{2m} \tag{2.11}$$

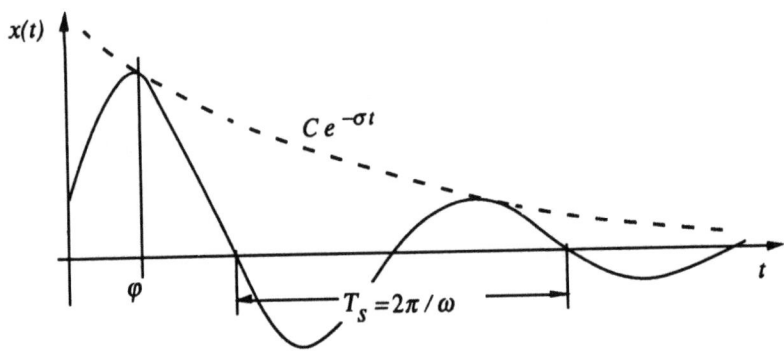

Bild 2.7 Einschwingvorgang mit Frequenz ω und Abklingrate σ. Der Kehrwert von σ ist die Zeitkonstante, in welcher die Umhüllende der Schwingung um ein Verhältnis $1e \approx 0.37$ abgenommen hat

Die Lösung der Differentialgleichung (2.9) läßt sich somit nach Bild 2.7 und /MAGN 82/ darstellen als

$$x(t) = C\,e^{-\sigma t}\cos(\omega t - \varphi) \tag{2.12}$$

Die Konstanten C und φ sind Amplitude und Phase einer Schwingung, sie werden durch die Anfangsbedingungen $x(t=0)$ und $\dot{x}(t=0)$ festgelegt. Die *Systemeigenfrequenz* ω_0 ist gleich dem Betrag der Eigenwerte λ.

$$\omega_0 = \sqrt{\omega^2 + \sigma^2} = \sqrt{k/m} \tag{2.13}$$

Aus (2.11) ist ersichtlich, wie sich die Steifigkeit k und die Dämpfung d auf das Schwingungsverhalten auswirken: Über k wird im wesentlichen die Schwingungsfrequenz ω bestimmt, über d die Abklingrate σ.

Unterschiede Aktives-Passives Lager

Worin unterscheidet sich nun das aktive Magnetlager von einem gewöhnlichen Feder-Dämpfer System?

1) Das aktive Magnetlager ist vollständig *berührungsfrei* und dadurch für völlig verschleißfreie Rotorlagerungen verwendbar. Die Anordnung nach Bild 2.1 kann ziemlich direkt so, wie sie gezeichnet ist, realisiert werden, als Schwebekugel Modell. Im Kapitel 1 wurde ein Photo eines solchen Modells gezeigt (Bild 1.2). Dazu genügt ein einfacher Eingrößen-Regler, wie oben beschrieben. Die übrigen Freiheitsgrade der Kugel als Massenpunkt, die seitlichen Bewegungen, sind durch die

2.2 Schließen des Regelkreises: das Magnetlagersystem

anziehende Magnetkraft passiv stabil. Für ein technisches Magnetlager sind meist mehrere aktive Kanäle notwendig; dies wird später ausführlich behandelt. Dieser erste Punkt allein, die Berührungsfreiheit, würde den Bau von aktiven Magnetlagern schon rechtfertigen. Weitere oft ebenso wichtige Vorteile wurden bereits in Kapitel 1 genannt, einige reglerbezogenen Eigenschaften sollen hier wiederholt werden.

2) Freie Wahl von *Steifigkeit* und *Dämpfung*: Wird in Bild 2.6a die Steifigkeit der Feder geändert, so ändert sich gleichzeitig die Gleichgewichtslage der Masse. Nicht so beim aktiven Magnetlager: Hier kann die Steifigkeit durch den Regler in einem weiten Bereich frei gewählt werden, ohne dabei den Schwebeabstand x_0 zu beeinflussen. Ebenso kann die Dämpfung über den Regler in weitem Bereich frei gewählt werden, sogar während des Schwebens und in Abhängigkeit der Betriebsbedingungen. Im Gegensatz dazu ist es bei rein mechanischer Aufhängung und bei passiven Magnetlagern oft schwierig, nur schon genügend Dämpfung zu erreichen.

3) Beim aktiven Magnetlager ist der Abstand x_0 über die Reglerelektronik jederzeit frei wählbar, unabhängig von der Steifigkeit k.

4) Als Folge davon ist es insbesondere möglich, bei einer (schrittweisen) Änderung der Lagerlast einen fest vorgegebenen Abstand x_0 einzuhalten. Dies ist zwar nicht beliebig schnell möglich, aber der Regler kann so ausgelegt werden, daß nach dem Abklingen von Einschwingvorgängen die Position wieder gleich wie vor der Last-Änderung ist. Dies kann mit einem PID-Regler, wie er im folgenden Abschnitt 2.3 behandelt wird, erreicht werden.

5) Weitere technisch wichtige Vorteile von aktiven Lagern ergeben sich bei der Behandlung *unwuchtiger* schneller Rotoren, bei der *Schwingungsisolierung* und bei vielfältigen *Überwachungen* im Betrieb, beispielsweise der Lagerkraft, der Rotorposition, der Funktionsbereitschaft. Darauf wird später näher eingegangen (Kapitel 6 und 10).

Die Summe der vorteilhaften Eigenschaften 1) bis 5) machen die aktiven Magnetlager so attraktiv für manche Anwendung.

2.3 Stromsteuerung mit PD- und PID-Regler

Der Regler nach (2.6) ist in seiner Funktion sehr einfach. Er enthält zwei Komponenten, einen "Proportionalanteil"

$$P = (k+k_s)/k_i \qquad (2.14)$$

mit der Kompensation von k_s und der gewünschten Lagersteifigkeit k, sowie einen "Differentialanteil"

$$D = d/k_i \qquad (2.15)$$

welcher die Dämpfung und damit die Abklingrate σ (2.11) erzeugt. Einen solchen Regler nennt man PD-Regler.

Die Parameter P und D des Reglers werden durch die Wahl von Steifigkeit k und Dämpfung d festgelegt.

Zur Wahl von Steifigkeit k und Dämpfung d bei Stromsteuerung

Die Steifigkeit ist, zusammen mit der maximalen Lagerkraft, eine der grundlegenden Größen, die zu Beginn der Planungsphase eines Systems festgelegt werden. Ausgehend davon wird das Magnetlager dimensioniert und der Arbeitspunkt festgelegt. Die Steifigkeit k eines Magnetlagersystems richtet sich nach der Anwendung. Meist können die Größenordnung der maximal notwendigen Lagerkraft und die tolerierbaren Verschiebungen unter den voraussichtlichen Lastfällen abgeschätzt werden. So ergibt sich ein Richtwert für die erwünschte Steifigkeit. Der Kraft-Weg-Faktor k_s des Lagers sollte im Normalfall von gleicher Größenordnung wie die gewünschte Steifigkeit k sein. Bei der Reglerauslegung kann zwar die Steifigkeit k im Prinzip frei gewählt werden, aus folgenden Gründen ist es jedoch angebracht, auf ähnliche Größenordnung von k und k_s zu achten:

Eine im Vergleich zu k_s sehr kleine Steifigkeit k ist schwer realisierbar, da k im Regler in der Summe $k+k_s$ auftritt, der Kraft-Weg Faktor k_s des Lagers aber nur mit beschränkter Genauigkeit bekannt ist. Bei kleinem k wird die Sensitivität[1] der Eigenwerte bezüglich k_s sehr groß, das System kann dann leicht instabil werden. Falls k klein im Vergleich zu k_s sein soll, ist eine sehr genaue Identifikation der Strecke inklusive Magnetlager und Nichtlinearitäten erforderlich, eine Aufgabe, deren Schwierigkeit oft

---

[1] Hohe Sensitivität der Eigenwerte bezüglich k heisst, daß sich die Eigenwerte (und damit Frequenz ω und Abklingrate σ) stark ändern, auch wenn der Wert von k nur wenig ändert.

2.3 Stromsteuerung mit PD- und PID-Regler

unterschätzt wird. Die Probleme beim Realisieren von kleinen Steifigkeiten hängen mit der Wahl des Stromes als Reglervariable zusammen. Die Ansteurungsart wird im nächsten Abschnitt (2.4) behandelt.

Ein Anhaltspunkt für die obere Grenze der Lagersteifigkeit k ergibt sich aus Maximalkraft des Lagers und Güte des Wegmeß-Systems. Bei einer hohen Steifigkeit k^* wird die Maximalkraft f_{max} schon bei kleiner Auslenkung $x^* = f_{max} k^*$ erreicht. Wenn diese Auslenkung an der Grenze der Auflösung des Wegmeß-Systems ist, so bewirkt das Signalrauschen zufallsbedingte starke Ausschläge des Stellsignales. Die Steifigkeit k ist in diesem Fall zu hoch für das gegebene System.

Eine sinnvolle und "gutmütige" Auslegung ergibt sich, wenn die Steifigkeit k von gleicher Größenordnung wie der Lagerparameter k_s ist. Der Betrag der Eigenwerte der offenen Strecke ist dann gleich groß wie der Betrag der Eigenwerte der geschlossenen Strecke. Dies entspricht der bekannten Faustregel, wonach die natürliche "Geschwindigkeit" einer Strecke durch den Regler möglichst wenig beeinflußt werden soll. Auf dieselbe Steifigkeit führt eine "LQR" Reglerauslegung (siehe Abschnitt 2.6) wenn das Optimierungskriterium "minimale Stellenergie" angewendet wird. Eine Sättigung der Lagerkraft im Betrieb darf unter Umständen durchaus in Kauf genommen werden und ist an sich noch kein Merkmal für zu hohe Steifigkeit.

Die Wahl der *Dämpfung d* hängt von der Steifigkeit ab. Für $d = 0$ verschwindet die Abklingrate σ, die Schwingung (2.10) klingt nicht mehr ab. In Wirklichkeit wirken sich die vernachlässigten Nichtlinearitäten so aus, daß ein Magnetlagersystem mit $d = 0$ instabil ist, auf Dämpfung kann also nicht verzichtet werden. Wieviel Dämpfung ist sinnvoll? Für $d = 2\sqrt{mk}$ wird die Frequenz ω Null (2.11), die "Schwingung" $x(t)$ nach (2.12) entartet zu einem "exponentiellen Kriechen". Für mechanische Systeme entspricht dies einer sehr starken Dämpfung. Da das Signal für $\dot{x}$ auf Signalrauschen noch viel empfindlicher reagiert als das Wegsignal, und da dieses Rauschen durch den Dämpfungsfaktor noch verstärkt wird, besteht hier eine noch "härtere" obere Grenze für d als dies bei der Wahl des Steifigkeitsfaktors k schon der Fall war. Ein in der Praxis bewährter Kompromiß liegt im Bereich von $d = \sqrt{mk}$, was einem Verhältnis $\sigma/\omega = 1/\sqrt{3}$ entspricht. Das Verhältnis σ/ω sollte etwa in der Größenordnung 0.1 bis 1 liegen. Gutes Systemverhalten mit Werten von σ/ω wesentlich außerhalb dieses Bereiches ist oft schwierig zu erreichen.

Laständerung und Sollwert-Eingang

Falls beim Magnetlager mit PD-Regler die Last oder die Masse plötzlich um einen bestimmten Betrag Δf_{Last} ändert, so reagiert die Schwebemasse mit einer entsprechenden Ortsänderung $\Delta x = k\Delta f_{Last}$ genau wie ein Feder-Masse-System. Dies kann, im Unterschied zum Feder-Masse-System, über einen Sollwert-Eingang kompensiert werden. Mit einem solchen Eingang kann aber auch die Position der Masse innerhalb des Arbeitsbereiches des Magnetlagers unabhängig von der Last beliebig eingestellt werden. Bild 2.8 zeigt einen Magnetlager-Regelkreis mit Sollwert-Eingang (dem Referenzsignal r) als Signalflußdiagramm.

Eingang des Reglers ist ein Fehlersignal e, das als Differenz zwischen gemessenem Signal y und vorgegebenem Referenzsignal r entsteht.

$$e = r - y \tag{2.16}$$

Das Ausgangssignal des Reglers ist gemäß (2.6) als Strom-Sollwert aufzufassen. Der Verstärker muß in diesem Fall als Stromverstärker betrieben werden. Diese Stromsteuerung ist die bisher übliche Methode für die Mehrzahl der realisierten Magnetlager, andere Ansteuerungen werden später (Abschnitt 2.4) behandelt. Die Strecke ist über Verstärker und Sensor mit dem Regler verbunden. Es wird angenommen, daß Verstärker und Sensor ideal sind, das heißt, daß der Strom i genau dem Signal i_{Soll} und, entsprechend, das Signal y genau der Auslenkung x folgt.

Für ein Referenz-Signal r gleich Null werden alle Variablen in Bild 2.8 ebenfalls gleich Null. Für r ungleich Null ergibt sich eine neue Gleichgewichtslage. In der Gleichgewichtslage sind Geschwindigkeit und Beschleunigung gleich Null und damit ist die Kraft f auch gleich Null. Die

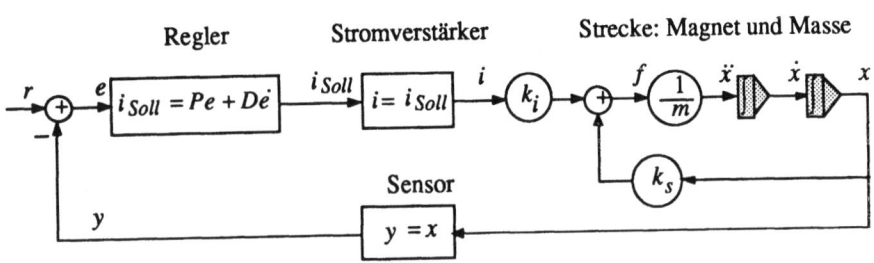

Bild 2.8 Vollständige Darstellung des Magnetlagersystems mit Strecke und Regler in einem Signalflußdiagramm. Der Elektromagnet wird durch die lineare Gleichung (2.4) beschrieben. Als Regelsignal wird ein Strom-Sollwert i_{Soll} verwendet (Stromsteuerung)

2.3 Stromsteuerung mit PD- und PID-Regler

zeitliche Ableitung de/dt verschwindet ebenfalls. Somit gelten:

$$k_s x = -k_i i \quad \text{und} \quad i = Pe = P(r-x) \tag{2.17}$$

Einsetzen von i und P (2.14) sowie Auflösen nach x ergibt den Zusammenhang von Referenzsignal r und gewünschter Position x:

$$x = r \frac{k + k_s}{k} \tag{2.18}$$

Damit kann über das Signal r eine Sollposition vorgegeben werden. Bei Änderung der Sollposition ändert sich der Arbeitspunkt und damit die Werte k_i und k_s. Die Kennlinienbilder 2.4 und 2.5 geben einen Anhaltspunkt über das Ausmaß dieser Änderungen. Der Einfluß einer veränderten Sollposition auf das Verhalten des geregelten Systems ist gering und kann, falls nötig, mit weiteren Regleranpassungen völlig vermieden werden.

Integrierender Rückführpfad

In der Praxis ist es oft wünschenswert, eine vorgegebene Rotorposition unabhängig von plötzlichen Laständerungen Δf_{Last} einzuhalten. Dies sollte automatisch, ohne Nachstellung des Eingangssignales r, geschehen. Dazu ist ein PD-Regler mit einem zusätzlichen integrierenden Rückführpfad, ein klassischer "PID-Regler" (Proportional-Integral-Differential-Regler, Bild 2.9), sehr gut geeignet. In diesem Regelkreis verschwindet das Fehlersignal e in der Gleichgewichtslage. Damit wird der Eingang r zum Soll-Werteingang für die Position, es gilt $x = r$ anstelle von (2.17). Die Abklingrate des Fehlersignales wird durch die Integrator-Zeitkonstante T_i direkt festgelegt.

Der Einschwingvorgang nach einer schrittförmigen Änderung der Lagerlast

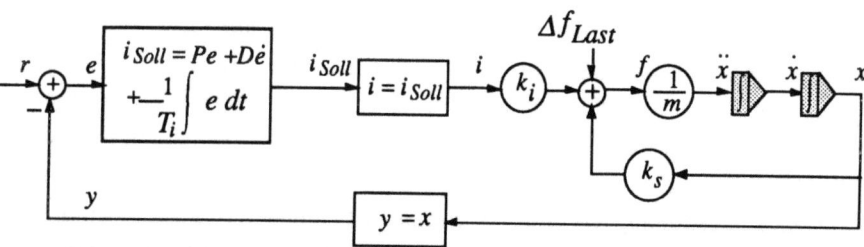

Bild 2.9 Magnetlager-Regelkreis mit Stromsteuerung, PID-Regler und Eingang für Störkräfte Δf_{Last}. Der Integralanteil des Reglers ist in der Lage, solche Störungen auszugleichen

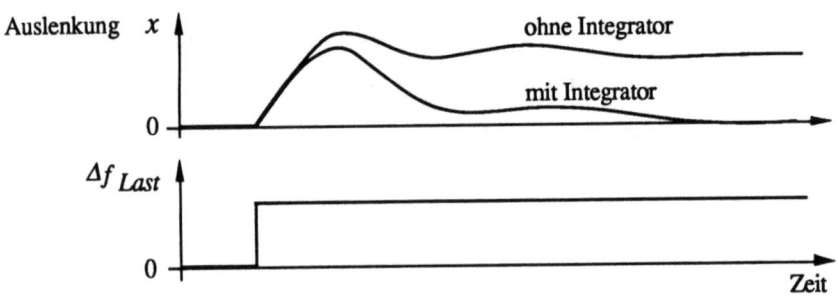

Bild 2.10 Schrittantworten der Auslenkung eines Magnetlagers mit PD-Regler und PID-Regler. Mit dem PID-Regler ist die Auslenkung vor und nach dem Lastschritt gleich, sobald die Einschwingvorgänge abgeklungen sind

ist in Bild 2.10 dargestellt. Die Auslenkung x aus der Sollposition $r = 0$ strebt asymptotisch gegen Null. Diese Unabhängigkeit der Auslenkung von der Lagerlast kann mechanisch als "unendlich" hohe Steifigkeit aufgefaßt werden. Dies kann beispielsweise bei einer Werkzeugmaschine (Frässpindel oder Drehbank) ausgenützt werden, um sehr kleine Bearbeitungstoleranzen einzuhalten: Das Lager gibt unter stationärer Last nicht nach, im Gegensatz zu einem konventionellen Lager. Die durch die Sensoren definierte Referenzposition wird unabhängig von der Last nachgeführt.

Begrenzt wird diese Genauigkeit durch die Güte der Sensoren, die maximale Lagerkraft und die Schnelligkeit des Ausregelns, welche ihrerseits durch die Parameter der Regelung und die Leistungsreserve der Verstärker bestimmt wird. Zudem gilt dies nur für die Auslenkung an der Sensorstelle. Die Position am Lastangriffspunkt, beispielsweise beim Schnittwerkzeug, ist immer noch von der Nachgiebigkeit (Elastizität) des Rotors zwischen Sensor und Lastangriffspunkt abhängig.

Mit dem PID-Regler wurde zwar eine "unendlich" große Steifigkeit bezüglich statischer Lasten erreicht, bei schnell wechselnder Last verhält sich das Lager aber anders. Dies deutet an, daß "Steifigkeit" als *Funktion der Frequenz* aufzufassen ist. Man sprich von "dynamischer Steifigkeit". Die Auslegung von PD- und PID-Reglern wird oft im *Frequenzbereich* vorgenommen. Anstelle von Funktionen der Zeit t werden Funktionen der Laplace-Variablen s (komplexe Frequenzvariable) betrachtet. So lassen sich Amplituden- und Phasengang von Regler und Strecke analysieren. Mehr zu diesem Thema ist in der umfangreichen Literatur über Regeltechnik zu finden.

2.4 Strom- oder Spannungssteuerung?

Die ganze bisherige Behandlung der Magnetlagerregelung beruht auf der stillschweigenden Voraussetzung, daß der Strom in der Magnetlagerwicklung dem Sollwert ideal folgt. Nun hat aber die Magnetwicklung eine bestimmte Induktivität, die sich einer plötzlichen Stromänderung widersetzt. Der Verstärker wird für eine schnelle Stromänderung eine hohe Ausgangsspannung benötigen. Eine plötzliche schrittweise Änderung des Sollstromes wird beim wirklichen Strom einen Einschwingvorgang zur Folge haben, da für einen idealen Stromschritt an induktiver Last eine unendlich hohe Spannung notwendig wäre. Für eine genauere Behandlung des Magnetlagers muß die Wirkung der Induktivität L der Lagerwicklung also mitberücksichtigt werden.

Für eine rein induktive Last gilt die bekannte Strom-Spannungs-Beziehung

$$u_L = L \frac{di}{dt} \tag{2.19}$$

Die Magnetwicklung weist aber auch einen Ohmschen Widerstand R auf, der an dieser Stelle einbezogen werden soll. Der Spannungsabfall beträgt

$$u_R = R\, i \tag{2.20}$$

Die Spannung am Ausgang des Verstärkers teilt sich auf in den Anteil, der zur Erzeugung von Stromänderungen di/dt verwendet wird (u_L) und in den Anteil, der zur Überwindung der Ohm'schen Last R der Magnetwicklung notwendig ist (u_R). Dazu kommt noch ein dritter Anteil, nämlich die durch den bewegten Rotor induzierte Spannung u_{ind}. Dieser Anteil ist proportional der Geschwindigkeit dx/dt des Rotors, hier wird daher eine Proportionalitätskonstante k_u eingeführt. Die Spannung u am Ausgang des Verstärkers ist damit die Summe aus u_L, u_R und $k_u\, dx/dt$, also

$$u = R\, i + L \frac{di}{dt} + k_u \dot{x} \tag{2.21}$$

Die Induktivität L sei zeitlich konstant, sie wird "Ruheinduktivität" genannt, da sie bei ruhender (festgehaltener) Schwebemasse im Arbeitspunkt definiert ist. Eine gründliche Herleitung dieser Formel ist in /VISC 88/ zu finden. Es kann gezeigt werden, daß der Faktor k_u, der Geschwindigkeit mit Spannung verknüpft, theoretisch gleich dem bekannten Kraft-Strom-

Faktor k_i ist. Eine Diskussion dieses interessanten Sachverhaltes würde hier zu weit führen, es sei nur erwähnt, daß dies mit der Eigenschaft des Magnetlagers als mechanisch-elektrischem Energiewandler zusammenhängt. Genauso wie ein Elektromotor auch als Generator betrieben werden kann, so kann das Magnetlager auch mechanische Energie in das elektrische System zurückspeisen. Mehr zu diesem Thema "sensorloses Magnetlager" findet der Leser in /VIBL 90/, /LENK 74/ oder /THOM 90/.

Die Spannung-Strom-Beziehung (2.21), die Kraft-Strom-Gleichung (2.4) und das Bewegungsgesetz (2.7) werden nun zum Aufbau des Modells einer Magnetlagerstrecke verwendet. Der geschlossene Regelkreis ist in Bild 2.11 gezeigt. Als neue Eingangsvariable der Strecke "Magnetlager und Masse" wirkt jetzt die elektrische Spannung u an den Klemmen der Magnetwicklung. Der Leistungsverstärker ist als Spannungsverstärker auszulegen, was technisch einfacher zu realisieren ist als ein Stromverstärker. Diese Regelstrategie nennt man Spannungssteuerung im Gegensatz zur vorher behandelten Stromsteuerung.

Der bei Stromsteuerung notwendige Stromverstärker arbeitet mit einem eingebauten Stromregler, der stillschweigend als sehr schnell gegenüber dem Magnetlagersystem vorausgesetzt wird. Genau genommen müßte man bei Stromsteuerung also von "Spannungssteuerung mit unterlagertem Stromregler" sprechen. Eine Analyse der Regelstrecke aus Bild 2.11 zeigt ferner, daß für $R = 0$ und $k_u = k_i$ die ungeregelte Strecke drei Pole bei Null hat /VISC 88/, im Gegensatz zur Stromsteuerung, deren Strecke bekanntlich den instabilen Pol bei $\sqrt{k_s/m}$ aufweist.

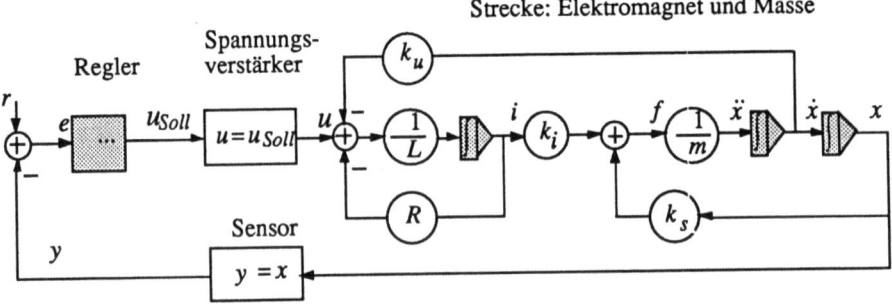

Bild 2.11 Spannungsgesteuertes Magnetlagersystem mit Wicklungsinduktivität L und Wicklungswiderstand R. Der Verstärker ist ein Spannungsverstärker. Als Regler genügt ein PD-Regler nicht mehr, eine höhere Reglerordnung ist notwendig. Wenn sich die Masse bewegt, wird in der Wicklung eine Spannung $k_u \, dx/dt$ induziert

2.4 Strom- oder Spannungssteuerung?

Erkauft werden die Vorteile der Spannungssteuerung natürlich durch den etwas komplizierteren Regler. Auf die Reglerauslegung für diese Strecke dritter Ordnung wird hier nicht eingegangen. Jedes Lehrbuch für Regeltechnik gibt an, wie hier vorzugehen ist. Da es sich um ein System mit nur einem Eingang und einem Ausgang handelt, sind auch die altbekannten Methoden der "klassischen" Regeltechnik anwendbar.

Als Zusammenfassung gelte folgende Aufstellung über Vorteile und Anwendungsbereiche der beiden Ansteuerungsarten:

Vorteile der Spannungssteuerung:
- Genaueres Modell der Strecke
- Schwächere Instabilität der Strecke
- Auch sehr kleine Steifigkeit möglich
- Einfacher Verstärker (Spannungsverstärker)
- Besseres Ausnützen der Leistungsgrenzen (Spannungssättigung)
- Rückwirkung vom mechanischen zum elektrischen System kann ausgenützt werden ("sensorloses Lager" /VISC 88/)

Vorteile der Stromsteuerung:
- Einfachere Strecke, Vereinfachung in der Praxis oft zulässig
- Einfacher PD- oder PID-Regler genügt

Anwendungsbereiche der Spannungsteuerung:
- Bei sehr großen Systemen (z.B. Magnetschwebebahn)
- Wenn wenig Speisespannung optimal ausgenützt werden soll
- Bei sehr anspruchsvollen Systemen (z.B. bezüglich Rauschfestigkeit)

In der Praxis ist also die Anwendung der Stromsteuerung oft durchaus zulässig, vor allem bei kleineren Systemen wo die maximale Ausgangsspannung des Leistungsverstärkers ein mehrfaches der Arbeitspunktspannung an der Magnetwicklung betragen kann. In einigen Systemen, vor allem in größeren, wird man versuchen, keine übermäßigen Leistungsreserven einzubauen, dann empfiehlt es sich mit dem hier angegebenen erweiterten Modell und mit Spannungssteuerung zu arbeiten. Weitere Ansteuerungsarten sind denkbar oder wurden in Einzelfällen auch schon gebaut (z.B. *B*-Feld-Steuerung), sie werden aber noch sehr selten angewendet /BLSC 89/.

2.5 Zustandsdarstellung

Wozu Zustandsdarstellung?

Die hier behandelte einfache Strecke läßt sich mit nur einer Eingangs- und einer Ausgangsgröße beschreiben. Magnetlagersysteme weisen aber im allgemeinen *mehrere* Eingänge und Ausgänge auf. Das Modell des Rotors weist mehr als nur die eine Auslenkungsvariable x auf. Ein starrer Körper hat allein schon sechs Freiheitsgrade der Bewegung. Die vier radialen Freiheitsgrade sind untereinander gekoppelt, wie wir später sehen werden. Rotation und axiale Verschiebung können im allgemeinen von den Radialbewegungen entkoppelt werden.

Die Differentialgleichungen (2.21) der Lager müssen unter Umständen mitberücksichtigt werden. Es werden bei der Reglerauslegung Probleme auftreten, die mit den bisher gezeigten Methoden nicht mehr befriedigend gelöst werden können. In vielen solchen Fällen wird die *Zustandsdarstellung* weiterhelfen können, und zwar sowohl bei der exakten Beschreibung des gekoppelten Gesamtsystems als auch bei der Reglerauslegung. Sie wird hier für das Eingrößensystem vorgestellt. Die Erweiterung auf Mehrgrößensysteme ist dann rein formal und dadurch sehr einfach.

Was ist eine Zustandsvariable?

Eine Zustandsvariable entspricht einem Speicher für Energie, Information oder Materie mit unabhängig vorgebbarer Anfangsbedingung. Die Zu- oder Abflußrate zu jedem Speicher entspricht einer Differentialgleichung erster Ordnung, ein "Speicher" wird mathematisch als Integrator dargestellt. Die Zustandsvariablen eines Systems zu einer Zeit $t = t_0$ enthalten die minimale Information, die, zusammen mit dem Verlauf der Eingangsvariablen $u(t)$ das vollständige Verhalten des Systems für $t \geq t_0$ eindeutig bestimmen.

Das dynamische Verhalten des Modelles wird durch die entsprechende Anzahl gekoppelter Differentialgleichungen erster Ordnung beschrieben.

$$\dot{x} = f(x(t), u(t)) \tag{2.22}$$

In dieser Gleichung ist x ein Vektor, der als Elemente die Zustandsvariablen enthält. Ebenso sind die Funktion f und die Eingangsvariablen u als Vektoren aufzufassen. Das Symbol u wird für die Stellgrößen, also den Eingang des Systems (Ausgang des Reglers), verwendet. Es hat nichts mit

2.5 Zustandsdarstellung

der Spulenspannung u in Gleichung (2.21) zu tun. Fett gedruckte kleingeschriebene Symbole bezeichnen Vektoren, fett gedruckte Großbuchstaben Matrizen und normal gedruckte Symbole sind als skalare Größen zu betrachten. Somit sind x (Auslenkung) und $\boldsymbol{x}$ (Zustandsvektor) zu unterscheiden.

Die Wahl der Zustandsvariablen ist nicht eindeutig, eine Linearkombination von Zustandsvariablen kann ebenfalls Zustandsvariable sein. Ein mathematisches Modell für ein System kann endlich viele oder auch unendlich viele Zustandsvariable haben. Außer im Kapitel über elastische Rotoren werden wir hier nur Systeme mit endlich vielen Zustandsvariablen betrachten.

Ein mechanischer Freiheitsgrad (Translation oder Rotation) enthält zwei Zustandsvariable, entsprechend den beiden Energiespeicherungen über Trägheit und Potential. Üblicherweise wählt man Geschwindigkeit und Auslenkung als entsprechende Zustandsvariable.

Zustandsdarstellungen für Magnetlager

Der Zustandsvektor $\boldsymbol{x}$ für ein mechanisches System mit einem Freiheitsgrad enthält also die beiden Zustandsvariablen Weg und Geschwindigkeit.

$$\boldsymbol{x} = \begin{bmatrix} x \\ v \end{bmatrix} \quad \text{mit} \quad v = \dot{x} \tag{2.23}$$

Wiederum wird die Linearisierung um den Arbeitspunkt für die Grundgleichungen des Magnetlagers verwendet. Die Systemgleichung (2.8) wird durch m dividiert und auf die Form

$$\dot{v} = \frac{k_s}{m} x + \frac{k_i}{m} i \tag{2.24}$$

gebracht. Gleichungen (2.23) und (2.24) werden zusammen in Matrizenform geschrieben, um die übliche Form der *Zustandsgleichung* zu erhalten:

$$\dot{\boldsymbol{x}} = \boldsymbol{A}\boldsymbol{x} + \boldsymbol{b}u \quad \text{wobei} \quad \boldsymbol{A} = \begin{bmatrix} 0 & 1 \\ \frac{k_s}{m} & 0 \end{bmatrix} \quad \text{und} \quad \boldsymbol{b} = \begin{bmatrix} 0 \\ \frac{k_i}{m} \end{bmatrix} \tag{2.25}$$

Der Eigenwert der Matrix $\boldsymbol{A}$ ist die Magnetlager-Zeitkonstante $\sqrt{k_s/m}$.

Bei der hier verwendeten *Stromsteuerung* wirkt der Strom i als einzige Eingangsgröße, er ist in diesem Fall das einzige Element des "Vektors" $u(t)$.

Bei der *Spannungssteuerung* wird berücksichtigt, daß das Lager selbst eine Zustandsgröße enthält, entsprechend der im Magnetfeld gespeicherten Energie. Der vollständige Zustandsvektor für ein Lager-Massenpunkt-System besteht also aus drei Variablen. Folgende Kombinationen von physikalischen Variablen sind Beispiele für zulässige Zustandsvektoren eines spannungsgesteuerten Magnetlagersystems.

$$x = \begin{bmatrix} x \\ \dot{x} \\ i \end{bmatrix}, \quad x = \begin{bmatrix} x \\ \dot{x} \\ \ddot{x} \end{bmatrix}, \quad x = \begin{bmatrix} x \\ \dot{x} \\ f \end{bmatrix}, \quad x = \begin{bmatrix} x \\ \dot{x} \\ B \end{bmatrix}, \quad x = \begin{bmatrix} \dot{x} \\ i \\ f \end{bmatrix} \qquad (2.26)$$

Hier ist die elektrische Spannung Eingangsgröße und nicht der Strom. Die linearisierten Matrizen für den ersten Fall lassen sich aus (2.9) und (2.21) herleiten.

$$x = \begin{bmatrix} x \\ \dot{x} \\ i \end{bmatrix}, \quad A = \begin{bmatrix} 0 & 1 & 0 \\ \frac{k_s}{m} & 0 & \frac{k_i}{m} \\ 0 & -\frac{k_i}{L} & -\frac{R}{L} \end{bmatrix}, \quad b = \begin{bmatrix} 0 \\ 0 \\ \frac{1}{L} \end{bmatrix} \qquad (2.27)$$

Die Parameter L und R bezeichnen die Ruheinduktivität im Arbeitspunkt und den Kupferwiderstand des Magnetlagers. Bei Magnetlager mit mehreren Magnetwicklungen, so wie sie technisch eingesetzt werden und wie sie in Kapitel 3 eingehend behandelt werden, muß bei Spannungssteuerung für jede Wicklung eine Zustandsvariable eingeführt werden /VIBL 90/.

2.6 Reglerauslegung im Zustandsraum

Für Systeme in Zustandsdarstellung gibt es verschiedene Reglerauslegungsmethoden. Der Hauptvorteil dabei ist, daß sie für fast beliebige Struktur und Größe des Modelles anwendbar sind. Die beiden wichtigsten Auslegungsmethoden sind LQ-Regelung und Polvorgabe. Im Falle der LQ-Regelung werden die Eigenschaften der Regelung durch Minimierung einer Kostenfunktion bestimmt, im Falle der Polvorgabe werden direkt die Pole des geschlossenen Systems vorgegeben. Bei beiden Methoden wird zunächst von

2.6 Reglerauslegung im Zustandsraum

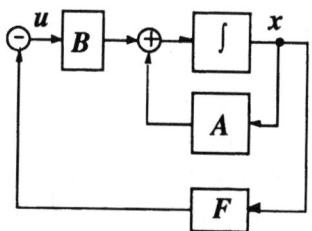

Bild 2.12 Vollständige Zustandsrückführung

einer *vollständigen* Zustandsrückführung ausgegangen (Bild 2.12). Zustandsrückführung heißt, daß die Eingangsvariablen $u(t)$ mit einer konstanten Rückführmatrix F aus allen Zustandsvariablen berechnet werden.

$$u = -Fx \qquad (2.28)$$

Dabei wird vorausgesetzt, daß alle Zustandsgrößen meßbar sind und als Signale zur Verfügung stehen, also nicht nur die Auslenkungen, sondern auch die Geschwindigkeiten. In der Praxis werden die Geschwindigkeiten selten direkt gemessen. Die geschwindigkeitsproportionalen Signale können entweder durch Differenzieren der Wegsignale oder durch einen Zustandsbeobachter (d.h. ein dynamisches Modell des Systems, siehe Kapitel 6) erzeugt werden.

Das geschlossene System erhält man durch Einsetzen von (2.28) in (2.25).

$$\dot{x} = (A - bF)x \qquad (2.29)$$

Man definiert die Systemmatrix A_0 des geschlossenen Systems.

$$A_0 = A - bF \qquad (2.30)$$

Die Eigenwerte der Systemmatrix A_0 des geschlossenen Systems geben das Schwingungsverhalten an. *Polvorgabe* kann als Umkehrung der Aufgabe, zu einer gegebenen Rückführung F die Eigenwerte von A_0 zu berechnen, gesehen werden. Gesucht ist diejenige Matrix F, für welche A_0 gewünschte vorgegebene Eigenwerte erhält. Ackermann hat sich eingehend mit dem Problem der Polvorgabe befaßt, die Technik der Polvorgabe ist in seinen Lehrbüchern ausführlich dargestellt /ACKE 83/. Die Kunst liegt in einer vernünftigen Wahl der gewünschten Eigenwerte. Dabei kommen letztlich dieselben Überlegungen wie bei der Auslegung des PID-Reglers zum Zuge. Die am einfachsten zu realisierende Polvorgabe ist diejenige, wo die wo also der Abstand der Eigenwerte vom Ursprung der komplexen Ebene beibehalten wird.

Eine im Vergleich zu dieser "natürlichen" Regelung schnellere Regelung (größere Eigenwerte) bewirkt höhere Rückführkoeffizienten, damit werden die Grenzen der Leistungsfähigkeit von Lagerwicklungen und Verstärker aber eher erreicht. Eine im Vergleich zur "natürlichen" Regelung langsamere Regelung erhöht die Sensitivität des Systems auf Modellierungsfehler und Signalrauschen, ohne die Qualität der Regelung zu verbessern. Aufgrund ähnlicher Überlegungen erweist sich ein Dämpfungsmaß σ/ω_0 (siehe 2.13) in der *Größenordnung* von 1/3 für viele praktische Magnetlagersysteme als sinnvoll.

Bei der so genannten LQ-Regelung wird eine lineare (L) Regelung nach (2.28) so gewählt, daß eine quadratische (Q) Kostenfunktion minimiert wird. Eine solche Kostenfunktion J ist ein Funktional, das aus einem Integral über gewichtete Funktionen von Zustands- und Steuergrößen gebildet wird, mit konstanten Gewichtungsmatrizen Q und R.

$$J = \int_{t=t_0}^{\infty} \left(x^T Q\, x + u^T R u \right) dt \tag{2.31}$$

Damit für die gestellte Aufgabe eine nicht-triviale Lösung existiert, muß die Matrix R positiv definit sein. Die Matrix Q muß positiv-semidefinit sein[1].

Die Lösung dieses Variationsproblemes läßt sich analytisch geschlossen angeben, die bekannten Programmpakete für Regelung liefern aus A, B, Q und R sofort die gesuchte Matrix[2] F. Diese Lösung hat die wichtige Eigenschaft, unabhängig von den Anfangsbedingungen $x(t = t_0)$ zu sein, obwohl die Kostenfunktion (2.31) selbst direkt von den Anfangsbedingungen abhängt. Die Reglerauslegung beschränkt sich nun also darauf, geeignete Gewichtungsmatrizen Q und R zu wählen. Ohne große Beschränkungen der Lösungsvielfalt kann für R die Einheitsmatrix und für Q eine Diagonal-

---

[1] Zudem muß Q eine Steuerbarkeitsbedingung erfüllen /SCHW 76/: Ohne Beschränkung der Allgemeinheit kann Q in ein Produkt $C^T C$ zerlegt werden. A und C müssen nun ein beobachtbares Paar bilden. Diese Bedingung schließt es für Magnetlager aus, nur die Geschwindigkeiten zu gewichten. Nur die Auslenkungen zu gewichten ist erlaubt.
[2] Es gilt $F = -R^{-1} B^T P$, wo P die Lösung der algebraischen Matrix-Riccati Gleichung $A^T P + P A - P B R^{-1} B^T P + Q = 0$ ist. Dies ist in praktisch allen Büchern über Regeltechnik eingehend behandelt, es wird hier nicht weiter darauf eingegangen.

2.6 Reglerauslegung im Zustandsraum

matrix eingesetzt werden. Es gibt zwei Grenzfälle:

1) Die Norm[1] $\|Q\|$ wird klein gegen $\|R\|$. Das bedeutet starke Gewichtung der Stellgröße und wird deshalb als "expensive control" bezeichnet. Die optimale Lösung ist dann diejenige Lösung, die mit einem *Minimum an Stellenergie* auskommt. Die Polkonfigurationen für diesen Grenzfall können allgemein angegeben werden /SCHW 76/. Instabile Pole der offenen Strecke werden an der Imaginär-Achse gespiegelt, stabile Pole bleiben wo sie sind. Auf das Massenpunkt Beispiel bezogen bedeutet dies, daß aus den reellen Polen der offenen Strecke bei $\pm\sqrt{k_S/m}$ beim geregelten System ein Doppelpol bei $-\sqrt{k_S/m}$ entsteht, also $k = k_S$ und $d = 2\sqrt{k_S/m}$. Diese Regelung wurde vorher als "natürliche" Regelung bezeichnet.

2) Die andere Lösung, "cheap control", führt mit erhöhtem Q zu immer größeren Rückführkoeffizienten, also größerer Steifigkeit. Die Pole nähern sich der "Butterworth Konfiguration", d.h. einer gleichmäßigen Verteilung auf einem Halbkreis in der linken Halbene mit Mittelpunkt im Ursprung und mit immer größer werdendem Radius.

Die beiden Grenzfälle "optimaler" Regler weisen also ein sehr starkes Dämpfungsmaß auf. Dies rührt daher, daß das Problem des Rauschens in diesen Betrachtungen ausgeklammert wurde. In der Praxis muß wegen des immer vorhandenen Signalrauschens und wegen der nur ungenau bekannten Parameter die Dämpfung kleiner gewählt werden als sie sich aus den oben angegebenen LQ-Regelungen ergibt.

Was in Abschnitt 2.3 nach mechanischen Kriterien gefunden wurde, ist also als Richtschnur für die Anwendung von anspruchsvollen Regler-Auslegungsmethoden aufzufassen, seien diese Methoden Polvorgabe, LQ-Regler oder der hier nicht behandelte H∞-Regler. Für die Auslegung von Mehrgrößenreglern wird auf die im PD-Regler ermittelten Größenordnungen von Steifigkeit und Dämpfung zurückgegriffen werden können.

---

[1] z. B. Zeilennorm $\|Q\| = \max_i \sum_j |q_{i,j}|$

Literatur

ACKE 83   Ackermann, J.: Abtastregelung. Springer Verlag, Berlin, 1983

BLSC 89   Bleuler, H., Schweitzer, G., Traxler, A., Vischer D., Zlatnik, D.: New Concepts for Low-Cost Mechatronics; Magnetic Bearing Example. IFAC Symposium on Low Cost Automation, LCA'89, Milano, November 1989

GEER 90   Geering, H.P.: Meß- und Regelungstechnik. Springer Verlag, Berlin, 1990

LENK 71   Lenk, A.: Elektromechanische Systeme. 3. Aufl. VEB Technik, Berlin, 1971

MAGN 82   Magnus, K., Müller, H.H.: Grundlagen der Technischen Mechanik. Teubner Studienbücher, Stuttgart, 1982

SCLA 76   Schweitzer, G., Lange, R.: "Characteristics of a Magnetic Rotor Bearing for Active Vibration Control", Conference on Vibrations in Rotating Machinery, Churchill College, Cambridge, U.K., Sept. 1976

SCHW 76   Schwarz, H.: Optimale Regelung linearer Systeme. Bibliographisches Institut MannheimWienZürich B.I.-Wissenschaftsverlag, 1976

THOM 90   Thoma, J.: Simulation by Bondgraphs. Springer Verlag, Berlin, 1990

UNBE 89   Unbehauen, H.: "Regelungstechnik" (in drei Bänden), Vieweg, 6. Aufl.

VISC 88   Vischer, D.: Sensorlose und Spannungsgesteuerte Magnetlager. Diss. ETH Nr. 8665, Zürich ,1988

VIBL 90   Vischer, D., Bleuler, H.: A New Approach to Sensorless and Voltage Controlled AMBs based on Network Theory Concepts. 2nd Int. Symposium on Magnetic Bearings, T. Higuchi (ed.), University of Tokyo, Juli 1990

3 Komponenten im Magnetlagersystem

3.1 Grundlagen

Wirkungen des magnetischen Feldes

Das magnetische Feld ist ein besonderer Zustand des Raumes, der durch *mechanische Kraftwirkungen* und *elektrische Induktionswirkungen* gekennzeichnet ist /KUEP 90/. Beide Wirkungen können zur Festlegung eines Maßes für die Stärke des magnetischen Feldes benutzt werden.

In einem stationären Magnetfeld wird auf eine bewegte Ladung Q eine Kraft, die sogenannte *Lorentzkraft*, ausgeübt. Sie wirkt senkrecht zur Bewegungsrichtung, und man definiert den magnetischen Feldvektor B (*magnetische Induktion oder Flußdichte*) senkrecht zur Kraft f und der Geschwindigkeit v:

$$f = Q\,(v \times B) \tag{3.1}$$

Dieses Vektorprodukt bedeutet, daß für die Erzeugung der Kraft nur die zur Geschwindigkeit v senkrechte Komponente B_w von B wirksam ist (Bild 3.1).

Aus Gleichung (3.1) ergibt sich für die Einheit der magnetischen Flußdichte B

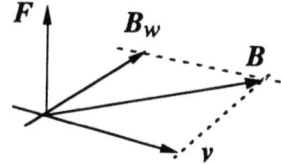

Bild 3.1 Lorentzkraft

$$1 \frac{N\,s}{A\,s\,m} = 1 \frac{N}{A\,m} = 1 \frac{V\,s}{m^2} = 1 \text{ Tesla}$$

Die Einheit Tesla kann als Flußdichte eines Magnetfeldes gedeutet werden, in welchem auf einen Leiter von 1 m Länge, der senkrecht zur Flußrichtung angeordnet ist und der von einem Strom von 1 A durchflossen wird, eine Kraft von 1 N ausgeübt wird /KUEP 90/.

Magnetfelder bzw. der magnetische Fluß Φ werden oft durch magnetische Feldlinien veranschaulicht. Die Dichte der gezeichneten Linien symbolisiert dabei den Betrag der Flußdichte, die Richtung der Linien zeigt die Richtung des Feldvektors der Flußdichte an. Die Feldlinien sind stets in sich geschlossene Linien. Der Magnetische Fluß Φ durch eine Fläche errechnet sich als Integral der Flußdichte B über die Fläche.

Durch Strom erzeugtes Magnetfeld

Ursachen für magnetische Felder sind bewegte Ladungen (Ströme), ändernde elektrische Felder und Permanentmagnete (molekulare Kreisströme und Spin der Elektronen).

Um einen geraden Leiter, in dem ein konstanter Strom i fließt, entsteht ein rotationssymmetrisches Magnetfeld, dessen *magnetische Feldstärke H* umgekehrt proportional zum Abstand r vom Leiter abnimmt und dessen Richtung tangential zu konzentrischen Kreisen um den Leiter liegt (Bild 3.2).

Die magnetische Feldstärke ist dabei unabhängig vom Medium durch die Stromverteilung bestimmt. Ein Umlaufintegral im Magnetfeld hat einen fixen Wert oder verschwindet, je nachdem ob der Weg den stromführenden Draht umschließt oder nicht.

$$\oint H\,\mathrm{d}s = i \tag{3.2}$$

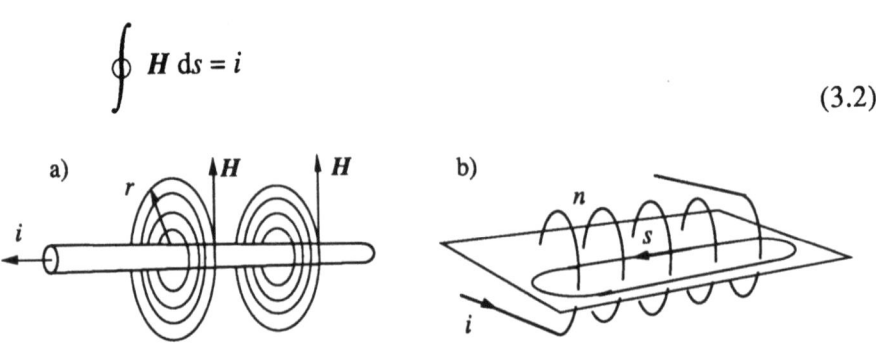

Bild 3.2 a) Stromdurchflossener Leiter mit Magnetfeld b) Luftspule

3.1 Grundlagen

Der Betrag der magnetischen Feldstärke im Fall von Bild 3.2 a ist demnach

$$H = \frac{i}{2\pi r} \tag{3.3}$$

Falls der Integrationsweg wie im Falle der Luftspule von Bild 3.2 b mehrere Windungen umfaßt, erhält man als Resultat des Integrals die Durchflutung Θ (Durchflutungsgesetz):

$$\oint H \, ds = n \, i = \Theta \tag{3.4}$$

Die magnetische Feldstärke H und die magnetische Induktion oder Flußdichte B sind miteinander verknüpft durch die Beziehung

$$B = \mu_0 \mu_r H \tag{3.5}$$

Dabei sind $\mu_0 = 4\pi \, 10^{-7}$ Vs/Am die *magnetische Feldkonstante* des Vakuums und μ_r die *relative Permeabilität*, deren Größe von der Substanz abhängt, auf die das Magnetfeld einwirkt. Im Vakuum und mit guter Näherung auch in Luft ist $\mu_r = 1$.

Die gesetzlich festgelegte SI-Einheit der magnetischen Feldstärke H ist A/m.

Elektromagnetische Induktion

Die elektromagnetische Induktion ist die Umkehr der am Anfang dieses Kapitels beschriebenen Kraftwirkung magnetischer Felder. Bewegt man einen Leiter in einem Magnetfeld, so bewegt man damit alle seine Ladungsträger. Auf diese wirkt also nach Gleichung (3.1) eine Lorentzkraft, und die Ladungsträger bewegen sich senkrecht zum Feld und zur Bewegungsrichtung des Leiters. Diese Bewegung der Ladungsträgern innerhalb des Leiters ist identisch mit einem elektrischen Strom.

Ursache eines Stromes ist immer ein elektrisches Feld. Das den Induktionsstrom erzeugende elektrische Feld wird durch eine Änderung des magnetischen Flusses erzeugt, welcher die von einem Leiter umfaßte Fläche durchsetzt. Die dadurch entstehende Potentialdifferenz heißt Induktionsspannung. Dabei ist die Ursache dieser Änderung gleichgültig. Sie kann in einer Bewegung des Leiters oder in einer Änderung des magnetischen Feldes bestehen.

Die in einer Spule mit der Windungszahl n induzierte Spannung u ist gleich dem Produkt aus der Windungszahl und der zeitlichen Änderung des Flusses der von der Spule umfaßt wird (*Induktionsgesetz*).

$$u = n \frac{d\Phi}{dt} \qquad (3.6)$$

3.2 Materialeigenschaften ferromagnetischer Stoffe

Die bei der Einwirkung eines magnetischen Feldes der Feldstärke **H** in Materie erzeugte magnetische Flußdichte **B** wird, abhängig von den Eigenschaften der Materie, größer oder kleiner sein als die im Vakuum erzeugte Flußdichte μ_0 **H**. Der Anteil von **B**, der von der Materie herrührt, wird *magnetische Polarisation J* genannt

$$\boldsymbol{B} = \mu_0 \boldsymbol{H} + \boldsymbol{J} \qquad (3.7)$$

Mit der Gleichung $\boldsymbol{B} = \mu_0 \mu_r \boldsymbol{H}$ ergibt sich

$$\boldsymbol{J} = (\mu_r - 1)\, \mu_0\, \boldsymbol{H} = x_m\, \mu_0\, \boldsymbol{H} \qquad (3.8)$$

wobei $x_m = \mu_r - 1$ *magnetische Suszeptibilität* genannt wird. Sie beschreibt das Verhältnis der Polarisation zur Flußdichte des Vakuums.

Stoffe mit $x_m < 0$ bzw. $\mu_r < 1$ heißen *diamagnetisch*. Sie wirken abschwächend auf die Flußdichte. Stoffe mit $x_m > 0$ bzw. $\mu_r > 1$ heißen *paramagnetisch*. In einer Reihe von paramagnetischen Stoffen tritt eine Kopplung der resultierenden atomaren magnetischen Momente auf. Sind sie parallel ausgerichtet, nennt man den Stoff *ferromagnetisch*. Bei ferromagnetischen Stoffen ist in der Regel $\mu_r \gg 1$ und hängt zudem von der Größe des Magnetfeldes und von der magnetischen Vorgeschichte des Materials ab.

Im allgemeinen erstreckt sich die parallele Ausrichtung der atomaren magnetischen Dipole nur über begrenzte Gebiete, die sogenannten Weiss'schen Bezirke. Die Übergangszonen zwischen diesen Gebieten, in denen sich die atomaren Momente aus einer Vorzugsrichtung in eine andere drehen, heißen Blochwände.

Das Verhalten von magnetischen Werkstoffen wird üblicherweise in einem *B-H*-Diagramm dargestellt (Bild 3.3). Legt man an eine unmagnetisierte

3.2 Materialeigenschaften ferromagnetischer Stoffe

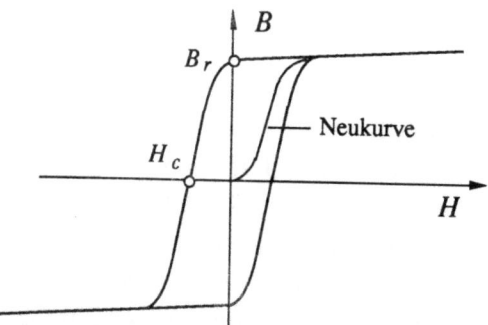

Bild 3.3 B-H-Diagramm, Hystereseschleife

ferromagnetische Probe ein homogenes Magnetfeld H wachsender Stärke an, so ändert sich die Flußdichte B gemäß der im ersten Quadranten gelegenen Neukurve; B steigt zunächst aufgrund von Blochwandverschiebungen schnell an. Dabei wachsen diejenigen Bezirke, deren Vorzugsrichtung etwa parallel zur Feldrichtung liegen, auf Kosten der übrigen.

Bei weiter ansteigendem H wird die Flußdichte nur noch langsam größer. Jetzt finden die sogenannten Drehprozesse statt, bei denen sich die Dipole der nach den Wandverschiebungen übriggebliebenen Weiss'schen Bezirke aus ihrer Vorzugsrichtung in die Feldrichtung drehen. Wenn alle magnetischen Dipole parallel zum äußeren Magnetfeld gerichtet sind, ist die *Sättigung* erreicht; B wächst dann nur noch mit der Steigung μ_0.

Wird das äußere Feld auf $H = 0$ reduziert, verläuft die Flußdichte nicht reversibel entlang der Neukurve sondern irreversibel entlang der sogenannten *Hystereseschleife*. Bis zum Wert $H = 0$ wird zunächst nur ein Teil der Drehprozesse rückgängig gemacht. Die verbleibende Flußdichte wird als Remanenz B_r bezeichnet. Vergrößert man H in die entgegengesetzte Richtung, so laufen zunächst weitere Drehprozesse ab. Schließlich erfolgt die Ummagnetisierung durch Wandverschiebungen, und B fällt steil ab. Die Feldstärke, welche nötig ist, um $B = 0$ zu erreichen, wird als Koerzitivfeldstärke H_c bezeichnet. Mit weiter zunehmendem Gegenfeld wird die Probe immer stärker bis zur Sättigung in Gegenrichtung aufmagnetisiert. Durch erneute Rücknahme des Feldes auf Null und anschließende Erhöhung in die ursprüngliche Richtung kommt man wieder in Sättigung und hat damit die Sättigungshystereseschleife einmal durchlaufen /HECK 75/.

3.3 Magnetischer Kreis

In der Magnetlagertechnik sind es Elektromagnete oder Dauermagnete, die den Fluß in einem magnetischen Kreis führen. Bei Berechnungen solcher magnetischer Kreise ist eine exakte feldtheoretische Berechnung nur in den seltensten Fällen möglich und notwendig. Man arbeitet normalerweise mit analytischen Näherungsmethoden und trifft die vereinfachende Annahme, daß der Fluß bis auf den Luftspalt vollständig im Eisen verläuft (keine Streuung). Die Permeabilität μ des Eisens ist viel größer als die der Luft, die Feldlinien treten daher annähernd senkrecht aus dem Eisen aus. Man benützt sowohl für Gleich- als auch für Wechselfelder die Berechnungsmethoden für statische Felder, was zulässig ist, solange die Wellenlänge der Wechselfelder sehr groß ist, verglichen mit den Abmessungen des betrachteten Feldes. Durch die immer bessere Verfügbarkeit von Programmen für die Feldberechnung, für ebene Probleme sogar schon auf PCs, lohnt sich die numerische Berechnung gegenüber der analytischen Vorgehensweise allerdings immer eher.

Für die Berechnung der Flußdichte B werden die folgenden vereinfachenden Annahmen getroffen: Der Fluß Φ verlaufe vollständig innerhalb des magnetischen Kreises mit dem Eisenquerschnitt A_{fe}, der konstant und gleich groß wie der Querschnitt A_l im Luftspalt sei. Aus

$$\Phi = B_{fe} A_{fe} = B_l A_l \quad \text{und} \quad A_{fe} = A_l \qquad (3.9, 3.10)$$

folgt

$$B_{fe} = B_l = B \qquad (3.11)$$

Das Feld im magnetischen Kreis sei sowohl im Eisen als auch im Luftspalt homogen. Wir rechnen daher mit einer mittleren Länge l_{fe} des magnetischen Pfades und einer Luftspaltlänge $2s$.

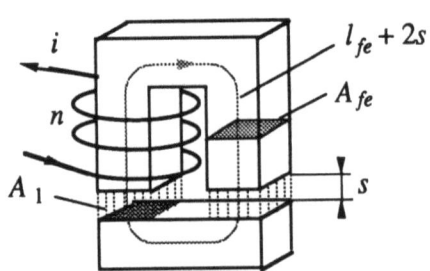

Bild 3.4 Magnetischer Kreis

3.3 Magnetischer Kreis

Flußdichte bei Annahme konstanter Permeabilität im Eisen

Mit (3.4) folgt für den magnetischen Kreis von Bild 3.4

$$\oint H \, ds = l_{fe} H_{fe} + 2s \, H_l = n \, i \tag{3.12}$$

Da gemäß (3.11) die Flußdichte B im Eisen und im Luftspalt gleich groß sind, können die Feldstärken H_{fe} und H_l in (3.12) mit Hilfe von (3.5) ersetzt werden

$$l_{fe} \frac{B}{\mu_0 \mu_r} + 2s \frac{B}{\mu_0} = n \, i = \Theta \tag{3.13}$$

Aufgelöst nach B ergibt sich

$$B = \mu_0 \frac{n \, i}{(l_{fe}/\mu_r + 2 \, s)} \tag{3.14}$$

Da im Eisen $\mu_r \gg 1$ ist, wird die Magnetisierung des Eisens oft vernachlässigt, und damit kann (3.14) vereinfacht werden zu

$$B = \mu_0 \frac{n \, i}{2 \, s} \tag{3.15}$$

Ermittlung der Flußdichte mit dem B-H-Diagramm des Eisens

Die Berechnung (3.14) kann als gute Näherung benutzt werden, solange das Eisen noch weit unter der Sättigungsflußdichte betrieben wird, da im steilen Anstieg der Magnetisierungskurve die relative Permeabilität μ_r nur wenig ändert. Wird das Eisen jedoch bis zu großen Flußdichten nahe der Sättigung betrieben, muß die Magnetisierungskurve berücksichtigt werden, und die Flußdichte B kann aus der Durchflutung Θ nicht mehr direkt berechnet werden.

Für den einfachen Fall eines magnetischen Kreises mit konstantem Querschnitt lässt sich der Fluß aus der Magnetisierungskurve grafisch bestimmen. Dazu skaliert man die Abszisse des B-H-Diagramms mit Hilfe der Beziehung $H_{fe} \, l_{fe} = \Theta$ so, dass die Flußdichte Funktion der Durchflutung Θ dargestellt wird und schneidet die Magnetisierungskurve des Eisens mit der "Luftspaltgeraden" (Gerade mit der Steigung $\mu_0/2s$), die einfachheitshalber von der gegebenen Durchflutung Θ_{geg} aus nach links aufgetragen wird

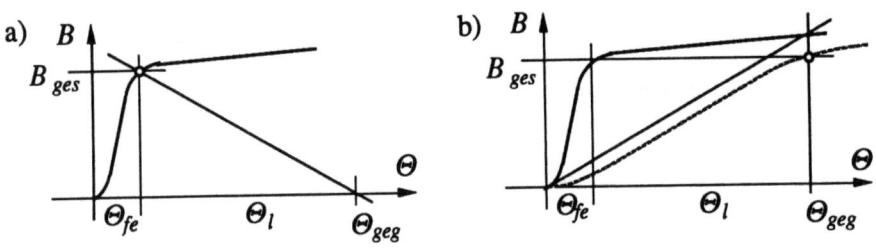

Bild 3.5 a) Grafische Bestimmung der Flußdichte B für eine gegebene Durchflutung Θ b) Gescherte Magnetisierungskurve

(Bild 3.5). Mit der so gefundenen Flußdichte lässt sich die sogenannte gescherte Magnetisierungskurve für den magnetischen Kreis zeichnen (Bild 3.5 b).

Induktivität L im magnetischen Kreis

Die Induktivität L ist die Proportionalitätskonstante zwischen dem durch eine einzelne Windung der Spule erzeugten sogenannten Windungsfluß Φ_w und dem erzeugenden Strom i. Für den Gesamtfluß Φ gilt

$$L = \frac{n\,\Phi}{i} \qquad (3.16)$$

Wird das Eisen vernachlässigt, können die Flußdichte B aus (3.15) und der Luftspaltquerschnitt A_l in (3.16) eingesetzt und so die Induktivität L eines magnetischen Kreises näherungsweise direkt berechnet werden

$$L = n^2\,\mu_0\,A_l\,\frac{1}{2s} \qquad (3.17)$$

Diese näherungsweise Berechnung von L ergibt zu hohe Werte für L und ist daher praktisch eine "worst-case"-Abschätzung. Da die Beziehung zwischen B und H bzw. zwischen Φ und i nichtlinear ist, wird auch L vom Arbeitspunkt auf dem B-H-Diagramm abhängig sein. Man kann daher auch eine differentielle Induktivität $L_d = n\,\mathrm{d}\Phi/\mathrm{d}i$ definieren, die der Steigung in einem "Φ-i-Diagramm" entspricht.

Die Induktivität eines Lagermagneten ist wichtig im Zusammenhang mit der Ansteuerung durch den Leistungsverstärker. Gemäß dem Induktionsgesetz gilt für die induzierte Spannung u über einer Spule mit n Windungen

$$u = n\frac{\mathrm{d}\Phi}{\mathrm{d}t} = L\frac{\mathrm{d}i}{\mathrm{d}t} \qquad (3.18)$$

3.4 Magnetkraft

Werden der Kupferwiderstand der Spule sowie die Rückwirkung des bewegten Rotors auf den Lagermagneten vernachlässigt, so gilt umgekehrt, daß die Ausgangsspannung des Leistungsverstärkers in der Spule einen Stromanstieg gemäß (3.18) erzeugt. Es ist offensichtlich, daß der Stromanstieg umso schneller wird, je kleiner die Induktivität L ist.

3.4 Magnetkraft

Magnetkraft unter Vernachlässigung des Eisens

Im Unterschied zu den Kräften, die auf stromdurchflossene Leiter im Magnetfeld wirken (Lorentzkraft), entsteht die Anziehungskraft von Magneten an den Grenzflächen mit unterschiedlicher Permeabilität μ (siehe auch die Zusammenstellung in Bild 1.11). Diese Kräfte werden über die Feldenergie berechnet.

Man geht dabei von der im Luftspalt gespeicherten Energie W_l aus. Für den Fall des homogenen Feldes im Luftspalt des magnetischen Kreises von Bild 3.6a gilt

$$W_l = \frac{1}{2} B_l H_l V_l = \frac{1}{2} B_l H_l A_l \, 2s \tag{3.19}$$

Die auf den ferromagnetische Körper ($\mu_r \gg 1$) wirkende Kraft entsteht durch die Änderung der Feldenergie im Luftspalt in Funktion der Lage des Körpers. Der magnetische Fluß $B_l A_l$ ist für kleine Verschiebungen ∂s konstant. Vergrößert sich der Luftspalt s um ds so vergrößert sich auch das Volumen $V_l = 2sA_l$, die Energie W_l im Feld nimmt um dW zu. Diese Energie

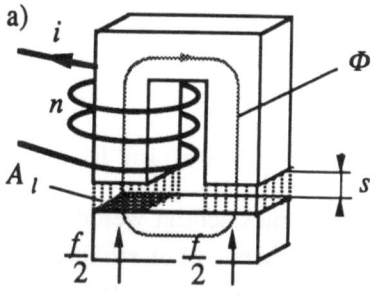
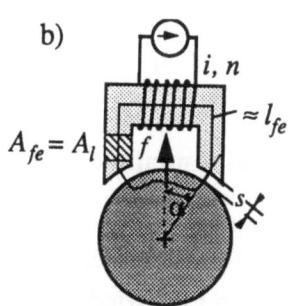

Bild 3.6 a) Kraft eines Magneten   b) Radiallager Geometrie

wird über mechanische Arbeit aufgebracht, es muß also eine anziehende Kraft überwunden werden. Die Kraft f ist somit gleich der partiellen Ableitung der Feldenergie W_l nach dem Luftspalt s (Prinzip der virtuellen Verschiebung)

$$f = \frac{dW_l}{ds} = B_l H_l A_l = \frac{B_l^2 A_l}{\mu_0} \qquad (3.20)$$

Die Herleitung der Kraft mit dem Prinzip der virtuellen Verschiebung gilt für ein *abgeschlossenes System*. Bei einem Elektromagneten (Bild 3.6) wird zum Aufbau des Feldes über die Spulenklemmen elektrische Energie in das System eingespeist. Daher muß gefordert werden, daß die Differentiation (3.20) dann durchgeführt wird, wenn keine Energie mehr über die Wicklungen des Elektromagneten ins Feld zu- oder abfließt, also bei konstantem B-Feld. Um die Kraft des Elektromagneten in Funktion von Wicklungsstrom und Luftspalt zu erhalten, wird $B(i,s)$ anschließend, also nach dem Differenzieren, in (3.20) eingesetzt.

Wird nun für den einfachsten Fall der Vernachlässigung des Eisens für B_l der Ausdruck aus (3.15) eingesetzt, erhält man für die Kraft in diesem Fall

$$f = \mu_0 A_l \left(\frac{n\,i}{2\,s}\right)^2 = \frac{1}{4}\mu_0 n^2 A_l \frac{i^2}{s^2} = k \frac{i^2}{s^2} \qquad (3.21)$$

In (3.21) erkennt man die in Bild 2.2 und 2.3 gezeigte quadratische, bzw. umgekehrt quadratische Abhängigkeit der Kraft vom Strom bzw. vom Weg.

Im Unterschied zum Modell des U-Magneten gemäß Bild 3.6a greifen bei einem realen Radiallagermagneten die Kräfte der beiden Magnetpole unter einem Winkel α am Rotor an (Bild 3.6b). Bei einem Radiallager mit vier Polpaaren (Bild 3.10a) ist α beispielsweise 22,5°. Unter Berücksichtigung von α erhält man die Kraft

$$f = \frac{1}{4}\mu_0 n^2 A_l \frac{i^2}{s^2} \cos\alpha = k \frac{i^2}{s^2} \cos\alpha \qquad (3.22)$$

Magnetkraft bei Annahme konstanter Permeabilität im Eisen

Soll das Eisen mit konstanter Permeabilität μ_r berücksichtigt werden, wird in Gleichung (3.20) für B_l Gleichung (3.13) eingesetzt. Man erhält dann für die Kraft in diesem Fall, wiederum unter Berücksichtigung des Winkels α,

3.4 Magnetkraft

$$f = \mu_0 \left(\frac{n\,i}{l_{fe}/\mu_r + 2s} \right)^2 A_l \cos \alpha \tag{3.23}$$

Ermittlung der Kraft aus dem *B-H*-Diagramm des Eisens

Im Abschnitt 3.3 wurde ein grafisches Verfahren zur Ermittlung von B aus dem *B-H*-Diagramm beschrieben. Die damit gefundene Flußdichte kann in (3.20) eingesetzt und die Kraft so berechnet werden. Das Verfahren kann einfach in ein Rechenprogramm umgesetzt werden (vgl. Abschnitt 3.5).

Kraft-Strom-Beziehung von Lagermagneten

Beim Magneten ist der Zusammenhang zwischen Kraft und Strom nach Gleichung (3.21) quadratisch, also nichtlinear. In der Regelungstechnik wird vorzugsweise mit linearen Beziehungen gerechnet. Nichtlineare Funktionen werden oft durch im Arbeitspunkt linearisierte Beziehungen ersetzt.

Kraft-Strom-Faktor k_i und Kraft-Weg-Faktor k_s

In Kapitel 2 wurde gezeigt, daß die Kraftwirkung eines Magneten für einen Arbeitspunkt in der linearisierten Form (2.4) dargestellt werden kann. Dabei wird die Kraft f_x in Funktion des Steuerstromes i_x durch die Steigung k_i einer Parabel im Arbeitspunkt, der durch den Vormagnetisierungsstrom i_0 und den Ruheluftspalt s_0 gegeben ist, beschrieben (Bild 3.7a). Sinngemäß ist k_s die Steigung der Kurve $1/s^2$ im Arbeitspunkt (Bild 3.7b).

Linearisierung der Kraft-Strom-Beziehung

Üblicherweise werden in einem Lagermagneten zwei Magnete gegeneinan-

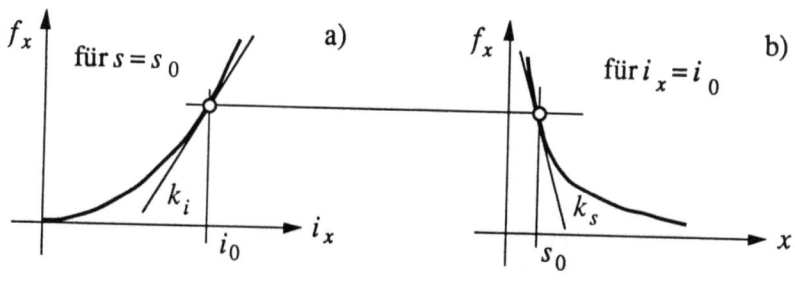

Bild 3.7 a) Kraft-Strom-Faktor k_i eines Magneten
b) Kraft-Weg-Faktor k_s eines Magneten

der wirkend betrieben (vgl. Geometrie von Bild 3.10). Mit dieser Anordnung können sowohl positive als auch negative Kräfte erzeugt werden. Bei der sogenannten *Differenzansteuerung* wird der eine Magnet mit der Summe von Vormagnetisierungstrom i_0 und Steuerstrom i_x, der andere mit der Differenz $i_0 - i_x$ angesteuert. So ergibt sich, falls man die Magnetisierung des Eisens vernachlässigt, eine lineare Kraft-Strom-Beziehung /SCLA 76/.

Die Kraft f_x der Anordnung von Bild 3.8 ist die Differenz der Kräfte der beiden Magnete. Die Kräfte der beiden Magnete erhält man, wenn man in Gleichung (3.22) für den Strom i die Summe $(i_0 + i_x)$ bzw. die Differenz $(i_0 - i_x)$ einsetzt und für die Luftspalte $(s_0 + x)$ sowie $(s_0 - x)$ einsetzt

$$f_x = f_+ - f_- = k \left(\frac{(i_0 + i_x)^2}{(s_0 - x)^2} - \frac{(i_0 - i_x)^2}{(s_0 + x)^2} \right) \cos \alpha \tag{3.24}$$

mit

$$\text{mit } k = \frac{1}{4} \mu_0 n^2 A_l \tag{3.25}$$

Wird (3.24) ausmultipliziert und mit $x \ll s_0$ linearisiert, so ergibt sich die Beziehung

$$f_x = \frac{4 k i_0}{s_0^2} (\cos \alpha) i_x + \frac{4 k i_0^2}{s_0^3} (\cos \alpha) x = k_i i_x + k_s x \tag{3.26}$$

Bild 3.9 zeigt die gemessene Kraft-Strom-Charakteristik eines mit Differenzansteuerung linearisierten Lagermagneten. Das Abbiegen der Kurven von dem berechneten linearen Verhalten tritt bei großer Aussteuerung des Steuerstromes auf und ist auf die Sättigung des Eisens zurückzuführen.

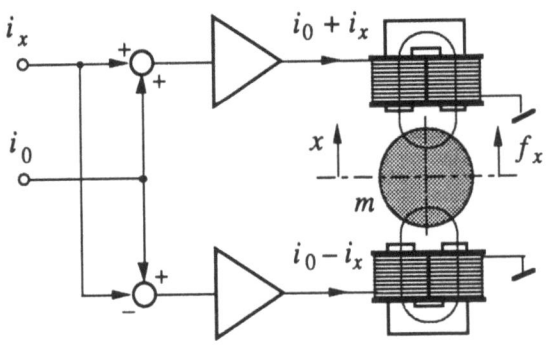

Bild 3.8 Differenzansteuerung der Lagermagnete

3.5 Auslegung von Lagermagneten

Tragkraft, Durchflutung

Die Tragkraft eines Magnetlagers ist die Kraft, welche bei der maximal zulässigen Durchflutung Θ_{max} erreicht wird. Wie groß diese Durchflutung, das Produkt von maximalem Strom i_{max} und Windungszahl n, sein kann, wird durch die Größe des Wicklungsquerschnitts, die mittlere Windungslänge und durch die Möglichkeit zur Abfuhr der Verlustleistung, also der erzeugten Wärme, bestimmt. Wieviel Wärme aus dem Lagermagneten abgeführt werden kann, ist wiederum abhängig von dessen Größe und der Art der Kühlung. Die Berechnung der entsprechenden Kühlleistung ist daher die Grundlage für die Berechnung der Tragfähigkeit.

Im Lagermagnet selber beanspruchen sowohl das Eisen des magnetischen Kreises als auch das Kupfer der Wicklung Platz. Ziel der Optimierung der Lagergeometrie ist es nun, den verfügbaren Platz im Lagermagneten optimal auf Eisen und Kupfer aufzuteilen, so daß die Tragkraft maximal wird. Die Optimierung kann mit einem vereinfachten Modell des magnetischen Kreises, wie es schon im Abschnitt 3.3 gezeigt wurde, erfolgen. Dieses

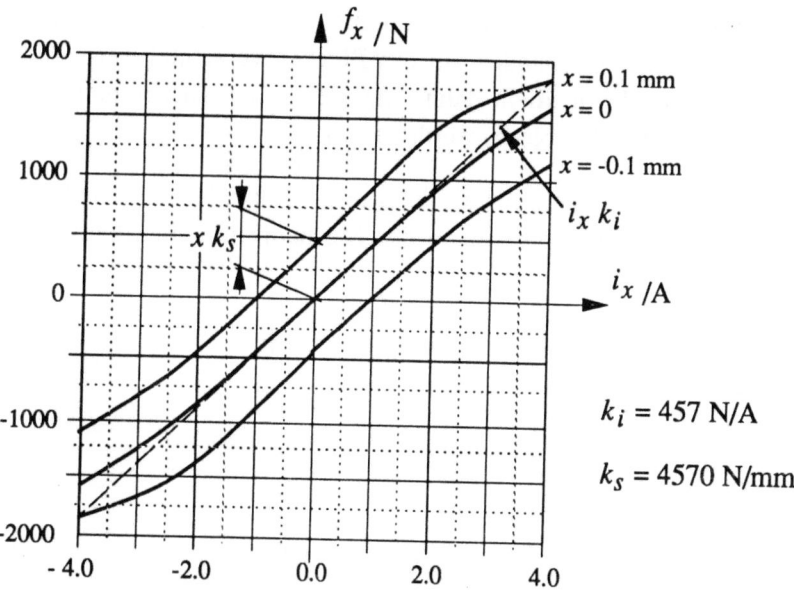

Bild 3.9 Gemessene Kraft-Strom-Charakteristik eines Radiallagers mit $d = 90$ mm, $b = 70$ mm, $s_0 = 0.4$ mm

Modell läßt sich noch verfeinern, indem man z.B. die Streueffekte, soweit sie sich einfach modellieren lassen, berücksichtigt oder indem man unterschiedliche Querschnitte im Eisen und im Luftspalt, wie sie bei Magneten mit Polschuhen auftreten, zuläßt.

Ob die Durchflutung mit großen Strömen und kleiner Windungszahl oder mit kleinen Strömen und großer Windungszahl erzeugt wird, hat auf die Optimierung der Lagergeometrie keinen Einfluß. Mit der Auslegung der Wicklung kann das Magnetlager an den Verstärker angepaßt werden.

Bauformen von Radiallagern

Es können zwei prinzipielle Bauformen unterschieden werden, je nachdem, ob der Magnetfluß in Richtung der Rotorachse (Bild 3.10 b) oder quer dazu (Bild 3.10 a) verläuft.

Die Lager in Bild 3.10a sind ähnlich wie Elektromotoren gebaut und sind einfach herzustellen. Um die Ummagnetisierungsverluste klein zu halten, muß der Rotor geblecht werden, d.h. der magnetisch aktive Teil des Rotors muß aus einem Paket von kreisförmig gestanzten aufeinandergeschichteten Blechen hergestellt werden.

Bei der Anordnung in Bild 3.10b sind die Ummagnetisierungsverluste geringer, so daß unter Umständen auf das Blechen verzichtet werden kann. Dieser Lagertyp wird vor allem dann eingesetzt, wenn aus irgendwelchen Gründen der Rotor nicht geblecht werden kann.

Die achtpoligen Radiallager, wie sie in Bild 3.10 definiert sind, haben den Vorteil, daß je zwei Polpaare den in der Mechanik üblichen kartesischen

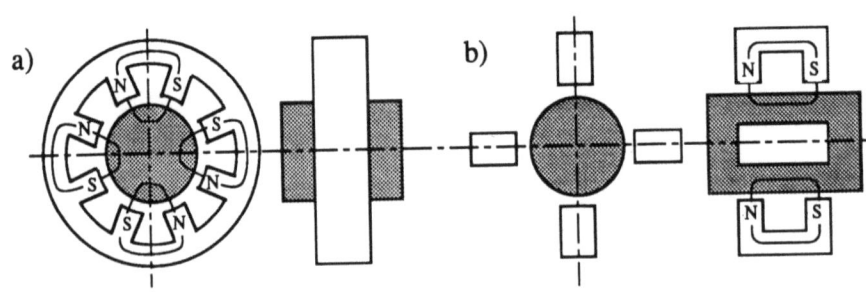

Bild 3.10 Radiallagerbauformen
 a) Feldlinien quer zur Rotorachse   b) Feldlinien längs zur Rotorachse

3.5 Auslegung von Lagermagneten

Koordinaten x und y zugeordnet werden können. Die Modellierung des mechanischen Systems, die Reglerauslegung und die Messung der Rotorbewegung basieren in der Regel auf diesen Koordinaten. Somit wird die Ansteuerung des Lagers durch den Regler einfach.

Um in einem Radiallager Kräfte in alle radialen Richtungen ausüben zu können, genügt im Prinzip bereits ein Minimum von drei Polen mit drei Wicklungen. Dabei wird jedoch die Ansteuerung erschwert, da die einzelnen Richtungen stark gekoppelt sind. Ein Lager mit drei Polpaaren, bei dem die Koordinatenumrechnung mit einem Digitalrechner erfolgt, ist bei /GOND 84/ beschrieben. Gegenüber den Lagern mit vier Polpaaren kann dabei ein Leistungsverstärker eingespart werden.

Bei großen Lagern ist es vorteilhaft, die Anzahl der Pole zu vergrößern, um den Außendurchmesser im Vergleich zum Innendurchmesser klein zu halten. Die Überlegungen zu den Radiallagern gelten sinngemäß auch für Außenläuferanordnungen, bei denen der Stator mit den Wicklungen innerhalb des Rotors zu liegen kommt.

Da bei der Optimierung der Magnetlagergeometrie vor allem der Sättigungseffekt im Eisen berücksichtigt werden muß, kommt für ein Optimierungsverfahren nur eine Berechnung der Magnetkraft in Frage, welche vom *B-H-*Diagramm ausgeht (Bild 3.5). Die dort skizzierten Zusammenhänge können einfach in ein Rechnerprogramm umgesetzt werden. Dabei wird für einen bestimmten Luftspalt aus der tabellierten Funktion $B_{fe}(H)$ eine neue Tabelle $\Phi(\Theta)$ der gescherten Magnetisierungskurve berechnet, indem für jedes Wertepaar B_{fe} und H die Umrechnung

$$\Phi = B_{fe} A_{fe} \tag{3.27}$$

$$\Theta(B_{fe}, H) = H\, l_{fe} + \frac{B_{fe} A_{fe}}{\mu_0 A_l} 2s \tag{3.28}$$

gemacht wird. Aus der tabellierten, gescherten Magnetisierungskurve kann danach der Fluß Φ für eine gegebene Durchflutung Θ herausgelesen bzw. interpoliert werden.

Wird der Magnet wie üblich zur Unterdrückung der Wirbelströme aus einzelnen gegeneinander isolierten Blechen zusammengesetzt, muß der Eisenquerschnitt A_{fe} mit dem Stapelfaktor K_{st} multipliziert werden. Damit wird berücksichtigt, daß vom gesamten Querschnitt A_{fe} die Isolierschichten nicht magnetisch leitend sind. Der Stapelfaktor K_{St} bewegt sich etwa im Bereich von 0,92 bis 0,96.

Erwärmung

Voraussetzungen: Die Verlustwärme im Lagermagneten setzt sich zusammen aus den Anteilen der Kupferverluste und der Eisenverluste. Nennenswerte Eisenverluste entstehen nur bei der Verwendung von Schaltverstärkern. Sie sind aber auch dann, korrekte Materialwahl und Blechung beim Eisen vorausgesetzt, gegenüber den Kupferverlusten vernachlässigbar.

Die verschiedenen Wicklungen eines Lagermagneten sind im Betrieb, je nach Größe und Richtung der erzeugten Kraft, unterschiedlich belastet. Unter der Voraussetzung, daß im Lager ein Wärmeausgleich stattfindet, wird im folgenden nur die Gesamtbelastung des Lagers betrachtet.

In einem ersten Schritt wird aus den im Lagermagneten zulässigen Temperaturen und den geometrischen Abmessungen die zulässige Verlustleistung berechnet. Mit Hilfe der zulässigen Verlustleistung und weiterer geometrischer Größen lässt sich danach die zulässige Durchflutung Θ_{max} berechnen.

Ist ein Lagermagnet nicht belastet, werden alle seine Wicklungen durch den Vormagnetisierungstrom durchflossen. Sicherheitshalber wird die Maximaltemperatur im Lager für den schlechtesten Fall, nämlich für den Fall der maximalen Aussteuerung in x- und y-Richtung, abgeschätzt. Bei differentieller Ansteuerung (vgl. Bild 3.8) wird in diesem Fall in jeder Richtung die Durchflutung im einen Magneten verschwinden und im gegenüberliegenden Magneten Θ_{max} sein. Die Kupferverluste sind in diesem Fall doppelt so groß wie bei Belastung aller Wicklungen mit einer Vormagnetisierung von $\Theta_{max}/2$.

Die x-Achse eines Lagers nach Bild 3.10a hat vier Wicklungen der Windungszahl $n/2$. Jede Wicklung habe einen Kupferwiderstand von $R_{Cu}/2$. Die Kupferverlustleistung P_x für die x-Achse beträgt damit bei Vollaussteuerung

$$P_x = R_{cu} i_{max}^2 \tag{3.29}$$

Wärmequellennetz: Die formale Übereinstimmung zwischen Wärmeströmung und elektrischer Strömung legt es nahe, die Wärmeströmung analog zu den elektrischen Strömen in eindimensionale Wärmeströme aufzutei-

3.5 Auslegung von Lagermagneten

len und analog zum elektrischen Widerstandsnetzwerk durch ein Netzwerk von Wärmewiderständen und Quellen, das sogenannte Wärmequellennetz, zu beschreiben /RICH 67/. Analog zum Ohm'schen Gesetz der Elektrotechnik gilt für einen homogenen Leiter mit der Länge l, dem Querschnitt A und der Temperaturdifferenz $\Delta\vartheta$

$$\Delta\vartheta = R_w\, P = \frac{1}{\Lambda} P \tag{3.30}$$

mit dem Wärmewiderstand R_w, dem Wärmeleitwert λ und der Wärmeleitzahl Λ

$$\Lambda = \frac{A}{l}\lambda \tag{3.31}$$

Für den Wärmeübergang wird der Wärmeleitwert $\Lambda_ü$ aus der Körperoberfläche O und der Wärmeübergangszahl α berechnet

$$\Lambda_ü = O\,\alpha \tag{3.32}$$

Bild 3.11 zeigt ein Beispiel eines Wärmequellennetzes für ein Magnetlager. Das Magnetlager wird durch Luft der Temperatur ϑ_0 gekühlt. Jeweils ein Wicklungspaar wird als Wärmequelle betrachtet. Jede Wärmequelle wird mit der mittleren Oberflächentemperatur ϑ_{cu} als Quellentemperatur dargestellt. Die Wärmeströme fliessen durch Wärmeübergang von den Wickelköpfen auf das Kühlmedium Luft und durch Wärmeleitung durch die Nutisolation zwischen der Wicklung und dem Eisenkern und vom Eisenkern durch Wärmeübergang in die Luft.

Der Wärmewiderstand des Eisenkerns ist viel kleiner als derjenige der Nutisolation und wird daher vernachlässigt.

Die einzelnen Wärmeleitwerte werden berechnet und zwar folgt für die Nutisolation mit der Isolationsdicke e_i

$$\Lambda_i = \frac{2\,O_i}{e_i}\lambda_i \tag{3.33}$$

Die Oberfläche O_i der Nutisolation entspricht der Eisenkern Nut-Innenfläche. Für den Übergang vom Eisenkern auf die Luft ergibt sich

$$\Lambda_{fe} = O_{fe}\,\alpha \tag{3.34}$$

Als Eisenoberfläche O_{fe} werden die Flächen am äußeren Umfang des Lagers und die Stirnflächen, soweit sie nicht durch die Wickelköpfe abgedeckt werden, berücksichtigt. Bei Ableitung durch ein Gehäuse müssen die Berührungsflächen des Lagers gesondert berücksichtigt und das Wärmequellennetz muß entsprechend modifiziert werden. Für die Wickelköpfe gilt

$$\Lambda_{cu} = O_{cu} \, \alpha \qquad (3.35)$$

Die Kupferoberfläche O_{cu} der Wickelköpfe kann durch eine vereinfachte Geometrie angenähert oder abgeschätzt werden.

Bei einer gleichmäßigen Belastung der vier Wicklungen, wie sie beim Fall ohne Aussteuerung, also nur mit den Vormagnetisierungsströmen, gilt, kann das Wärmequellennetz gemäß Bild 3.11 b vereinfacht werden.

Aus der Berechnung des Wärmequellennetzes erhält man nur die mittleren Oberflächentemperaturen der Teilkörper. Die Ermittlung der Temperaturverteilung innerhalb der Teilkörper und der Maximaltemperaturen muß also gesondert betrachtet werden. Eine Berechnung der Maximaltemperatur in der Wicklung findet sich in /TRAX 85/.

Zulässige Durchflutung

Bei einem Lager ist, abhängig von der Isolationsklasse der Wicklung, die zulässige Maximaltemperatur in der Wicklung bekannt. Aus der Differenz zur Temperatur des Kühlmediums ergibt sich mit Hilfe des Wärmequellennetzes diejenige Verlustleistung, bei der die Maximaltemperatur in

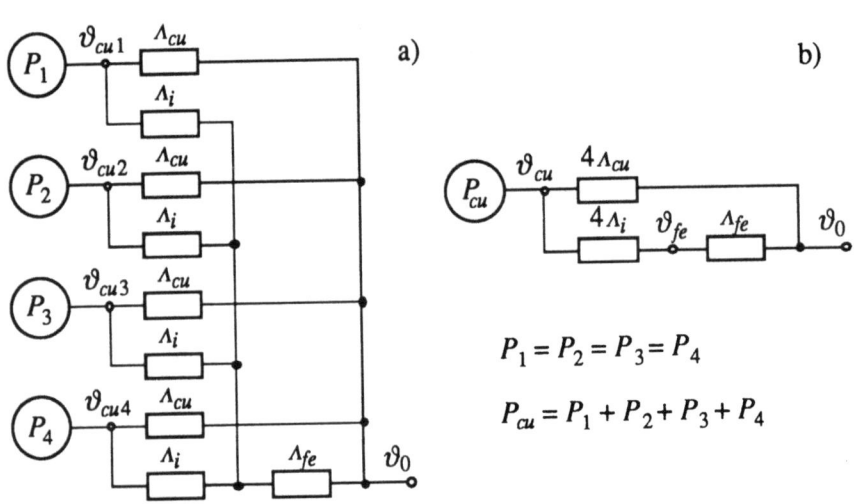

Bild 3.11 Wärmequellennetz für einen Radiallagermagneten
a) ausführlich   b) vereinfacht

3.5 Auslegung von Lagermagneten

der Wicklung gerade erreicht wird. Für die *Differenzansteuerung* berechnet sich die Verlustleistung P_x einer Achse bei Vollaussteuerung nach (3.29). Die Kupferverlustleistung P_{cu} aus beiden Achsen des Lagermagneten ist doppelt so groß

$$P_{cu} = 2 P_x = 2 R_{cu} i_{max}^2 \qquad (3.36)$$

Mit dem Drahtquerschnitt A_d, der mittleren Windungslänge l_m und dem spezifischen Widerstand ρ läßt sich der Kupferwiderstand R_{cu} der Wicklung berechnen

$$R_{cu} = \frac{\rho\, n\, l_m}{A_d} \qquad (3.37)$$

Unter Berücksichtigung des Füllfaktors K_n kann der Nutquerschnitt A_n dem Produkt aus Drahtquerschnitt A_d und Windungszahl n gleichgesetzt werden

$$A_n K_n = A_d\, n \qquad (3.38)$$

Wird nun (3.38) nach dem Drahtquerschnitt A_d aufgelöst und in (3.37) eingesetzt und (3.37) seinerseits in (3.36) eingesetzt, ergibt sich

$$P_{cu} = \frac{2\, \rho\, l_m\, n^2}{A_n K_n} i_{max}^2 \qquad (3.39)$$

Nun wird die zulässige maximale Durchflutung

$$\Theta_{max} = n\, i_{max} \qquad (3.40)$$

in (3.39) eingesetzt und nach Θ_{max} aufgelöst

$$\Theta_{max} = \sqrt{P_{cu} \frac{A_n K_n}{2 \rho\, l_m}} \qquad (3.41)$$

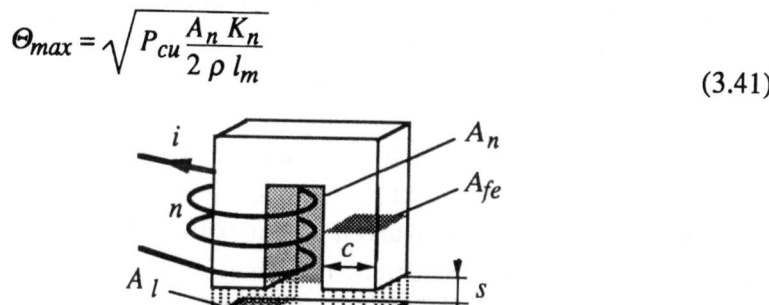

Bild 3.12 Lagergeometrie

Korrekturen am Modell

Im Abschnitt 3.4 wurde die Magnetkraft mit dem Modell eines vereinfachten magnetischen Kreises berechnet. Die Abweichungen des Modells zum realen Magneten seien hier nochmals aufgeführt:

- Der Fluß verläuft nicht nur innerhalb des Eisen- und Luftspaltquerschnittes. Der immer vorhandene Streufluß zwischen den Polschenkeln trägt nichts zur Krafterzeugung bei und bewirkt damit eine Verkleinerung der Kraft.
- Aufgrund der Streuung ist der Fluß im Luftspalt nicht auf die Polschuhbreite beschränkt, was sich wie eine Vergrößerung des Luftspaltquerschnittes auswirkt und damit ebenfalls zu einer Verkleinerung der Kraft führt.
- Der Eisenquerschnitt A_{fe} ist nicht konstant.

Durch den Vergleich der Resultate der Modellrechnung mit den Resultaten einer numerischen Feldberechnung kann das Modell überprüft und mit Korrekturen versehen werden /TRAX 85/. Bei üblichen Lagergeometrien mit kleinen Luftspalten, wie sie in industriellen Anwendungen zu finden sind, bewegen sich die Abweichungen im Bereich von 5 bis 10 %.

Optimierung der Lagergeometrie

Bei der Optimierung der Lagergeometrie wird die Stegbreite c der Magnetpole variiert. Wird die Stegbreite vergrößert, reduziert sich der Nutquerschnitt A_n und damit die zulässige Durchflutung Θ_{max}. Sowohl die Vergrößerung der Stegbreite (= Vergrößerung des Eisenquerschnittes) als auch die Reduktion von Θ_{max} reduzieren die Flußdichte im Eisen. Über die Stegbreite kann daher die maximale Flußdichte im Eisen gewählt werden. Wird nun die Tragfähigkeit f_{max} des Magnetlagers in Funktion des Luftspaltes s_0 für verschiedene Stegbreiten c berechnet und aufgetragen, entsteht die Kurvenschar von Bild 3.13. Es ist leicht zu sehen, daß für einen bestimmten Luftspalt eine der Kurven eine maximale Tragfähigkeit ergibt, d.h., daß die entsprechende Stegbreite c optimal ist. Die Hüllkurve aus Bild 3.13 zeigt die optimale Tragfähigkeit f_{opt} in Funktion des Luftspalts.

3.5 Auslegung von Lagermagneten

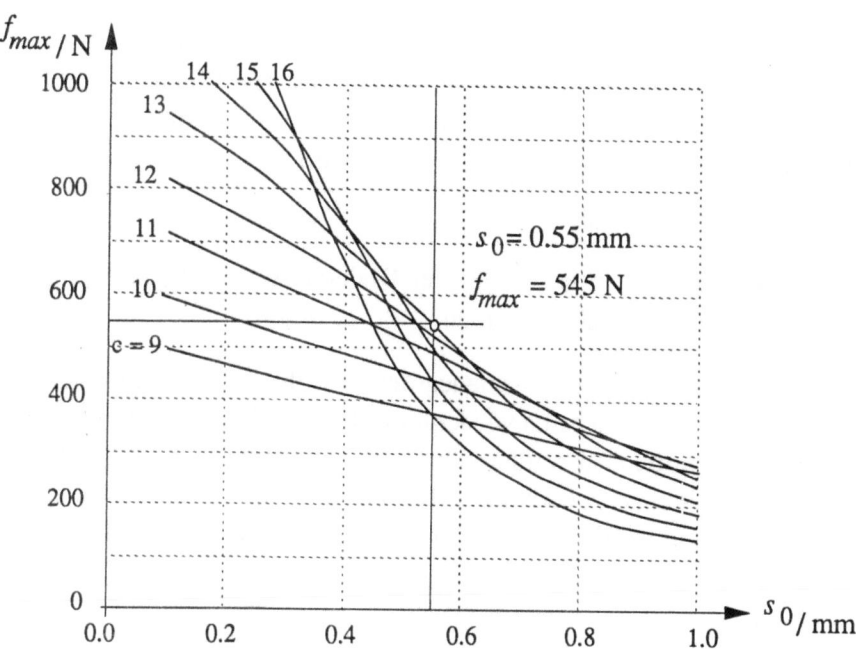

Bild 3.13 Tragfähigkeit f_{max} als Funktion des Luftspaltes mit der Stegbreite c als Parameter. d=80 mm, d_a=140 mm, b=40 mm, $\Delta\vartheta$=80 °K (berechnet mit PC)

Auslegung der Wicklung

Zulässige Wicklungstemperatur: Die zulässige Wicklungstemperatur wird durch Wahl der Isolation des Wickeldrahtes festgelegt. Auf Grund der zulässigen Wicklungstemperatur erfolgt die Berechnung der zulässigen Durchflutung. Diese Berechnung gilt in der Regel für ein stabiles thermisches Gleichgewicht mit dem vollen Steuerstrom i_{max} in beiden Achsrichtungen. Die zulässige Wicklungstemperatur wird im Normalbetrieb nicht erreicht, da ein Lagermagnet so ausgelegt sein muß, daß er neben der statischen Belastung immer eine Kraftreserve für dynamische Beanspruchung hat.

Der Lagermagnet kann auch auf die mittlere Beanspruchung hin ausgelegt werden, so daß er seine zulässige Wicklungstemperatur schon in diesem Betriebsfall erreicht. Hier muß die Wicklungstemperatur jedoch mit Thermofühlern überwacht werden, da im Fehlerfall der maximale Steuerstrom für längere Zeit auftreten könnte.

Wahl der Windungszahl: Mit der Wahl der Windungszahl kann der Lagermagnet dem Leistungsverstärker angepaßt werden. Die Windungszahl n wird so gewählt, daß die zulässige Durchflutung Θ_{max} beim maximalen Ausgangsstrom i_{max} des Leistungsverstärkers erreicht wird

$$n = \Theta_{max} / i_{max} \tag{3.42}$$

Ist n festgelegt, können mit (3.38) der Drahtquerschnitt A_d und daraus der Drahtdurchmesser berechnet werden.

Wickelschema: Das Wickelschema legt fest, wie die einzelnen Pole bewickelt werden. Das Anschlußschema wiederum zeigt, wie die einzelnen Wicklungen untereinander verbunden werden. Beide sind abhängig vom Magnetlagertyp und der gewählten Ansteuerungsart. Die Bewicklung wird so festgelegt, daß die Rotorbüchsen bei der Drehung möglichst wenig ummagnetisiert werden.

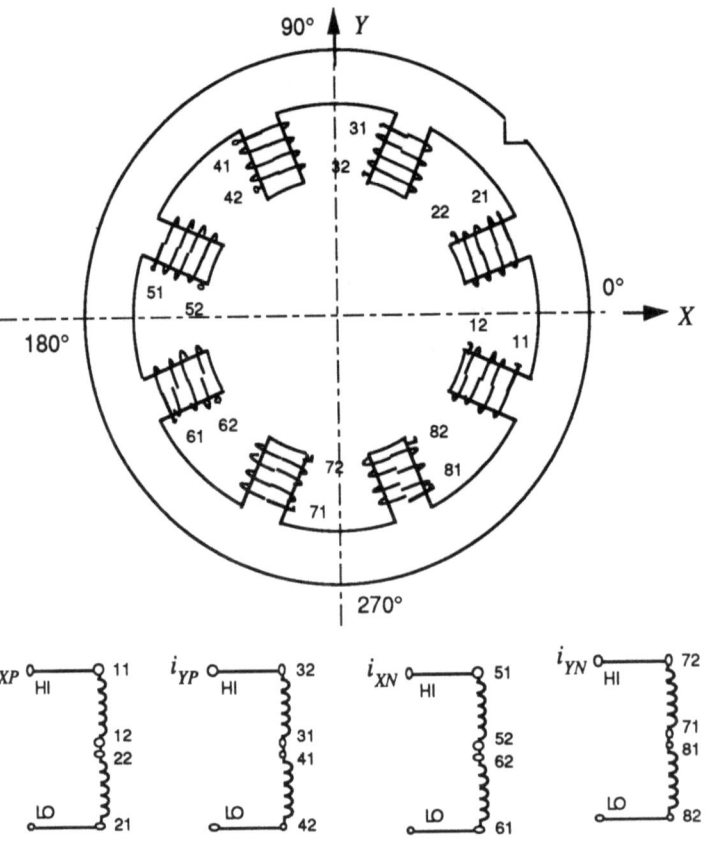

Bild 3.14 Wickelschema eines Radiallagers für Differenzansteuerung

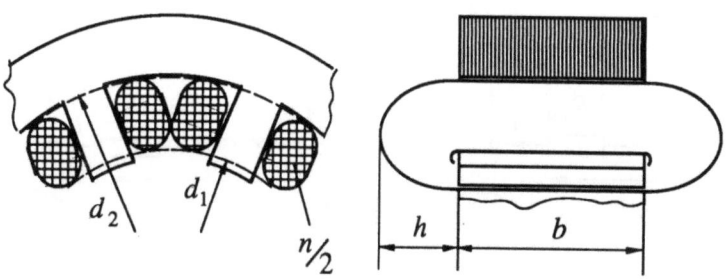

Bild 3.15 Geometrie der Wicklung

Bild 3.14 zeigt ein Beispiel eines Wickelschemas und eines Anschlußschemas für den Fall eines Radiallagers mit Differenzansteuerung.

Wickelkopfhöhe: Die Wickelkopfhöhe h aus Bild 3.15 kann abgeschätzt werden als

$$h = (d_1 + d_2)\frac{\pi}{16} \tag{3.43}$$

Dieser Wert eignet sich für die Berechnung der zulässigen Verlustleistung und als Richtwert für den Platzbedarf. Der genaue Platzbedarf wird mit Vorteil mit einem Prototyp ermittelt. Die Wickelkopfhöhe h ist auch noch vom Können des Wicklers abhängig. Soll sie möglichst klein gehalten werden, steigen in der Regel der Arbeitsaufwand und damit die Kosten für das Wickeln.

3.6 Leistungsverstärker

Die Leistungsverstärker setzen die Regelsignale des Reglers in Steuerströme durch die Lagerwicklungen um. Die Leistungsverstärker tragen neben den Lagermagneten am meisten zu den Verlusten eines Magnetlagersystems bei. Aus wirtschaftlichen wie auch aus technischen Gründen versucht man, diese Verluste klein zu halten. Für Anwendungen mit Leistungen über ca. 0.6 kVA werden fast ausschließlich sogenannte Schaltverstärker eingesetzt, die gegenüber den Analogverstärkern bedeutend weniger Verluste haben. Allerdings erzeugen die Schaltvorgänge elektromagnetische Störungen.

Analogverstärker werden bei besonders störempfindlichen Applikationen oder, wegen der einfachen Bauweise, bei geringen Leistungen eingesetzt.

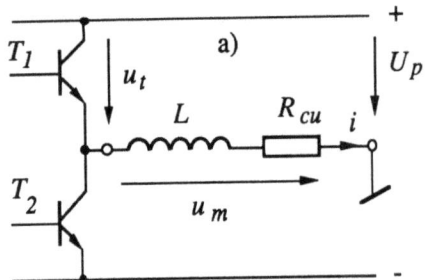 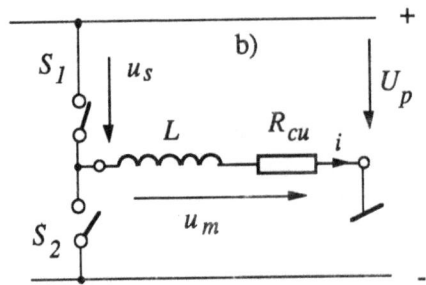

Bild 3.16 a) Prinzip des Analogverstärkers   b) Prinzip des Schaltverstärkers

Prinzip des Analogverstärkers: Beim Analogverstärker (Bild 3.16a) wird die gewünschte Ausgangsspannung u_m dadurch erzeugt, daß für positive Spannungen u_m der Transistor T_1 und für negative u_m der Transistor T_2 soweit durchgeschaltet werden, daß über dem Transistor die Differenz u_t zwischen der Speisespannung U_p und der Ausgangsspannung u_m anliegt. Der andere Transistor ist jeweils nichtleitend. Im leitenden Transistor wird die Leistung $P = i\,u_t$ in Wärme umgesetzt. Beispielsweise ergibt sich bei einem Verstärker mit einer Speisespannung U_p von 150 V, einem maximalen Ausgangsstrom von 6 A und einem Wicklungswiderstand R_{cu} von 2 Ω, eine Verlustleistung von 828 W im leitenden Transistor.

Prinzip des Schaltverstärkers: Beim Schaltverstärker (Bild 3.16 b) werden in einem festen Takt (beispielsweise 50 kHz) abwechslungsweise die positive und die negative Speisespannung U_p auf die Lagerwicklung geschaltet. Bei diesem Pulsbreitenmodulation genannten Verfahren nimmt der Strom i abwechslungsweise zu und wieder ab. Ist nun die positive Spannung innerhalb einer Taktzeit T von 20 µs jeweils länger eingeschaltet als die negative Spannung, d.h. länger als 10 µs, ergibt sich ein positiver Mittelwert von u_m, und der Strom i steigt über mehrere Umschaltungen hinweg an (Bild 3.17). Um den Strom zu reduzieren, muß umgekehrt die negative Spannung länger eingeschaltet sein. Da über den leitenden durch einen Schalttransistor gebildeten Schaltern S_1 oder S_2 nur die (kleine) Durchlaßspannung liegt, sind die Verluste $P = u_s\,i$ wesentlich kleiner als beim Analogverstärker. Sie betragen für das oben erwähnte Beispiel ca. 30 W. Falls man sich, wie das bei Magnetlagern oft der Fall ist, auf eine Stromrichtung beschränken kann, ist es möglich, einen der Schalter durch eine Diode zu ersetzen, so daß man mit dem Minimum von einem Schalter auskommt. Die Schaltverstärker haben den Nachteil, daß die Welligkeit des Stromes im Magnetlager Ummagnetisierungsverluste verursacht. Die Welligkeit des Stromes wird umso kleiner, je kürzer die Taktzeit T gewählt wird.

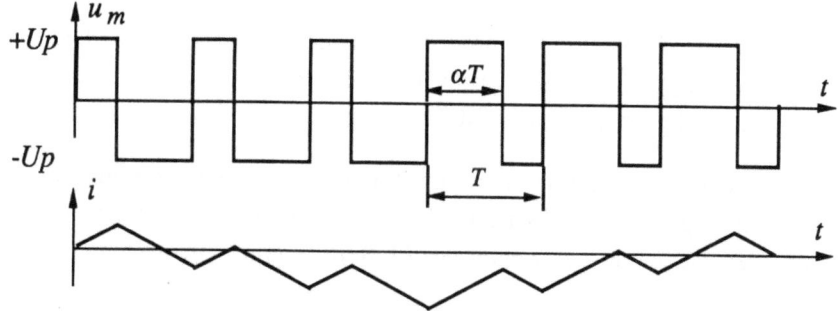

Bild 3.17 Strom bei pulsbreitenmodulierter Spannung (rein induktive Last)

Ein Schaltverstärker kann auch statt mit Pulsbreitenmodulation mit einem Schaltregler realisiert werden. Zusätzlich kann der Soll-Istwertvergleich für den Strom in einem festen Takt vorgenommen werden, um zu garantieren, daß zwischen dem Ein- und dem Ausschalten die von den Schalttransistoren minimal benötigte Schaltzeit nicht unterschritten wird.

3.7 Sensoren im Magnetlagersystem

Ein großer Teil der Leistungsfähigkeit einer Magnetlagerung hängt von der Leistungsfähigkeit der eingesetzten Wegsensoren ab. Die Aufgabe, die Position des drehenden Rotors zu messen, erfordert berührungsfrei messende Sensoren, die überdies auf eine sich drehende Oberfläche zu messen haben. Damit gehen die Geometrie, d.h. Rundheit und Oberflächenqualität des Rotors, sowie die Homogenität des verwendeten Materials an der Meßstelle in die Messung ein. Eine schlechte Oberfläche verursacht beispielsweise rauschartige Störungen, Geometriefehler verursachen Störungen mit der Drehfrequenz oder Vielfachen davon.

Je nach Anwendungsfall sind im Magnetlagersystem noch Geschwindigkeiten, Ströme, Flußdichten und Temperaturen zu messen. Im folgenden werden die wesentlichsten Meßverfahren und ihre Anwendungsbereiche vorgestellt.

Begriffe

Meßbereich: Das Ausgangssignal eines Sensors ändert sich aufgrund eines physikalischen Effekts in Abhängigkeit von der Meßgröße (Bild 3.18). Der Bereich, in dem das Ausgangssignal nutzbar ist, entspricht meist jenem

Bereich, in dem ein annähernd linearer Zusammenhang zwischen Meßgröße und Ausgangssignal besteht. Dieser lineare Meßbereich kann erheblich kleiner sein, als der physikalische Meßbereich.

Linearität: Die Linearität wird in der Regel in Prozenten des maximalen Meßbereichs angegeben und ist ein Maß dafür, wie stark der Meßwert von einer linearen Beziehung zwischen der Meßgröße und dem Ausgangssignal abweicht.

Empfindlichkeit: Die Empfindlichkeit gibt die Größe des Ausgangssignals im Verhältnis zur Meßgröße an, für einen Wegsensor beispielsweise in V/µm. Die Empfindlichkeit kann durch elektrisches Verstärken des Ausgangssignales gesteigert werden.

Auflösung: Jedes Sensorsystem liefert im Ausgangssignal nebst dem Nutzsignal noch Störungen meist in Form von Rauschen mit. Als Auflösung wird die Größe des Nutzsignales bezeichnet, die sich vom Rauschsignal noch unterscheiden lässt (meist Spitze-Spitze-Wert des Rauschsignalanteils). Die Auflösung wird meist absolut angegeben, für einen Wegsensor beispielsweise in µm. Sie läßt sich durch Verstärken nicht verbessern, sondern hängt im Wesentlichen vom ausgewerteten physikalischen Effekt und von der Elektronik ab. Die Auflösung kann hingegen oft durch Tiefpaßfilter auf Kosten des Frequenzbereiches verbessert werden. Äußere Störungen können die Auflösung erheblich reduzieren.

Frequenzbereich: Für die Anwendungen bei Magnetlagern ist, speziell bei den Wegsensoren, ein linearer Frequenzgang, d.h. eine von der Frequenz unabhängige Empfindlichkeit, wichtig. Als Grenzfrequenz eines Sensors wird in der Regel jene Frequenz bezeichnet, bei der die Empfindlichkeit um 3 dB reduziert ist. Dabei ist zu beachten, daß das Ausgangssignal bei der

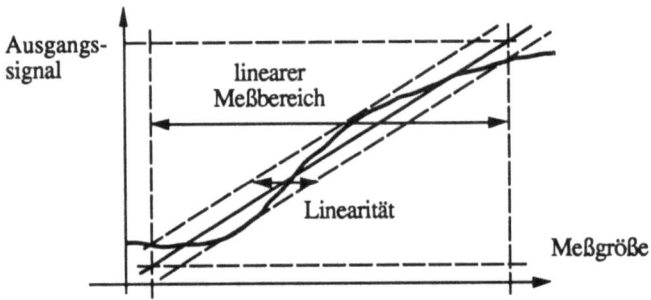

Bild 3.18 Nutzbarer Meßbereich und Linearität

3.7 Sensoren im Magnetlagersystem

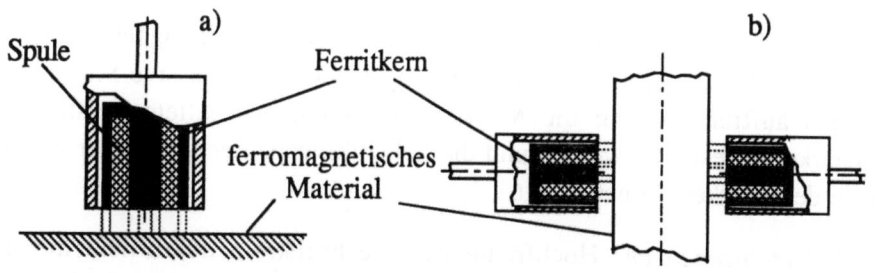

Bild 3.19 a) Induktiver Wegsensor   b) differentiell messende Sensoren

Grenzfrequenz je nach Sensor schon eine große Phasendrehung gegenüber der Meßgröße aufweisen kann.

Wegmessung

Bei der Auswahl der Wegsensoren sind, abhängig vom Anwendungsgebiet des Magnetlagersystems, nebst Meßbereich, Linearität, Empfindlichkeit, Auflösung und Frequenzbereich die folgenden Eigenschaften zu beachten:

- Temperaturbereich, Temperaturdrift von Nullpunkt und Empfindlichkeit.
- Störsicherheit gegenüber weiteren Sensoren, magnetischen Wechselfeldern der Elektromagnete, elektromagnetischen Störungen von geschalteten Verstärkern, Verschmutzung und aggressiven Medien oder Vakuum.

Induktive Wegsensoren: Eine Spule auf einem Ferritkern ist Teil eines Schwingkreises (Bild 19 a). Bei der Annäherung eines ferromagnetischen Meßobjektes an die Spule ändert sich die Spuleninduktivität, und der Schwingkreis wird verstimmt. Das Signal wird demoduliert und ist nach einer Linearisierung dem Abstand zwischen Sensor und Meßobjekt proportional.

Üblich ist auch der Einsatz von zwei auf dem Rotorumfang gegenüberliegend angeordneten Sensoren (Bild 3.19 b), die differentiell in einer Brückenschaltung mit einer fixen Brückenfrequenz betrieben werden und die ein gut linearisiertes Signal liefern.

Induktive Sensoren werden mit Brückenfrequenzen von 5 kHz bis ca. 100 kHz betrieben. Die Grenzfrequenz des Ausgangssignales liegt im Bereich von einem Zehntel bis zu einem Fünftel der Brückenfrequenz. Die induktiven Sensoren sind in der Regel nicht empfindlich auf äußere

Magnetfelder, wie sie beim Einsatz in der Nähe vom Lagermagneten auftreten, da die Spule durch den Ferritkern abgeschirmt ist. Massive Störungen können auftreten, wenn die Magnetlager durch geschaltete Leistungsverstärker angesteuert werden und die Schaltfrequenz der Verstärker in der Nähe der Brückenfrequenz liegt.

Wirbelstromsensoren: Hochfrequenter Wechselstrom durchfließt die in einem Gehäuse eingegossene Luftspule. Das elektromagnetische Spulenfeld induziert im leitfähigen Meßobjekt Wirbelströme, die dem Schwingkreis Energie entziehen. Abhängig vom Abstand ändert sich die Amplitude der Schwingung. Demoduliert, linearisiert und verstärkt liefert diese Amplitudenänderung eine zum Abstand proportionale Spannung. Die üblichen Trägerfrequenzen liegen im Bereich von 1 - 2 MHz mit nutzbaren Frequenzbereichen von 0 Hz bis ca. 20 kHz.

Inhomogenitäten im Material des drehenden Rotors erzeugen rauschartige Störungen und reduzieren so die Auflösung. Die Empfindlichkeit wird von den Herstellern meist für die Messung gegen Aluminium angegeben. Bei der Messung gegen Stahl ist der Meßbereich reduziert. Für den Einsatz in der Nähe vom Lagermagneten, wo schnell veränderliche Magnetfelder auftreten, müssen abgeschirmte Sensoren eingesetzt werden. Es sind allerdings nicht bei allen Fabrikaten abgeschirmte Typen erhältlich. Notfalls muß die Störempfindlichkeit durch Versuche ermittelt werden.

Sensoren können sich auch gegenseitig stören. In den Einbauvorschriften sind daher minimale Abstände von Sensor zu Sensor vorgeschrieben. Ebenso ist ein Mindestabstand von umgebendem leitfähigem Material einzuhalten. Abgeschirmte Sensortypen haben kleinere Minimalabstände. Beim Einsatz mehrerer Sensoren im gleichen System ist eine Synchronisation der Trägerfrequenzen empfehlenswert. Eine Synchronisiermöglichkeit ist jedoch nicht bei allen Sensorsystemen gegeben.

Kapazitive Wegmessung: Ein Plattenkondensator ändert mit dem Plattenabstand seine Kapazität. Für das kapazitive Meßverfahren bilden der Sensor und das gegenüberliegende Meßobjekt je eine Elektrode eines Plattenkondensators (Bild 3.20 b). Im Meßsystem wird der Sensor von einem Wechselstrom mit konstanter Frequenz durchflossen. Die Spannungsamplitude am Sensor ist dem Abstand der Sensorelektrode vom Meßobjekt proportional und wird in einer speziellen Schaltung demoduliert und verstärkt. Die auf dem Markt erhältlichen kapazitiven Wegmeßsysteme sind teuer, haben aber

3.7 Sensoren im Magnetlagersystem

zum Teil eine ausserordentlich gute Auflösung (z.B. 0.02 µm bei einem Meßbereich von 0.5 mm). Es werden Trägerfrequenzen von 50 kHz bis zu einigen MHz verwendet. Die Frequenzbereiche für das Ausgangssignal reichen von 5 kHz bis ca. 100 kHz.

Die elektrostatische Aufladung des berührungsfrei schwebenden Rotors kann Störungen verursachen. Die Sensoren sind empfindlich gegen Verschmutzung, welche die Dielektrizitätskonstante im Luftspalt ändert.

Magnetische Wegsensoren: Wird in einem magnetischem Kreis mit einem Luftspalt der Strom i konstant gehalten, ist die Flußdichte B ein Maß für die Größe des Luftspaltes. Bei einer Anordnung nach Bild 3.21 ergibt die Differenz der beiden Flußdichtemessungen $U_{Bp} - U_{Bn}$ ein gut linearisiertes Wegsignal. Die Flußdichte B kann dabei mittels Hall-Sensoren oder mit Feldplatten gemessen werden. Magnetische Wegsensoren sind empfindlich auf Störungen durch äußere Magnetfelder.

Optische Wegsensoren: Beim einfachsten Prinzip eines optischen Wegsensors wird, wie bei einer Lichtschranke, eine Lichtquelle gegenüber einem lichtempfindlichen Sensor durch das zu vermessende Objekt abgedeckt (Bild 3.22 a). Der in ein elektrisches Signal umgesetzte Helligkeitsunterschied ist ein Maß für die Position des Objekts. Durch die Wahl der Lichtquelle und des lichtempfindlichen Sensors und unter Verwendung unterschiedlichster Blenden ergeben sich Systeme, die ein gut lineares Wegsignal liefern.

Ähnlich funktionieren Systeme, bei denen das zu vermessende Objekt das Licht einer Lichtquelle reflektiert. Der vom lichtempfindlichen Sensor empfangene Anteil des Lichts ändert mit der Bewegung des Objekts (Bild

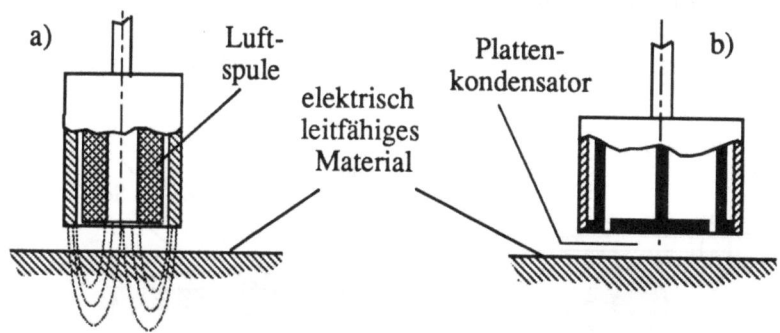

Bild 3.20 a) Wirbelstrom-Wegsensor   b) Kapazitiver Wegsensor

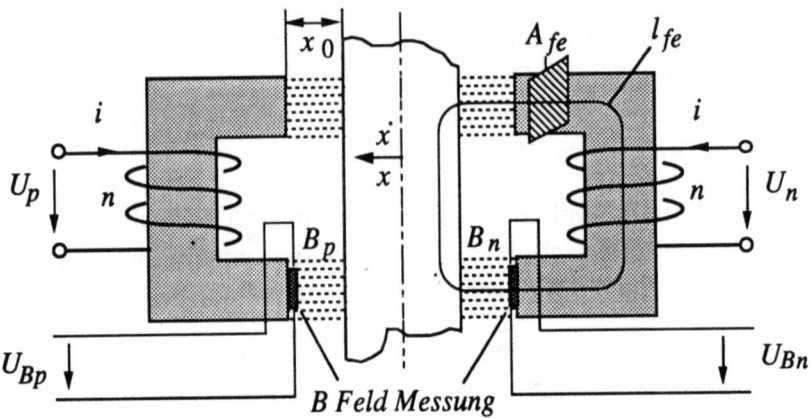

Bild 3.21 Kombinierter Weg-Geschwindigkeits-Sensor

3.22 b). In diesen Systemen können als Sensoren Photodioden, Phototransistoren, Photowiderstände und Photozellen eingesetzt werden. Die Lichtquelle sollte jeweils in ihrer Wellenlänge auf den Sensor abgestimmt werden. Durch Modulation des Lichts der Lichtquelle, beispielsweise einer Leuchtdiode, und durch Demodulation des empfangenen Signals kann man ein solches System gegen Fremdlichteinfluß weitgehend unempfindlich machen.

Eine weitere Möglichkeit besteht im Einsatz eines Bildsensors. Als Beispiel sei der Einsatz einer Zeilenkamera (CCD-Sensor) in einem Magnetlagersystem erwähnt (Bild 3.23, Bild 1.3). Das Bild des Rotors wird je für die x- und die y-Richtung über einen Umlenkspiegel auf einen CCD-Sensor abgebildet. Das Bild des schwarz eingefärbten Rotors vor einem beleuchteten Hintergrund wird in ein Videosignal umgesetzt. Durch Zählen der Pixel (lichtempfindliche Punkte) bis zur Hell-Dunkel-Grenze erhält man ein Wegsignal in digitaler Form.

Optische Wegmeßsysteme sind für viele Anwendungen ungeeignet, weil sie

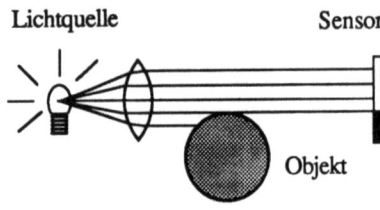
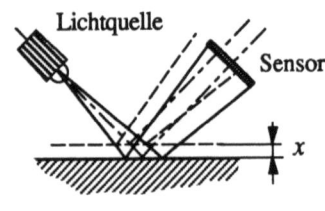

Bild 3.22 a) Prinzip Lichtschranke   b) Prinzip Reflektion

3.7 Sensoren im Magnetlagersystem

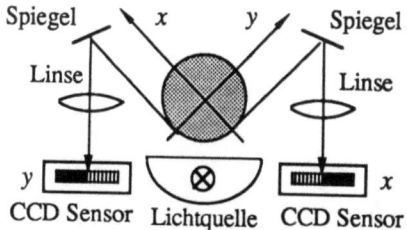

Bild 3.23 Optischer Wegsensor mit CCD-Zeilenkamera

sehr empfindlich auf Verschmutzung sind. Die Auflösung ist begrenzt durch Beugungseffekte.

Geschwindigkeitsmessung

Wird in einem magnetischem Kreis mit einem Luftspalt der Strom i konstant gehalten, ändert der Fluß Φ bei einer Verschiebung des Jochs. Die Spannung U über der Wicklung ist proportional zur zeitlichen Ableitung des Flusses $d\Phi/dt$ und enthält die Geschwindigkeit der Verschiebung dx/dt. Bei einer Anordnung gemäß Bild 3.21 ergibt die Differenz der beiden Spannungen $U_p - U_n$ ein gut linearisiertes Geschwindigkeitssignal. Ein solcher Sensor eignet sich für die Messung von Weg und Geschwindigkeit. An Stelle der Erregung durch einen konstanten Strom könnten auch Permanentmagnete eingesetzt werden.

Fluß- und Strommessung

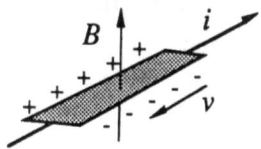

Bild 3.24 Hall-Effekt

Hall-Effekt: Fließt ein Strom durch einen dünnen bandförmigen Leiter und liegt dieser Leiter in einem Magnetfeld senkrecht zur Band-Ebene, so erfahren die Elektronen, die sich mit der Driftgeschwindigkeit v im Leiter bewegen, Kräfte in Querrichtung des Bandes (Bild 3.24). Dies führt zu einer Anhäufung von positiven und negativen Ladungen auf den beiden Längsseiten des Bandes und damit zu einer elektrischen Spannung U_b. Diese Hall-Spannung ist zur Flußdichte B und zum Strom i proportional (E.H. Hall, 1880)

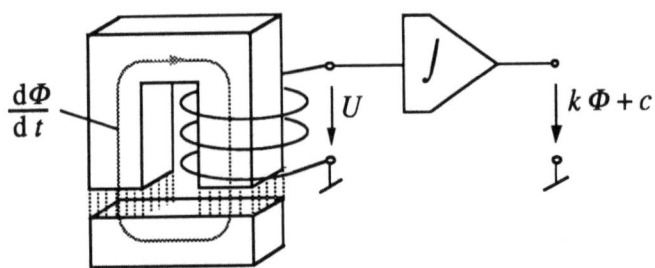

Bild 3.25 Fluß-Messung mit Spule und Integrator

$$U_b = k_h \, B \, i \tag{3.44}$$

Der Proportionalitätsfaktor k_h ist abhängig von der Geometrie des Leiters und vom Leitermaterial. Für die Messung der Flußdichte werden die Hallsensoren mit einer Konstantstromquelle gespeist. Im Handel erhältliche Hallsensoren sind optimiert bezüglich der Größe von k_h und bezüglich der Temperaturdrift des Nullpunktes. Die kleinsten Sensoren haben eine Dicke von ca. 0,7 mm. Es sind auch Hallsensoren mit integrierter Konstantstromquelle und integriertem Verstärker erhältlich.

Feldplatte: Feldplatten sind magnetisch steuerbare Widerstände. Ihr elektrischer Widerstand ändert sich in Abhängigkeit von der Flußdichte. Die dünnsten erhältlichen Feldplatten sind ca. 0.5 mm dick. In den Datenblättern wird ein Grundwiderstand R_0 sowie ein Faktor der relativen Widerstandsänderung R_B/R_0 bei einer bestimmten Flußdichte angegeben, z.B. $R_0 = 250 \, \Omega$, $R_B/R_0 = 15$ für Flußdichten B von ± 1 Tesla.

Spule und Integrator: Nach dem Induktionsgesetz (3.6) ist die Spannung u über einer Spule mit n Windungen

$$u = n \frac{d\Phi}{dt} \tag{3.6}$$

Wird bei einem Magneten eine Meßwicklung angebracht und die darüber auftretende Spannung einem elektronischen Integrator zugeführt, ist das Integratorausgangssignal proportional zum Fluß durch die Meßwicklung (Bild 3.25). Das Verfahren hat jedoch den Nachteil, daß nur die Wechselanteile des Flusses gemessen werden können.

Strommessung mit Hallsensor: Eine vielverwendete Methode, um Ströme galvanisch getrennt zu messen, benutzt einen Hallsensor in einem magnetischen Kreis, welcher durch den zu messenden Strom i mit einer oder meh-

3.8 Dauermagnetlager

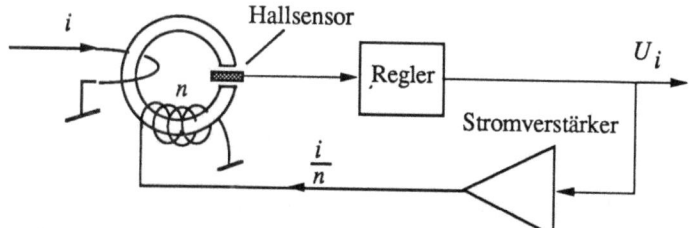

Bild 3.26 Strommessung mit Hallsensor

reren Windungen erregt wird. Die vom Hallsensor gemessene Flußdichte wird mit Hilfe eines Reglers, eines Stromverstärkers und einer Hilfswicklung auf Null abgeglichen (Bild 3.26). Der Nullabgleich ist dann erreicht, wenn die Durchflutung durch den Strom in der Hilfswicklung mit n Windungen entgegengesetzt gleich ist wie die Durchflutung durch den zu messenden Strom i. Das Eingangssignal U_i des Stromverstärkers ist so direkt ein Maß für den Strom i.

3.8 Dauermagnetlager

Magnetischer Kreis mit Dauermagnet

Für die Beschreibung von Dauermagnetwerkstoffen ist vor allem der im zweiten Quadranten gelegene Teil der Hystereseschleife, die sogenannte Entmagnetisierungskurve, wichtig (Bild 3.27). Ohne äußeres Magnetfeld herrscht in einem magnetisierten Dauermagneten ein von den eigenen Polen ausgehendes Magnetfeld, das der Flußdichte im wesentlichen entgegengerichtet ist, also entmagnetisierend wirkt. Der Magnet befindet sich dann nicht im Zustand der (wahren) Remanenz B_r, sondern weist eine kleinere Flußdichte B_A (auch scheinbare Remanenz genannt) auf, abhängig von der durch die Größe des (selbst-) entmagnetisierenden Feldes H_A bestimmten Lage auf der Entmagnetisierungskurve.

Man charakterisiert daher einen Dauermagneten durch seinen Arbeitspunkt B_A, H_A im Schnittpunkt der Entmagnetisierungskurve mit der Arbeits- oder Scherungsgeraden S. Die Steigung von S hängt von den Abmessungen des Dauermagneten bzw. von der Geometrie des magnetischen Kreises ab. Sie wird (wie schon im Abschnitt 3.3 gezeigt) von der gegebenen äußeren Feldstärke, in der Regel $H = 0$, nach links aufgetragen.

Eine weitere wichtige Größe zur Charakterisierung von Dauermagneten ist das maximale Energieprodukt BH_{max}. Im allgemeinen wird zur optimalen Ausnutzung des Dauermagnetmaterials die Scherung im Magnetkreis so gewählt, daß der Arbeitspunkt im BH_{max}-Punkt liegt (Bild 3.27 b).

Beim Einsatz von Dauermagneten in magnetischen Kreisen zusammen mit Elektromagneten muß beachtet werden, daß die Permeabilität μ_r der Dauermagnetwerkstoffe nahe bei Eins liegt, der Dauermagnet im magnetischen Kreis also praktisch wie ein Luftspalt wirkt. Außerdem treten wegen des kleinen μ_r die Feldlinien nicht senkrecht aus dem Magneten aus. Um ein homogenes Feld an einem Pol eines Dauermagneten zu erreichen, muß der Pol mit weichmagnetischem Blech abgedeckt werden.

Dauermagnetwerkstoffe

Bei den Dauermagneten dominieren heute die folgenden vier Werkstoff-Gruppen:
- Neodym, Eisen und Bor (Nd Fe B)
- Samarium, Kobalt- und Bor (Sm Co und Sm Co B)
- Ferrit
- Aluminium, Nickel und Kobalt (Al Ni und Al Ni Co)

Dauermagnetwerkstoffe sind spröde, hohe mechanische Beanspruchungen sind zu vermeiden. Die Werkstoffe unterscheiden sich wesentlich in Remanenzflußdichte B_r, Koerzitivfeldstärke H_c und im Energieprodukt BH_{max}. Entsprechend unterschiedlich ist auch der Volumenbedarf für die Erzeugung gleicher Magnetfelder. Bild 3.28 zeigt Magnete aus den vier Werkstoffgruppen, welche alle im Abstand von 10 mm von der Polfläche das gleiche magnetische Feld erzeugen, im maßstabsgetreuen Vergleich.

Die Vorteile von NdFeB-Magnetwerkstoffen liegen vor allem in ihren hohen Energiewerten BH_{max} und in der verhältnismäßig guten mechani-

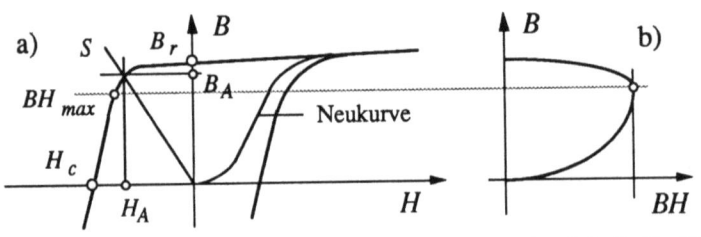

Bild 3.27 a) Magnetisierungskurve   b) Produkt $B H = f(B)$

schen Festigkeit. Nachteilig sind die geringen Anwendungstemperaturen, die je nach H_c und Formgebung zwischen 80°C und 150°C liegen. Auch die Korrosionsanfälligkeit ist zu beachten.

SmCo-Werkstoffe haben annähernd ebenso hohe Energiewerte wie NdFeB-Werkstoffe. Anwendungstemperaturen bis 150°C sind im allgemeinen problemlos. Mit speziellen Legierungen sind Anwendungen bis 300°C möglich. Nachteilig ist der hohe Gehalt an teurem Kobalt.

Die seit 1932 bekannten Magnetlegierungen aus AlNiCo werden zunehmend durch die Seltenerd-Magnete und durch Ferrite verdrängt. Bei temperaturkritischen Anwendungen spielen sie aber nach wie vor eine große Rolle. AlNiCo gestattet Anwendungstemperaturen bis 400°C. Wegen der verhältnismäßig kleinen Koerzitivfeldstärke (50 bis 180 kA/m) müssen alle AlNiCo Magnete hinreichend lang sein, um stabil zu bleiben (Länge/Durchmesser > 4).

Bei den Barium- und Strontiumferrit-Magneten sind die Rohstoffkosten vergleichsweise klein. Magnetisch sind diese Werkstoffe sehr stabil, sie sind unempfindlich auf Oxidation, der Temperaturkoeffizient für B_r ist jedoch mit -0.4 %/°C sehr hoch. Die maximale Anwendungstemperatur liegt bei 150°C. Die geringe Remanenz (0.2 bis 0.4 T) bedingt großflächige Magnetformen. /KRUP 89/.

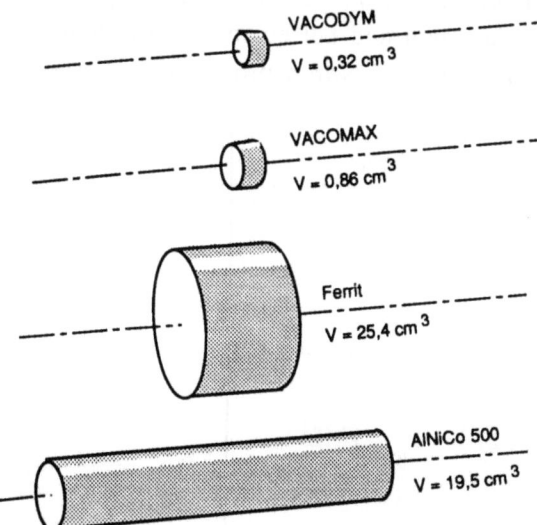

Bild 3.28 Volumenvergleich von Dauermagnetwerkstoffen (Bild Vacuumschmelze)

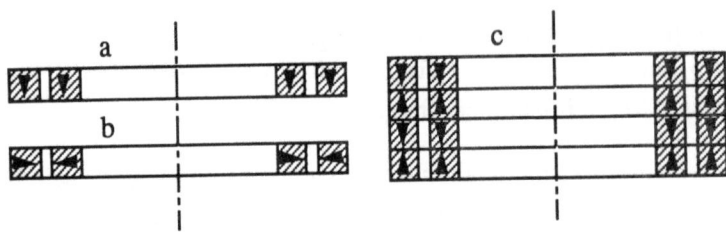

Bild 3.30 Radiallager
a) Axiale Magnetisierung
b) Radiale Magnetisierung
c) Vier Ringpaare mit axialer Magnetisierung /SOBO 81/

Bauformen von Dauermagnetlagern

Passive Dauermagnetlager können als Radial- und als Axiallager verwendet werden, wobei beide Arten als anziehende oder als abstoßende Lager ausgeführt werden können (Bild 3.29). Mit einer Dauermagnetlagerung läßt sich kein stabiler Gleichgewichtszustand erreichen /BRAU 39/. Es verbleibt für mindestens eine Koordinate ein labiles Gleichgewicht. So muß immer mindestens eine Richtung mit einem mechanischen Lager oder mit einem aktiven elektromagnetischen Lager stabilisiert werden.

Dauermagnetlager lassen sich sowohl mit axial als auch mit radial magnetisierten Ringen realisieren (Bild 3.30 a und b). Mit mehreren Ringpaaren lassen sich Steifigkeit und Tragkraft vervielfachen (Bild 3.30 c).

Mit einem Radiallager nach Bild 3.30 läßt sich beispielsweise bei Verwendung von SmCo-Magneten und bei einem Lagerdurchmesser von 28 mm eine Radialsteifigkeit von 16 N/mm pro Ringpaar erreichen. Allerdings

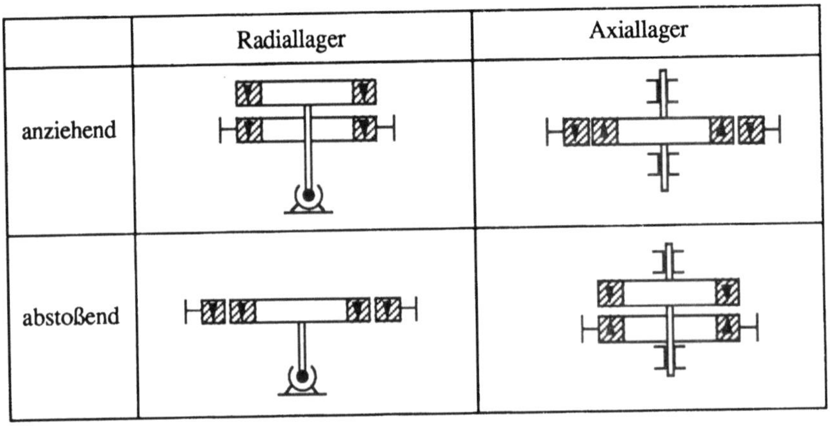

	Radiallager	Axiallager
anziehend		
abstoßend		

Bild 3.29 Systematik von Magnetlagern mit axial magnetisierten Ringen /SOBO 81/

3.8 Dauermagnetlager

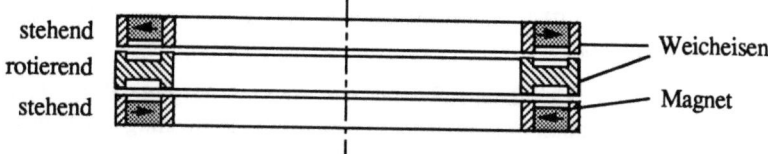

Bild 3.31 "Reluktanz"-Radiallager

ergibt sich bei axialem Versatz der Innenringe gegenüber den Außenringen eine negative Axialsteifigkeit von 37 N/mm. Bei axialem Versatz nimmt außerdem die Radialsteifigkeit stark ab.

Eine weitere Kategorie von passiven Magnetlagern beruht auf der anziehenden Kraft zwischen magnetisierten Weicheisenteilen. Ihre Wirkung basiert auf der Änderung der *Reluktanz*, d.h. des magnetischen Widerstands, bei einer radialen Verschiebung des beweglichen Teils (Bild 3.31). Sie werden daher auch Reluktanzlager genannt. Reluktanzlager können so ausgelegt werden, daß die Magnete stillstehend sind und nur Eisenteile rotieren, was aus Festigkeitsgründen viel günstiger ist /MARI 82/.

Die Kombination von Reluktanz-Lagern und aktiver elektromagnetischer Stabilisierung führt zu Magnetlagersystemen mit minimalem Energieverbrauch /BODE 88/.

Literatur

BODE 88   Boden, K.: Wide-Gap, Electro-Permanentmagnetic Bearing System with Radial Transmission of Radial and Axial Forces. In Proc. First Intl. Symp. Magnetic Bearings, ETH Zürich, May 1988. Springer Verlag, Berlin, 1988

BRAU 39   Braunbek, W.: Freischwebende Körper im elektrischen und magnetischen Feld. Zeitschr. Physik, Bd. 112, S. 753 - 763, 1939

GOND 84   Gondhalekar, V., Holmes, R.: Design of a Radial Electromagnetic Bearing for the Vibration Control of a Supercritical Shaft. Proc. Instn Mech. Engrs. Vol 198C No 16, 1984

HECK 75   Heck, C.: Magnetische Werkstoffe und ihre technische Anwendung. Dr. A. Hütling Verlag, 1975

KRUP 89   Krupp WIDIA GmbH: Dauermagnetische Werkstoffe und Bauteile. Firmenschrift, 1989, Essen

KUEP 90   Küpfmüller, K.: Einführung in die theoretische Elektrotechnik. 13. Auflage, Springer, 1990

MARI 82   Marinescu, M.: Dauermagnetische Radiallager. Firmenschrift, Marinescu Ing-Büro für Magnettechnik, Frankfurt, 1982

RICH 67   Richter, R.: Elektrische Maschinen. Bd. 1, Birkhäuser Verlag, Basel, Stuttgart, 1967

SCLA 76   Schweitzer, G and Lange, R.: Characteristics of a Magnetic Rotor Bearing for Active Vibration Control. Conf. on Vibrations in Rotating Machinery, Instn. of Mech. Engrs., Cambridge, Sept. 1976, C239/76

SOBO 81   Sobotka, G., Hübner, K.D.: Dauermagnetische Radiallager und Axiallager: Entwicklungsstand und Tendenz. Maschinenmarkt 87 (1981)' Heft 5 und 10, Vogel-Verlag, Würzburg

TRAX 85   Traxler, A.: Eigenschaften und Auslegung von berührungsfreien elektromagnetischen Lagern. Diss ETH Zürich Nr. 7851, 1985

4 Kenngrößen von Magnetlagern

4.1 Geometrie

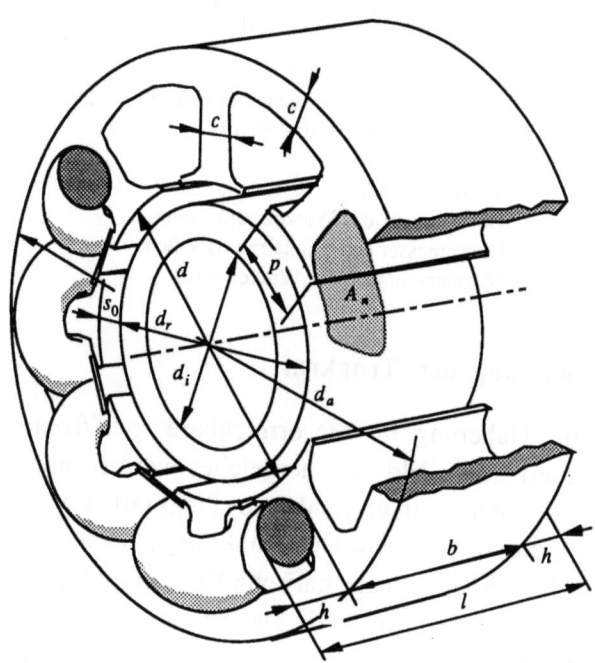

Bild 4.1 Geometrie des Radiallagermagneten
- d Innendurchmesser des Stators (oder Lagerdurchmesser)
- d_a Außendurchmesser des Stators d_r Rotordurchmesser
- c Stegbreite p Polschuhbreite
- d_i Wellendurchmesser s_0 Ruheluftspalt
- h Wickelkopfhöhe l Lagerlänge
- b Lagerbreite (Breite des magnetisch aktiven Teils)
- A_n Nutquerschnitt (oder Wickelraum)

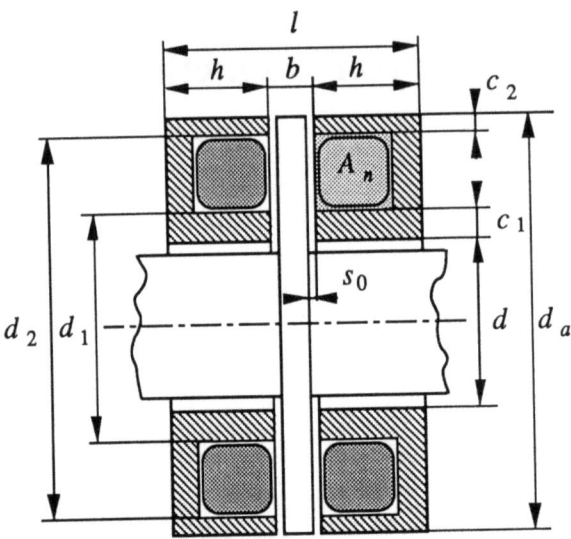

Bild 4.2 Geometrie des Axiallagermagneten
- d Innendurchmesser des Stators (oder Lagerdurchmesser)
- d_a Außendurchmesser des Stators
- c_1 Stegbreite innen
- h Topfmagnethöhe
- d_1 Durchmesser des Wickelraums innen
- d_2 Durchmesser des Wickelraums außen
- A_n Nutquerschnitt (oder Wickelraum)
- s_0 Ruheluftspalt
- c_2 Stegbreite außen
- l Lagerlänge

4.2 Abschätzung der Tragkraft

Es soll eine Näherung für die erreichbare *spezifische Tragkraft* eines Radialmagnetlagers (Bild 4.1) hergeleitet werden, um eine einfache Abschätzung der maximal erreichbaren Tragkraft, etwa im Vergleich mit Gleitlagern, zu ermöglichen. Die Tragkraft f_{max} eines Radialmagnetlagers bezeichnet hier die maximale statische Kraft des Magnetlagers in Richtung eines der vier U-Magneten. Falls gleichzeitig zwei Magnete in zueinander senkrechten Richtungen mit der maximalen Kraft wirken, ist die resultierende Kraft um den Faktor $\sqrt{2}$ größer. Dies kann z.B. genutzt werden, wenn vom Lager ein großes Gewicht zu tragen ist, indem die Einbaulage des Magnetlagers entsprechend gewählt wird.

Die spezifische Tragkraft wird auf die Projektion der Lagerfläche $d\,b$ bezogen. Es soll vorausgesetzt werden, daß die Polschuhbreite p gleich der Stegbreite c sei. Pro Pol steht auf dem Lagerdurchmesser d ein Achtel des

4.2 Abschätzung der Tragkraft

Umfangs zur Verfügung. Wird davon die Hälfte für die Polschuhbreite p genützt, so wird die Polschuhfläche A_l

$$A_l = \frac{d \pi}{8} 0.5 \, b \tag{4.1}$$

Bei handelsüblichem Si-legiertem Trafoblech, wie es für Lagermagnete verwendet wird, ist die Auslegung der Lagermagnete auf eine maximale Flußdichte von 1.5 Tesla sinnvoll. Wird nun in Gleichung (4.1) dieser Wert für B eingesetzt und berücksichtigt, daß beim Radiallager die Kräfte der beiden Pole nicht senkrecht, sondern in einem Winkel von $\pi/8$ angreifen, ergibt sich mit A_l aus den Gleichungen (4.1) und (3.20) die spezifische Tragkraft

$$\frac{f_{max}}{d\,b} = \frac{B_{max}^2}{\mu_0} \frac{\pi}{8} 0.5 \cos\frac{\pi}{8} = \frac{1.5^2}{\mu_0} \frac{\pi}{8} 0.5 \cos 22.5° = 32 \frac{N}{cm^2} \tag{4.2}$$

Die Tragkraft f_{max} läßt sich dann aus Bild 4.3 ablesen.

Bei Verwendung von (teurem) kobaltlegiertem Magnetmaterial mit einer Sättigungsflußdichte von über 2 Tesla können die Magnete für eine Flußdichte von beispielsweise 1.9 Tesla ausgelegt werden, was eine spezifische Tragkraft von über 60 N/cm² ergibt.

Diese Abschätzungen sagen nichts aus über die notwendige Durchflutung und den Platzbedarf für die Wicklung und damit über den notwendigen

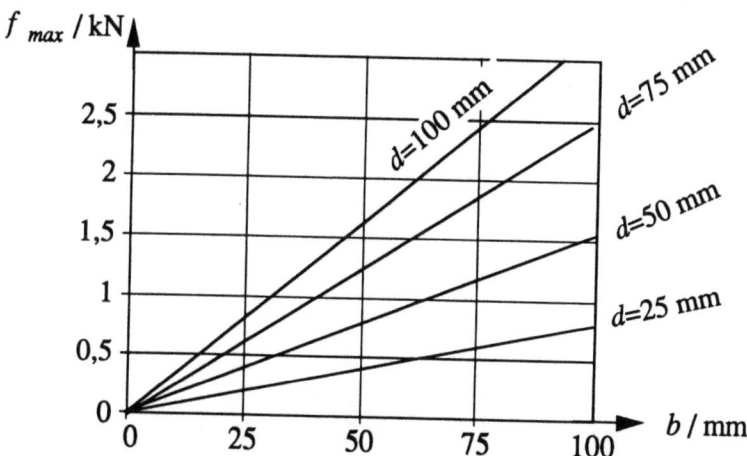

Bild 4.3 Tragkraft von Radiallagern mit Breite b und Durchmesser d bei einer spezifischen Tragkraft von 32 N/mm²

Außendurchmesser des Lagermagneten. In vielen Fällen muß bei der Auslegung der Lagermagnete der gesamte Volumenbedarf des Lagers optimiert werden. Oft ist der Platz für das Lager beschränkt oder der Ruheluftspalt sehr groß, so daß die obigen Werte nicht erreicht werden.

4.3 Ansteuerungsarten und Linearisierung

Im Abschnitt 3.5 wurde gezeigt, wie durch die *Differenzansteuerung* der Magnete die Kraft-Strom-Charakteristik linearisiert werden kann. In einem Radiallager werden je zwei Polpaare, wie in Bild 3.8 gezeigt, einzeln durch zwei Leistungsverstärker angesteuert.

Differenzwicklung

Derselbe Effekt lässt sich auch durch *Differenzwicklung* erreichen (Bild 4.4). Dabei wird jedes Polpaar mit einer Vormagnetisierungs- und einer Steuerwicklung versehen. Die Vormagnetisierungswicklungen aller Polpaare werden in Serie geschaltet und mit einem konstanten Vormagnetisierungsstrom betrieben. Die Steuerwicklungen von je zwei gegenüberliegenden Polpaaren werden in Serie geschaltet, und zwar so, daß sich die von Vormagnetisierungs- und Steuerstrom erzeugten Durchflutungen im einen Polpaar addieren und im anderen subtrahieren. Mit dieser Ansteuerungsart werden pro Radiallager nur zwei Leistungsverstärker und eine (in der Regel billigere) Konstantstromquelle benötigt.

Als Nachteil muß dabei in Kauf genommen werden, daß die Kupferverluste in den Wicklungen größer werden als bei der Differenzansteuerung. Dies

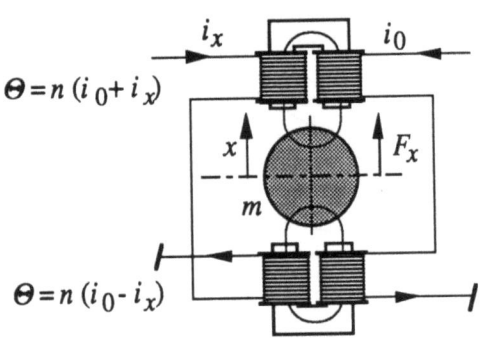

Bild 4.4 Differenzwicklung zur Linearisierung der Kraft-Strom-Charakteristik

wird besonders augenfällig bei der Vollaussteuerung, wo die maximale Kraft erzeugt wird. Im einen Magneten addieren sich die Durchflutungen von Vormagnetisierungswicklung und Steuerwicklung. Im gegenüberliegenden Magneten verschwindet die Durchflutung, obschon die Vormagnetisierungs- und auch die Steuerwicklung vom maximalen Strom - mit den entsprechenden Kupferverlusten - durchflossen werden.

Externe Linearisierung

Der nichtlineare Zusammenhang zwischen Strom und Kraft beim Magneten kann auch durch eine elektronische Schaltung kompensiert werden. Das Stromsollwertsignal wird der Kompensationsschaltung zugeführt und die Leistungsverstärker werden mit dem korrigierten Stromsollwert angesteuert. Beim Vorzeichenwechsel der Kraft muß vom einen Polpaar auf das gegenüberliegende umgeschaltet werden.

Beim Beispiel von Bild 4.5 wird der quadratische Zusammenhang zwischen Strom und Kraft aus Gleichung (3.21) durch einen Radizierer und der Einfluß des Weges durch einen Multiplizierer kompensiert.

Wird ein Mikroprozessor für die Regelung eingesetzt, kann er mit Hilfe einer (gemessenen) Tabelle linearisieren, d.h., er ersetzt jeden Ausgangswert vor der Ausgabe an den DA-Wandler durch den entsprechenden Tabellenwert.

Die externe Linearisierung hat den Vorteil, daß nur jene Magnete Strom führen, in deren Richtung auch eine Kraft erzeugt werden soll. Sie ergibt daher die kleinsten Verluste im Lagermagneten. Ein wesentlicher Nachteil besteht jedoch darin, daß in der Umgebung des Nullpunktes der Kraft-Strom-Kennlinie, wegen der horizontalen Tangente im Nullpunkt, für einen kleinen Kraftzuwachs ein großer Stromzuwachs nötig ist. Da die Steilheit des Stromanstiegs durch die zur Verfügung stehende Spannung über der

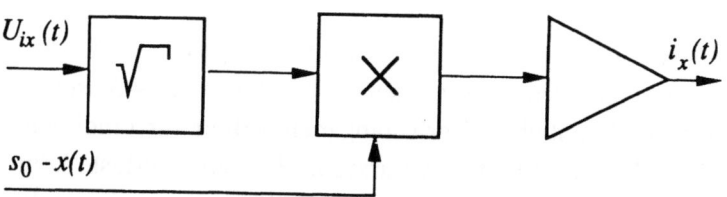

Bild 4.5 Externe Linearisierung durch Radizierer und Multiplizierer

Wicklungsinduktivität begrenzt ist, ergibt sich in der Umgebung des Nullpunktes ein schlechtes dynamisches Verhalten. Die externe Linearisierung sollte deshalb nur dort verwendet werden, wo große statische Lasten den Arbeitspunkt der Lager weit aus dem Nullpunkt schieben.

4.4 Ummagnetisierungsverluste im Rotor

Beim berührungsfrei magnetisch gelagerten Rotor entfällt die Lagerreibung. An ihre Stelle tritt ein Bremsmoment, welches durch Ummagnetisierungsverluste P_{fe} (Eisenverluste) in den ferromagnetischen Lagerbüchsen des Rotors erzeugt wird. Diese Verluste müssen durch die Antriebsleistung des Motors gedeckt werden und erwärmen den Rotor.

Die Eisenverlustleistung P_{fe} ist abhängig von der Drehzahl des Rotors, vom verwendeten Magnetmaterial der Lagerbüchsen sowie vom Verlauf der Flußdichte B über den Umfang der Lagerbüchsen. Das von den Eisenverlusten verursachte *Bremsmoment* setzt sich zusammen aus einem konstanten Anteil der Hystereseverluste und einem Anteil der Wirbelstromverluste, der proportional zur Drehzahl wächst (s. auch Bild 4.14).

Hystereseverluste P_h

Beim Ummagnetisieren durchläuft das Eisen im B-H-Diagramm eine Hystereseschleife (Bild 3.3). Bei jedem Durchlauf der Hysteresekurve geht die Energie $W_h = V_{fe} A_{BH}$ verloren. Dabei ist A_{BH} die Fläche der Hysteresekurve und V_{fe} das Volumen des beteiligten Eisens. Die Hystereseverluste sind demnach proportional zur Frequenz der Ummagnetisierung. Die Fläche der Hysteresekurve ist abhängig vom Magnetmaterial und von der Amplitude B_m der Flußdichte. Für Eisen und Flußdichten zwischen 0,2 und 1,5 Tesla gilt nach /STEI 91/

$$P_h = k_h f_u B_m^{1.6} V_{fe} \qquad (4.3)$$

wobei die Materialkonstante k_h aus Verlustmessungen bzw. aus der Fläche der Hystereseschleife ermittelt werden muß. Gleichung (4.3) sowie die in der Elektrotechnik üblichen Verlustangaben gelten für eindimensionale Wechselfelder. Von Drehfeldern verursachte Hystereseverluste können bis zu doppelt so groß werden. Sie können mit Hilfe von experimentell gefundenen Kurven umgerechnet werden /KORN 55/.

Wirbelstromverluste P_W

Bei der Änderung der Flußdichte im Eisenkern werden im Eisen Kreisströme, die sogenannten Wirbelströme, erzeugt. Ein voller Kern (Bild 4.6 a) wirkt wie eine Kurzschlußwicklung, und es entstehen große Wirbelströme. Man reduziert die Wirbelstromverluste durch Unterteilung des Eisenkerns in gegeneinander isolierte Bleche (Bild 4.6 b) oder Körner (Sinterkerne).

Je feiner die Unterteilung ist, desto geringer werden die Wirbelstromverluste. Die Wirbelstromverluste in geblechtem Eisen können annähernd berechnet werden, falls der Fluß im Blech gleichmäßig verteilt und sinusförmig ist /HECK 75/, und sie sind dann

$$P_W = \frac{1}{6\rho} \pi^2 e^2 f_u^2 B_m^2 V_{fe} \tag{4.4}$$

Dabei ist ρ der spezifische elektrische Widerstand des Eisens, e die Blechdicke, f_u die Ummagnetisierungsfrequenz und B_m die maximale Flußdichte bzw. die Amplitude der Flußdichte.

In der Elektrotechnik werden die Ummagnetisierungsverluste meist pauschal, für 50 Hz und Flußdichten von 0,5 Tesla, 1 Tesla oder 1,5 Tesla in W/kg angegeben. Für die Berechnung der Verluste bei anderen Frequenzen und Flußdichten müßen die pauschalen Verluste in Hysterese- und Wirbelstromverluste aufgetrennt werden, bevor man die beiden Anteile mit Hilfe

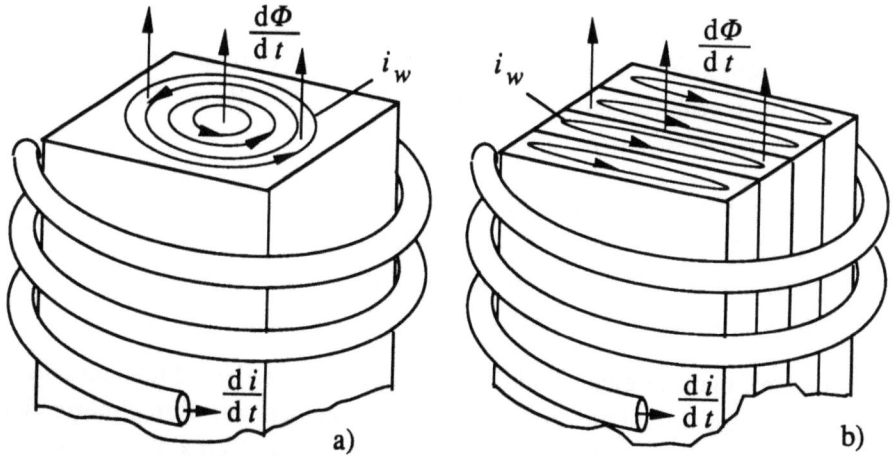

Bild 4.6 Reduktion der Wirbelstromverluste durch Unterteilung des Eisenkerns in Bleche

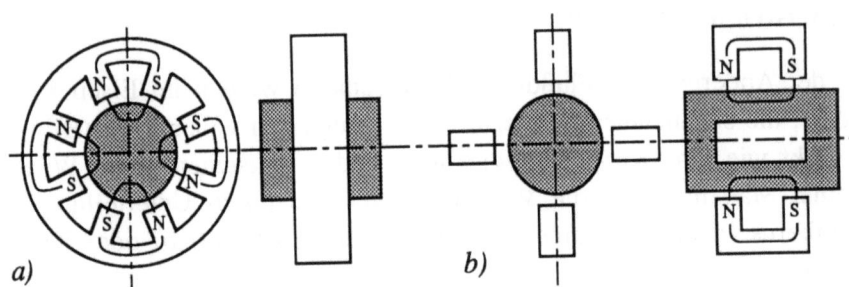

Bild 4.7 Radiallager Bauformen   a) Feldlinien quer zur Rotorachse
                                       b) Feldlinien längs zur Rotorachse

der Gleichungen (4.3) und (4.4) umrechnen kann /TRAX 85/.

Der Verlauf der Flußdichte über dem Umfang des Rotors und damit die Ummagnetisierungsverluste auch von der Bauform des Lagers abhängig. Bei der Form nach Bild 4.7 a wird das Eisen des Rotors bei einer Umdrehung zweimal ummagnetisiert. Die Wirbelstromverluste können klein gehalten werden, da der Rotor problemlos geblecht, d.h. als Stapel von Blechrondellen, gebaut werden kann. Bei der Bauform nach Bild 4.7b dagegen läuft das Eisen bei einer Umdrehung jeweils unter Polen gleicher Polarität durch, und damit sind die Ummagnetisierungsverluste kleiner als bei der Bauform a; allerdings läßt sich der Rotor praktisch nicht blechen. Die Bauform b ist daher immer dann angebracht, wenn der Rotor ohnehin massiv ausgeführt werden muß, z.B. für den Einsatz im Hochvakuum.

4.5 Luftverluste

Zur Berechnung der Luftverluste muß der Rotor in Bereiche mit ähnlichen Luftreibungsverhältnissen aufgeteilt werden. Im Falle eines einfachen zylinderförmigen Rotors beispielsweise in

- Zylinder ohne Umhüllung inkl. Stirnseiten
- Zylinder Stirnseiten im Bereich der Achsiallager
- Zylinder im Lagerbereich und im Motorbereich
- Zylinder im Fanglagerbereich

Für die einzelnen Bereiche sind die Bremsmomente zu berechnen, und dann sind alle Bremsmomente zu summieren. Angaben zur Berechnung der Bremsmomente finden sich z.B. in /MACK 67/ und /TRAX 85/. Bild 4.14

zeigt den Vergleich von berechneten mit gemessenen Bremsmomenten für ein konkretes Beispiel.

4.6 Umfangsgeschwindigkeit

Die Umfangsgeschwindigkeit im Magnetlager ist durch die Festigkeitseigenschaften der üblichen weichmagnetischen Materialien auf ca. 200 m/s beschränkt. Die üblichen Materialien (z.B. Trafoblech nach DIN 46400) haben eine Streckgrenze von ca. 300 bis 500 N/mm². Als große Ausnahme sind die amorphen Metalle zu erwähnen, die gute Festigkeit mit guten weichmagnetischen Eigenschaften verbinden. Sie haben eine Streckgrenze von 1500 bis 2000 N/mm², was Umfangsgeschwindigkeiten von ca. 400 m/s ermöglicht. Ihr hoher elektrischer Widerstand ist bezüglich der Wirbelstromverluste günstig. Amorphe Metalle sind als Folienbänder von ca. 35 μm Dicke in beschränkter Breite lieferbar. Da die Folien außerordentlich zäh sind, lassen sie sich nur schlecht stanzen. Der Aufwand für die Herstellung eines so geblechten Rotors ist daher beträchtlich. Außerdem ist das Material hitzeempfindlich. Ab ca. 450 °C beginnt das Material, Kristalle auszubilden und verliert damit seine günstigen Eigenschaften.

Um bei hohen Umfangsgeschwindigkeiten das Abheben der Lagerbüchse vom Rotor zu verhindern, muß die Büchse ausreichend stark auf den Rotor aufgeschrumpft werden /LARS 90/ (vgl. Abschn. 5.7).

4.7 Übertragungsverhalten des magnetischen Aktuators

Für die Auslegung der Regelung kann das Magnetlager zusammen mit dem Leistungsverstärker als Element mit einer linearen Uebertragungsfunktion gemäß Gleichung (3.25) betrachtet werden

$$f_x = k_i\, i_x + k_s\, x \tag{4.5}$$

mit $\quad k = \frac{1}{4}\mu_0\, n^2\, A_l\,,\quad k_i = 4\, k\, \frac{i_0}{s_0^2}\cos\alpha\,,\quad k_s = 4\, k\, \frac{i_0^2}{s_0^3}\cos\alpha$

Diese Beziehung setzt Stromverstärker voraus, welche in den Wicklungen der Lagermagnete Ströme proportional zu den vom Regler gelieferten Eingangssignalen erzeugen. Mit Vorteil wird dabei die Differenzansteuerung gemäß Bild 3.8 verwendet. Die ganze Einheit aus Lager und Leistungsverstärker wird im folgenden als *magnetischer Aktuator* bezeichnet. Stromverstärker sind nur in einem beschränkten Arbeitsbereich in der Lage, Ströme entsprechend den Eingangssignalen zu liefern. Diese Beschränkung des Arbeitsbereichs wirkt sich für die Regelung als *Stellgrößenbeschränkung* aus.

Strombegrenzung

Der Strom, den die Verstärker liefern können, ist beschränkt auf i_{max}. In der Regel werden die magnetischen Aktuatoren so betrieben, daß der Vormagnetisierungsstrom i_0 gleich der Hälfte des maximalen Ausgangsstromes i_{max} gewählt wird. Damit ergibt sich ein Aussteuerbereich für den Steuerstrom i_x von $\pm\, 0{,}5\, i_{max}$.

Spannungsbegrenzung

Die Beschränkung der Ausgangsspannung der Verstärker auf $\pm U_p$ wirkt sich nach dem Induktionsgesetz als Beschränkung der Stromänderung di_x/dt aus. Eine Magnetlagerwicklung entspricht einer R-L-Serienschaltung mit dem Kupferwiderstand R_{cu} und einer Grenzfrequenz ω_g von

$$\omega_g = R_{cu}/L \tag{4.7}$$

sowie einem maximalen Strom bei $\omega = 0$ von

$$I_x(\omega=0) = U_p / R_{cu} \tag{4.8}$$

Bei diesem Strom wird die gesamte zur Verfügung stehende Ausgangsspannung des Verstärkers zur Überwindung des Kupferwiderstandes R_{cu} gebraucht. Da jedoch der Leistungsverstärker bei Magnetlagern immer "überschüssige" Ausgangsspannung zur Erzielung eines Stromanstieges di/dt über der Induktivität L haben muß, wird er so dimensioniert, daß der Spannungsabfall über dem Kupferwiderstand auch beim maximal zulässigen Ausgangsstrom i_{max} des Verstärkers nur einen Bruchteil der maximalen Ausgangsspannung des Verstärkers ausmacht.

In Bild 4.8 ist für eine Verstärkerausgangsspannung von $U_p \sin \omega t$ die Amplitude I_x des in der Lagerwicklung erzeugten Stromes über der Frequenz ω aufgetragen. Wird nun noch die Amplitudenbegrenzung des

4.7 Übertragungsverhalten des magnetischen Aktuators

Stromes auf 0,5 i_{max} im Bild eingezeichnet, erhält man damit den Arbeitsbereich des Aktuators. Bei der Frequenz ω_{sat} im Schnittpunkt der Strombegrenzung des Verstärkers mit der R-L-Kurve ist gerade noch die volle Stromamplitude $I_x = 0,5\ i_{max}$ erreichbar. Bei höheren Frequenzen geht die Verstärkerausgangsspannung in Sättigung, und das dynamische Verhalten des Verstärkers wird nichtlinear. Man bezeichnet daher ω_{sat} als *Leistungsbandbreite*. Die Leistungsbandbreite kann durch die Erhöhung der Verstärkerleistung ausgedehnt werden. Die *Signalbandbreite* des Aktuators reicht in der Regel mindestens eine Dekade weiter als bis zur obigen Grenzfrequenz ω_g. Die Signalbandbreite beschreibt das lineare Verhalten des Aktuators und gilt natürlich nur für das Kleinsignalverhalten innerhalb des Arbeitsbereichs.

Durch den Betrieb der Magnetlager mit Stromsteuerung wird die Systemordnung für die Regelung reduziert, da die Induktivität des Lagers, die als Integrator zwischen Spannung und Strom wirkt, durch die Stromregelung des Verstärkers "eliminiert" wird. Es ist auch möglich, Magnetlager mit *Spannungssteuerung* zu betreiben. Dazu muß die Regelung entsprechend ausgelegt werden /VISC 88/.

Die Voraussetzungen, die für die Berechnung der Kraft und damit von k_i und k_s gemacht wurden, gelten auch für Wechselfelder mit Frequenzen bis ca. 2 kHz, wie sie bei Magnetlagern vorkommen, falls die Wirbelströme sowohl im Stator als auch im Rotor beispielsweise durch Blechung genügend reduziert werden. Bei einem Radiallager, welches aus Blechen der Dicke 0,35 mm aufgebaut wurde, konnte bis zu einer Frequenz von 1,4 kHz ein konstanter Kraft-Strom-Faktor k_i gemessen werden (vgl. Abschnitt 4.9).

Umgekehrt wird k_i mit steigender Frequenz reduziert, falls aus irgendwelchen Gründen massives Eisen verwendet wird, da die entstehenden Wirbel-

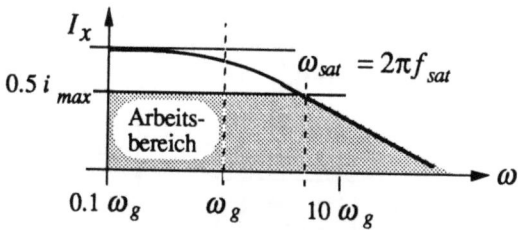

Bild 4.8 Arbeitsbereich eines Magnetlageraktuators (Leistungsverstärker mit Lagermagnet)

ströme das sie erzeugende Magnetfeld schwächen. Beim Rotor werden außerdem die Eindringtiefe des Feldes und dadurch der zur Verfügung stehende Eisenquerschnitt reduziert.

Dynamik des Aktuators

Bei der Auslegung eines Magnetlagersystems muß die Verstärkerleistung abgeschätzt werden, die notwendig ist, um für eine vorgebene Kraftamplitude die Leistungsbandbreite ω_{sat} zu erreichen. Dazu wird unter Vernachlässigung des Kupferwiderstandes die Spannung u über der Wicklung des Magneten von Bild 4.9 durch Gleichung (3.15), die Polschuhfläche A_l und das Induktionsgesetz (3.6) ausgedrückt

$$u = A_l \mu_0 \frac{n^2}{2} \frac{\partial}{\partial t}(\frac{i}{s_0 - x}) \tag{4.9}$$

Danach folgt mit (3.21) die Kraft f für den Magneten von Bild 4.9

$$f = \mu_0 A_l \frac{n^2}{4}(\frac{i}{s_0 - x})^2 \tag{4.10}$$

und die zeitliche Ableitung ergibt

$$\frac{\partial f}{\partial t} = A_l \mu_0 \frac{n^2}{4} 2 (\frac{i}{s_0 - x}) \frac{\partial}{\partial t}(\frac{i}{s_0 - x}) \tag{4.11}$$

Wird hier Gleichung (4.9) eingesetzt, so erhält man für den Kraftanstieg

$$\frac{\partial f}{\partial t} = (\frac{i}{s_0 - x}) u \tag{4.12}$$

bzw. an der Stelle $x = 0$:

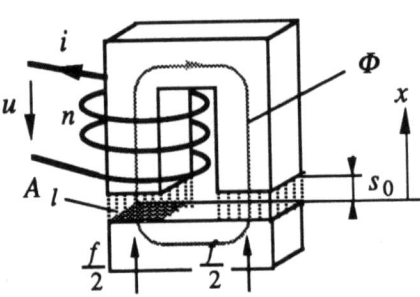

Bild 4.9 Dynamische Kraft eines Magneten

4.7 Übertragungsverhalten des magnetischen Aktuators

$$\frac{\partial f}{\partial t} = \frac{i\,u}{s_0} \tag{4.13}$$

Der Term $i\,u$ von (4.13) entspricht dabei der Leistung des Verstärkers in der Ruhelage $x=0$. Für die Abschätzung der notwendigen (maximalen) Verstärkerleistung für ein Radiallager mit Differenzansteuerung nach Bild 3.8 muß der Winkel α aus Bild 3.6b berücksichtigt werden. Außerdem wird in der differentiellen Anordnung der Kraftanstieg verdoppelt, da im einen Magneten die Kraft zunimmt, und gleichzeitig im gegenüberliegenden Magneten die Kraft abnimmt, und damit gilt

$$\frac{\partial f}{\partial t} = 2\,\frac{i\,u}{s_0}\cos 22{,}5° = 2\,\frac{i\,u}{s_0}\,0{,}92 \tag{4.14}$$

Strom, Spannung und Kraft werden in (4.14) als harmonische Größen eingesetzt. Mit der Stromamplitude $0{,}5\,i_{max}$ und der Spannungsamplitude $U=U_p$ erhält man eine direkte Beziehung zwischen der maximalen Leistung der Verstärker P_{max}, der Kraftamplitude f_{max} und der Leistungsbandbreite ω_{sat}

$$\omega_{sat} = 0{,}92\,\frac{P_{max}}{s_0\,f_{max}} \tag{4.15}$$

Steifigkeit

Die Steifigkeit eines Magnetlagers wird durch die Regelung vorgegeben und ist frequenzabhängig. Für statische Belastungen, z.B. durch das Gewicht des Rotors, kann die Steifigkeit durch eine integrierende Rückführung - selbstverständlich nur im Rahmen der verfügbaren Tragkraft - theoretisch beliebig groß gemacht werden. Für Frequenzen im Regelbereich kann die Steifigkeit dem Problem angepaßt werden. Oberhalb der Grenzfrequenz des Reglers fällt die Steifigkeit stark ab, bis sie bei hohen Frequenzen wegen der Massenträgheit des Rotors mit dem Quadrat der Frequenz wieder ansteigt.

Dämpfung

Auch die Dämpfung wird durch die Regelung bestimmt. Die Dämpfung wird wie die Steifigkeit durch die verfügbare dynamische Kraft des Lagers (abhängig von der Verstärkerleistung) eingeschränkt. Wieviel ein Lager an

Dämpfung erzeugen kann, ist aber auch davon abhängig, wie gut das Geschwindigkeitssignal gemessen bzw. aus dem Wegsignal berechnet werden kann. Differenzierverfahren verstärken das vorhandene Rauschen.

4.8 Messung von Systemkenngrößen

Gerechnete Kenngrößen von Magnetlagern müssen durch Messungen überprüft werden. An erster Stelle interessiert der Zusammenhang zwischen dem Steuerstrom und der Lagerkraft für verschiedene Auslenkungen des Rotors aus seiner Ruhelage. Für die Ermittlung der Rotorverluste werden die Bremsmomente herangezogen.

Kraft des Lagermagneten als Funktion des Steuerstroms

Die statischen Kraft-Strom-Kennlinien eines Lagers können am einfachsten mit einem Dynamometer gemessen werden. Bild 4.10 zeigt einen möglichen Aufbau, mit dem sich Kräfte in x- und y-Richtung messen lassen. Der Ständer kann z.B. auf dem Querschlitten einer Drehbank befestigt und der Rotor zwischen den Spitzen eingespannt werden. Damit lassen sich radiale Verschiebungen des Rotors einfach einstellen.

Messung dynamischer Lagerkräfte

Die Messung dynamischer Kräfte ist schwierig, da die von der Meßzelle gelieferten Kraftsignale praktisch immer Trägheitskräfte enthalten. Diese stammen von den Bewegungen des Meßobjektes und der Meßeinrichtung. Falls das Dynamometer genügend steif ist, lassen sich die Trägheitskräfte

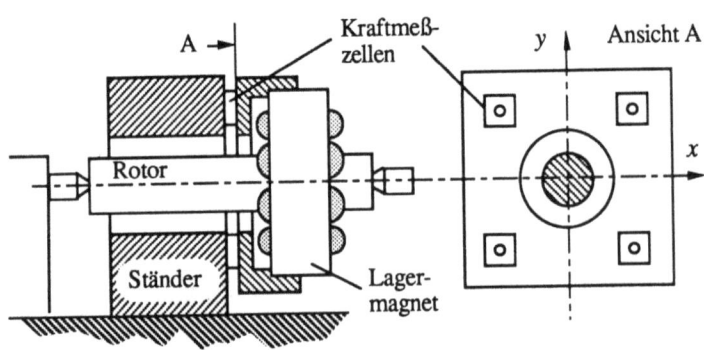

Bild 4.10 Schnittbild Dynamometer

4.8 Messung von Systemkenngrößen

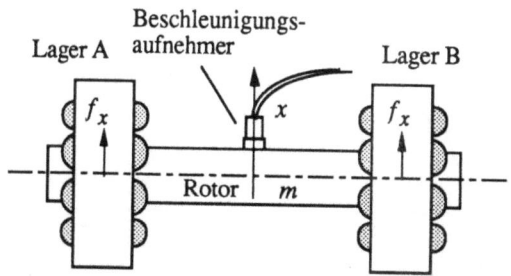

Bild 4.11 Ermittlung der dynamischen Lagerkräfte aus Beschleunigungsmessung am Rotor

kompensieren, indem man an der Aufspannplatte einen oder mehrere Beschleunigungsaufnehmer anbringt und die gemessenen Signale mit den Signalen der Kraftaufnehmer geeignet verrechnet /GYGA 77/.

Anstatt das Signal eines Beschleunigungsaufnehmers für die Kompensation von Trägheitskräften zu benutzen, kann die dynamische Lagerkraft auch direkt aus der gemessenen Beschleunigung eines magnetgelagerten Rotors ermittelt werden /TRAX 84/. Dazu wird das Signal für die Sollage des Rotors mit einem Testsignal moduliert und gleichzeitig die Beschleunigung am schwebenden Rotor gemessen. Als Testsignal eignet sich weißes Rauschen. Bei einem starren Rotor mit der Masse m ist die auf den Rotor wirkende Kraft der Magnetlager mit dem gemessenen Beschleunigungssignal in x-Richtung sehr einfach verknüpft über die Gleichung

$$m \ddot{x} = 2 f_x \quad \text{mit } f_x = k_i \, i_x + k_s \, x \tag{4.16}$$

Das Frequenzspektrum der gemessenen Beschleunigung zeigt also direkt das Frequenzspektrum der Lagerkräfte $2 f_x$.

Will man das Verhalten des Kraft-Strom-Faktors k_i in einem Frequenzbereich ermitteln, muß bei der Messung gleichzeitig auch noch das Spektrum des Stromes aufgenommen werden. Das Verhältnis der Spektren von Kraft und Strom ergibt das Spektrum von k_i und entspricht einer Übertragungsfunktion vom Strom zur Kraft.

Da die Lagerkraft f_x noch einen Anteil $k_s x$ enthält und sich der Rotor bei der Messung bewegt, muß dieser Kraftanteil mit dem gemessenen Spektrum des Weges kompensiert werden. Dazu wird die Übertragungsfunktion Weg/Strom gemessen (Bild 4.12 b). Die Summe der Übertragungsfunktionen Kraft/Strom (Bild 4.12 a) und Weg/Strom ergibt dann das Spektrum von k_i in Bild 4.12 c.

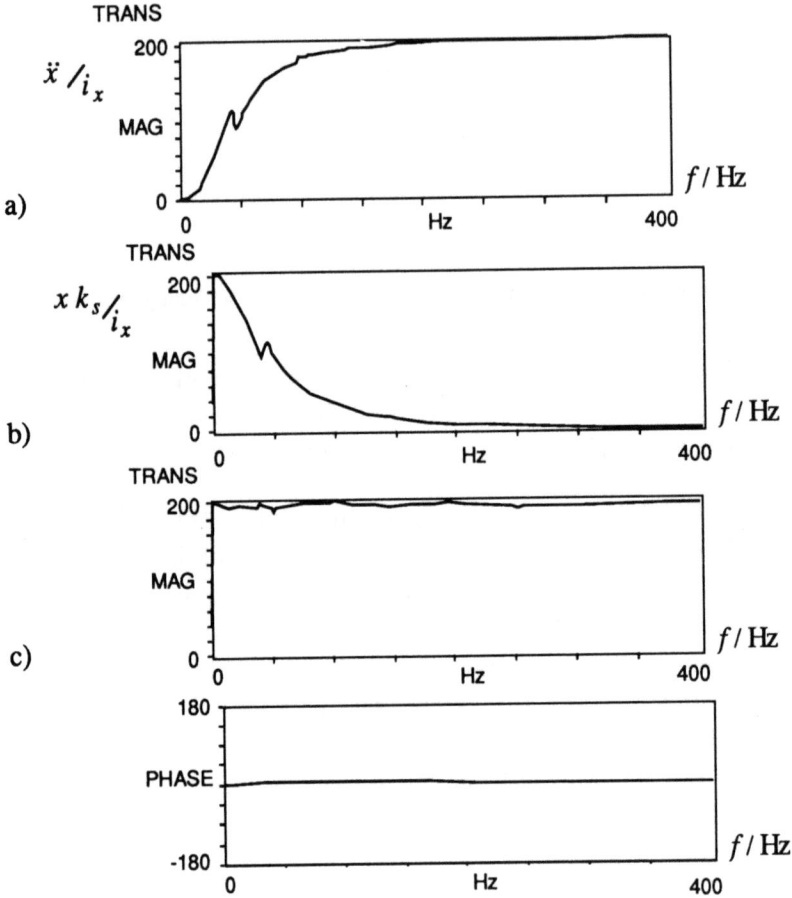

Bild 4.12 Übertragungsfunktionen
a) Beschleunigung/Strom b) Weg/Strom c) Kraft/Strom,
gemessen mit einem Fourier-Signalanalysator mit Rauschanregung.

Ermittlung der Rotorverluste

Da die Bremsmomente der Magnetlager sehr klein sind, lassen sie sich nur schwer direkt messen. Eine einfache und bekannte Methode des Elektromaschinenbaus ist der Auslaufversuch. Die Drehzahländerung eines Rotors ist proportional zum Bremsmoment. Aus der Ableitung der Auslaufkurve nach der Zeit läßt sich daher das Bremsmoment recht genau bestimmen.

Die Auslaufkurven eines Rotors mit 80 mm Durchmesser und 500 mm Länge von Bild 4.13 wurden mit gemessen und dann numerisch ausgewertet. Mit der Drehpendelmethode wurden das Trägheitsmoment des

4.8 Messung von Systemkenngrößen

Rotors gemessen (0,0115 kg m²) und danach aus der Drehzahländerung das Bremsmoment berechnet. Bild 4.14 zeigt die berechneten Momente für je einen Auslaufversuch bei Normaldruck und im Vakuum. Die Messung im Vakuum diente zur Ermittlung der reinen Ummagnetisierungsverluste.

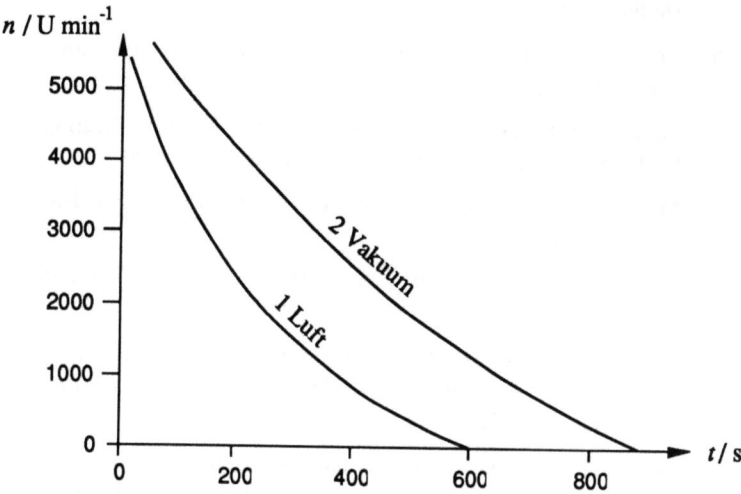

Bild 4.13 Gemessene Auslaufkurven (1 bei Normaldruck, 2 im Vakuum)

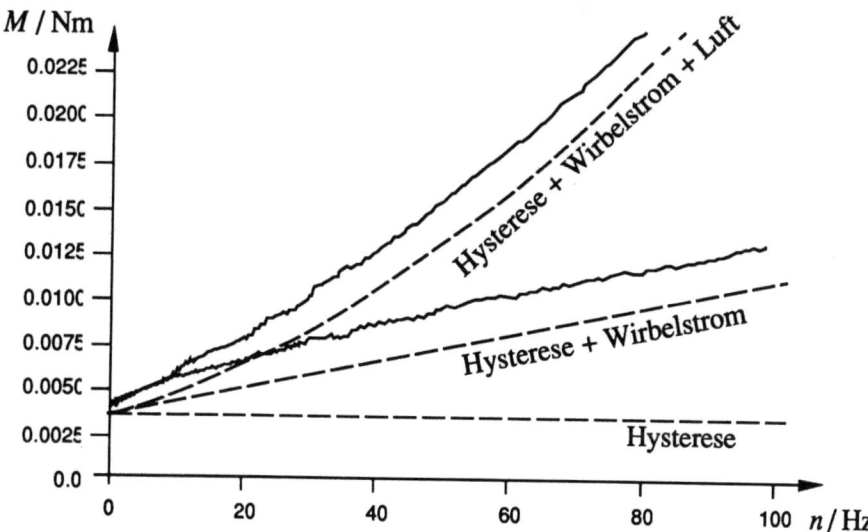

Bild 4.14 Aus Auslaufversuch bestimmte Bremsmomente (———) im Vergleich mit berechneten Werten (– – – –)

Literatur

GYGA 77   Gygax, P.E.; Hanhard, P.: Dynamische Schnittkraftmessung. IWF-ETH Zürich, Bericht Nr. 3/1977

HECK 75   Heck, C.: Magnetische Werkstoffe und ihre technische Anwendung. Dr. A. Hütling Verlag, 1975

KORN 55   Kornetzki, M.; Lucas, I.: Zur Theorie der Hystereseverluste im magnetischen Drehfeld. Zeitschrift für Physik, Bd. 142, 1955, 70 - 82

LARS 90   Larsonneur, R.: Design and Control of Active Magnetic Bearing Systems for High Speed Rotation. Diss. ETH Zürich, Nr. 9140, 1990

MACK 67   Mack, M.: Luftreibungsverluste bei elektrischen Maschinen kleiner Baugröße. Diss. TH Stuttgart, 1967

STEI 91   Steinmetz, C.: Note on the Law of Hysteresis. Electrician, 26, Jan. 1891, 261 - 262

TRAX 84   Traxler, A.; Schweitzer, G.: Measurement of the Force Characteristics of a Contactless Electromagnetic Rotor Bearing. 4th Symposium of the IMEKO TC on Measurement Theory, Bressanone, Italy, May 1984

TRAX 85   Traxler, A.: Eigenschaften und Auslegung von berührungsfreien elektromagnetischen Lagern. Diss. ETH Zürich, Nr. 7851, 1985

VISC 88   Vischer, D.: Sensorlose und spannungsgesteuerte Magnetlager. Diss ETH Zürich, Nr. 8665, 1988

5 Dynamik des starren Rotors

5.1 Übersicht

Der Abschnitt 5 über die Dynamik des starren Rotors gibt die grundlegenden mechanischen Eigenschaften der Regelstrecke bei der aktiven magnetischen Lagerung eines Rotors an, stellt mathematische Methoden zur Berechnung vor, und weist auf Gesetzmäßigkeiten und physikalische Grenzen im Verhalten hin. Die Rotordynamik ist ein anspruchsvolles Teilgebiet der *Maschinendynamik*. Zum einen bezieht sie sich auf klassische Ergebnisse der Schwingungstheorie und der Kreiselmechanik und erklärt von daher Begriffe wie *Eigenschwingungen*, *Gleich- und Gegenlauf*, *kritische Drehzahlen*, oder *Nutation* und *Präzession* Zum andern treten in der Praxis der Rotordynamik immer wieder Fragen der physikalischen und der mathematischen Modellierung auf bei Phänomenen, die das Betriebsverhalten von technischen Rotoren oft entscheidend beeinflussen. Dazu gehören die nichtkonservative Interaktion von Strömungskräften mit dem Rotor bei Arbeitsprozessen von Turbomaschinen oder bei Dichtungen und Spalten, die Prozeßkräfte bei Werkzeugmaschinen, z.B. beim Fräsen und Schleifen, oder auch elektromagnetische Kräfte beim Antrieb. Das sind Gebiete, die Themen aktueller Forschung sind, und wo Magnetlager zur Aufklärung der Phänomene und zu ihrer Beherrschung beitragen können.

5.2 Trägheitseigenschaften

Ziel des Abschnittes ist es, die Trägheitseigenschaften eines starren Körpers bei Drehbewegungen so zu beschreiben, wie sie für die Rotordynamik benötigt werden. Grundlagen dazu finden sich z.B. bei Magnus /MAGN 71/ oder Ziegler /ZIEG 77/. Darüber hinausgehende Zusammenhänge sind z.B. bei Kane/Levinson /KALE 85/ dargestellt.

Die Trägheitseigenschaften eines starren Körpers bei Drehbewegungen werden durch 6 Massenmomente 2. Ordnung, die sog. *Trägheitsmomente*, gekennzeichnet. Ausgedrückt in den Koordinaten eines körperfesten Koordinaten-Systems P-xyz (Bild 5.1) lauten die Massenträgheitsmomente und die Deviationsmomente

$$I_x = \int (y^2 + z^2)\,dm \qquad I_{yz} = \int yz\,dm$$

$$I_y = \int (z^2 + x^2)\,dm \qquad I_z = \int zx\,dm$$

$$I_z = \int (x^2 + y^2)\,dm \qquad I_{xy} = \int xy\,dm \tag{5.1}$$

Dabei gelten die folgenden "Dreiecksungleichungen", die sehr nützlich sein können bei der Überprüfung von experimentell oder numerisch gewonnenen Daten über Trägheitsmomente:

$$I_x + I_y \geq I_z, \quad I_y + I_z \geq I_x, \quad I_z + I_x \geq I_y$$

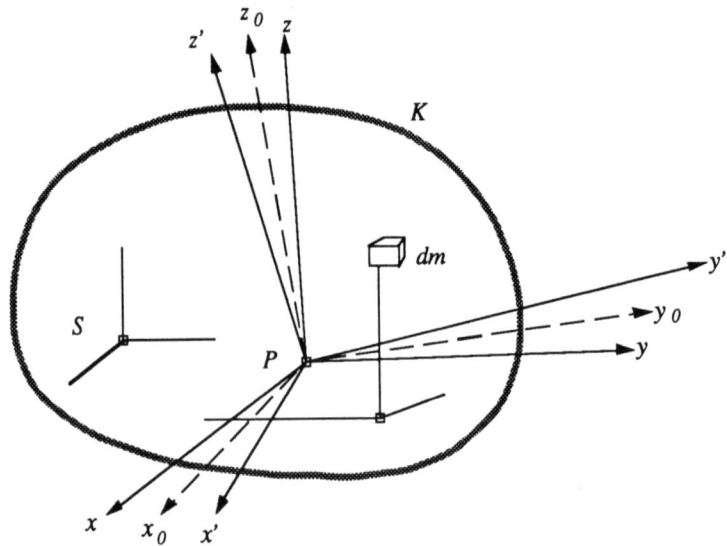

Bild. 5.1 Zur Definition der Massenträgheitsmomente

5.2 Trägheitseigenschaften

Für eine dünne, massebehaftete Scheibe, z.B. mit der z-Achse als Rotationsachse, gilt $I_x + I_y = I_z$. Die Trägheitsmomente bilden die Elemente eines symmetrischen Trägheitstensors und lassen sich in der bekannten Matrizenschreibweise darstellen

$$I_p = \begin{bmatrix} I_x & -I_{xy} & -I_{zx} \\ & I_y & -I_{yz} \\ \text{symm} & & I_z \end{bmatrix} \qquad (5.2)$$

Bei einer *Änderung des Bezugspunktes P* oder bei einer Verdrehung des Koordinatensystems im Körper ändert sich der Trägheitstensor. Bei einer Parallelverschiebung des Bezugssystems um *(a,b,c)* vom Massenmittelpunkt S nach P erhält man

$$\begin{aligned} I_x &= I_{sx} + m(b^2 + c^2) & I_{yz} &= I_{syz} + mbc \\ I_y &= I_{sy} + m(c^2 + a^2) & I_{zx} &= I_{szx} + mca \\ I_z &= I_{sz} + m(a^2 + b^2) & I_{xy} &= I_{sxy} + mab \end{aligned} \qquad (5.3)$$

Bei einer Verdrehung des Koordinatensystems *P-xyz* in die neue Lage *P-x'y'z'*, gekennzeichnet durch die Transformationsmatrix *T* /KALE 85, ZURM 64/, lautet der neue Trägheitstensor

$$I_{P'} = T\, I_P\, T^T \quad \text{mit} \quad [x, y, z]^T = T[x', y', z']^T \qquad (5.4)$$

Es gibt ganz bestimmte Koordinatenrichtungen $P\text{-}x_0 y_0 z_0$, bei denen der Trägheitstensor Diagonalform annimmt

$$I_{P0} = \begin{bmatrix} I_{x0} & 0 & 0 \\ 0 & I_{y0} & 0 \\ 0 & 0 & I_{z0} \end{bmatrix} \qquad (5.5)$$

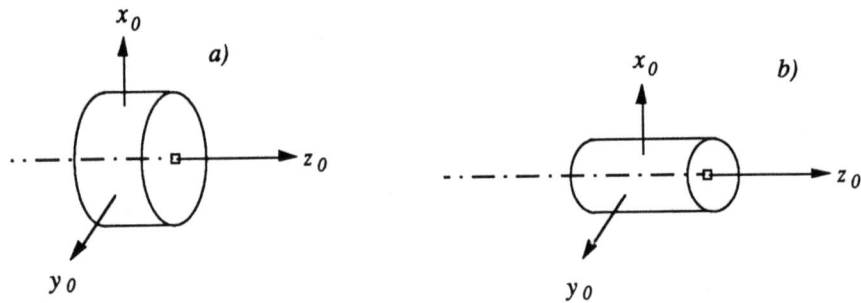

Bild 5.2 Symmetrische Rotoren a) abgeflacht mit $I_{x0} = I_{y0} < I_{z0}$, b) gestreckt mit $I_{x0} = I_{y0} > I_{z0}$

Diese ausgezeichneten Koordinatenachsen sind die *Hauptträgheitsachsen*. Die entsprechenden Trägheitsmomente heißen *Hauptträgheitsmomente*. Weist ein homogener Körper Symmetrieeigenschaften auf, dann sind die Symmetrieachsen auch Hauptträgheitsachsen (Bild 5.2).

Diese Zusammenhänge werden im folgenden an einem *technischen Beispiel* nochmals verdeutlicht. Am Umfang einer an sich symmetrischen Zentrifugentrommel (Bild 5.3) wird eine kleine Zusatzmasse, eine Unwucht angebracht. Als Folge davon verschiebt sich der Massenmittelpunkt um die Exzentrizität *e*. Die Haupt(trägheits)achse, die ursprünglich mit der geometrischen Symmetrieachse zusammenfiel, hat sich um den Winkel ε geneigt. Diese beiden Größen, *e* und ε, kennzeichnen eine statische und eine dynamische Unwucht des Rotors (siehe auch Kapitel 5.5). Bei einer Drehung des Rotors um die z-Achse werden diese Unwuchten Rüttelkräfte und Rüttelmomente im Lager hervorrufen. Im folgenden wird zunächst die massengeometrische Auswirkung dieser Zusatzmasse bestimmt. Im ungestörten Zustand liege der Massenmittelpunkt des Rotors mit der Masse *m* in O, der Trägheitstensor im O-xyz Koordinatensystem sei für den symmetrischen Rotor ($I_x = I_y$)

$$I_O = \begin{bmatrix} I_x & 0 & 0 \\ 0 & I_x & 0 \\ 0 & 0 & I_z \end{bmatrix} \qquad (5.6)$$

5.2 Trägheitseigenschaften

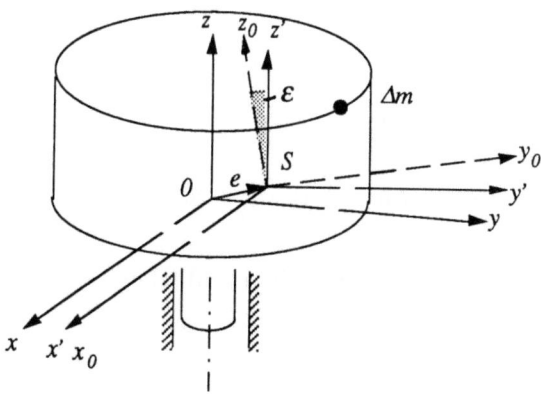

Bild 5.3 Zentrifugentrommel mit kleiner Unwucht

Die Zusatzmasse Δm mit $\Delta m \ll m$ werde im Abstand $(0,b,c)$ angebracht und bewirkt eine kleine Verschiebung e des Massenmittelpunktes

$$e = [e_x, e_y, e_z]^T = [x_s, y_s, z_s]^T = \left[0, \frac{\Delta m}{m} b, \frac{\Delta m}{m} c\right]^T \tag{5.7}$$

Der Trägheitstensor des gestörten Rotors im $O\text{-}xyz$ System ist nun

$$I_O + \Delta I = \begin{bmatrix} I_x & 0 & 0 \\ 0 & I_x & 0 \\ 0 & 0 & I_z \end{bmatrix} + \begin{bmatrix} b^2+c^2 & 0 & 0 \\ 0 & c^2 & -bc \\ 0 & -bc & b^2 \end{bmatrix} \Delta m \tag{5.8}$$

Es ist zweckmäßig, eine Parallelverschiebung des Koordinatensystems von O zum neuen Massenmitttelpunkt S vorzunehmen, da für diesen speziellen Bezugspunkt die Bewegungsgleichungen einfacher aufzustellen sind. Dann wird der Trägheitstensor im $S\text{-}x'y'z'$ System

$$I_s = \begin{bmatrix} I_{sx} & 0 & 0 \\ 0 & I_{sy} & -I_{syz} \\ 0 & -I_{syz} & I_{sz} \end{bmatrix} \tag{5.9}$$

mit

$$I_{sx} = \left[I_x + (b^2 + c^2)\Delta m\right] - (m + \Delta m)(y_s^2 + z_s^2) \approx I_x$$

$$I_{sy} \approx I_x \quad , \quad I_{sz} \approx I_z \tag{5.10}$$

$$I_{syz} = \Delta mbc - (m + \Delta m) y_s z_s \approx \Delta mbc = I_{yz}$$

Falls die Unwuchten hinreichend klein sind ($\Delta m << m$, $I_{yz} << I_x$); vereinfacht sich der Trägheitstensor also zu

$$I_s \approx \begin{bmatrix} I_x & 0 & 0 \\ 0 & I_x & -I_{yz} \\ 0 & -I_{yz} & I_z \end{bmatrix} \tag{5.11}$$

Die Drehachse z und die dazu parallele Achse z' sind wegen $I_{yz} \neq 0$ keine Hauptachse mehr. Die neue Hauptachse z_0 ist um den Winkel ε verdreht, wobei

$$\tan 2\varepsilon = \frac{2 I_{yz}}{I_z - I_x} \tag{5.12}$$

(Beweis: Man berechne das Deviationsmoment $I_{yz} = \int yz\, dm$ und bestimme den Winkel ε, bei dem es verschwindet). Aus dieser Beziehung läßt sich sofort eine für die Praxis nützliche Folgerung ziehen. Die Neigung der Hauptachse gegenüber der Drehachse, d.h. die Empfindlichkeit gegenüber dynamischen Unwuchten, wird besonders groß sein, wenn die Trägheitsmomente um die Drehachse und um die Querachse gleich sind ($I_x = I_z$). Eine solche Bauform ist also zu vermeiden, wenn ein besonders ruhiger Lauf angestrebt wird.

5.3 Eigenschwingungen bei elastischer Lagerung

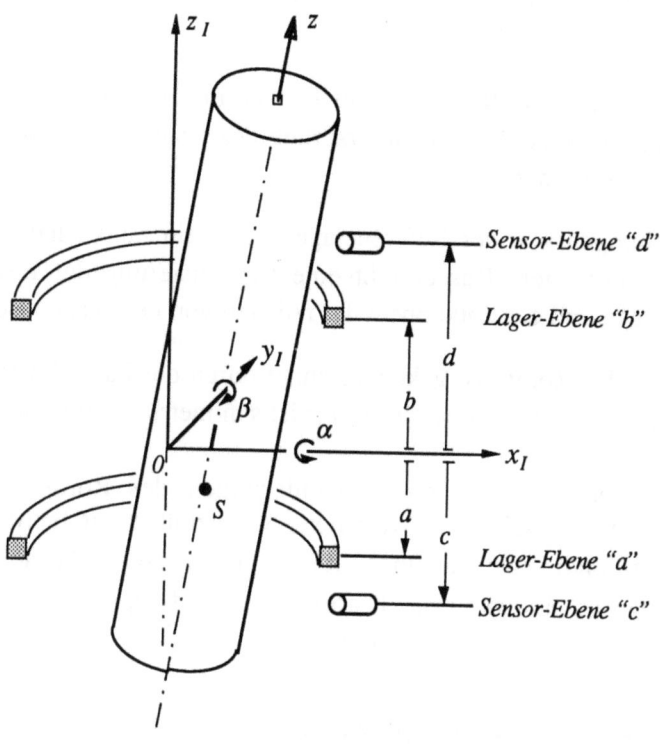

Bild 5.4 Starrer Rotor in zwei Radiallagern. Die Lagerabstände sind negativ, falls sie in negative Koordinatenrichtungen fallen /BLEU 84/

5.3 Eigenschwingungen bei elastischer Lagerung

Modell und Bewegungsgleichungen

Der Rotor von Bild 5.4 ist in zwei Lagern radial gelagert. Unter entsprechenden Voraussetzungen kann die axiale Lagerung unabhängig von der radialen ausgelegt werden, und sie wird deshalb hier nicht betrachtet. Die radialen Lagerkräfte u_f seien zunächst allgemein durch vier Steuerkräfte repräsentiert, die in den Lagerebenen in den x_I- und y_I-Richtungen wirken

$$u_f = \begin{bmatrix} f_{ax} & f_{bx} & f_{ay} & f_{by} \end{bmatrix}^T \tag{5.13}$$

Die Voraussetzungen, unter denen die Bewegungsgleichungen aufgestellt werden, sind die folgenden:

- In der nominalen Referenzlage des Rotors, in seiner Ruhelage, fällt der Massenmittelpunkt S mit dem Ursprung des festen Koordinatensystems $O\text{-}x_I y_I z_I$ zusammen.

- Abweichungen von der Referenzlage sind klein im Verhältnis zu den Rotorabmessungen. Das erlaubt eine Linearisierung der Bewegungsgleichungen und ein Entkoppeln der radialen von der axialen Bewegung.

- Die Lage des Rotors ist gekennzeichnet durch die Lage des rotorfesten Hauptachsensystems $S\text{-}xyz$, der Rotor ist symmetrisch und starr.

Wir beschreiben die kleinen Lageänderungen des Rotors durch die Auslenkungen x_s, y_s seines Schwerpunkts S gegenüber der Inertialreferenz $O\text{-}x_I y_I z_I$ und durch seine Neigungen α, β um die x_I- und y_I-Achse. Die konstante Drehgeschwindigkeit des Rotors um seine Längsachse z sei Ω. Die Bewegungsgleichungen für die Variablen

$$z = [z_1, z_2, z_3, z_4]^T = [\beta, x_s, -\alpha, y_s]^T \quad (5.14)$$

folgen z.B. aus den Lagrange'schen Gleichungen

$$\frac{d}{dt}(\frac{\partial T}{\partial \dot{z}_i}) - \frac{\partial T}{\partial z_i} = Z_i \quad (5.15)$$

mit der Bewegungsenergie T und den verallgemeinerten Kräften Z_i. Die Bewegungsenergie T ist

$$T = \frac{1}{2} m (\dot{x}^2 + \dot{y}^2 + \dot{z}^2) + \frac{1}{2} (I_{x0} \omega_{x0}^2 + I_{y0} \omega_{y0}^2 + I_{z0} \omega_{z0}^2) \quad (5.16)$$

wo die Drehgeschwindigkeiten im rotorfesten $S\text{-}xyz$ System ausgedrückt sind

$$\omega = \begin{bmatrix} \omega_{x0} \\ \omega_{y0} \\ \omega_{z0} \end{bmatrix} = \begin{bmatrix} \dot{\alpha} \cos \Omega t & + & \dot{\beta} \sin \Omega t \\ -\dot{\alpha} \sin \Omega t & + & \dot{\beta} \cos \Omega t \\ \Omega & + & \dot{\alpha}\beta \end{bmatrix} \quad (5.17)$$

5.3 Eigenschwingungen bei elastischer Lagerung

Die verallgemeinerten Kräfte Z_i hängen von den Lagerkräften u_f von Gl. (5.13) ab

$$\begin{bmatrix} Z_1 \\ Z_2 \\ Z_3 \\ Z_4 \end{bmatrix} = Z = \tilde{B}\, u_f, \qquad \tilde{B} = \begin{bmatrix} a & b & 0 & 0 \\ 1 & 1 & 0 & 0 \\ 0 & 0 & a & b \\ 0 & 0 & 1 & 1 \end{bmatrix}$$

(5.18)

Damit ergeben sich die *Bewegungsgleichungen* in der Form

$$M\ddot{z} + G\dot{z} = Z$$

$$M = \mathrm{diag}[I_{x0},\, m,\, I_{x0},\, m], \qquad G = \begin{bmatrix} 0 & 0 & 1 & 0 \\ 0 & 0 & 0 & 0 \\ -1 & 0 & 0 & 0 \\ 0 & 0 & 0 & 0 \end{bmatrix} I_{z0}\, \Omega$$

(5.19)

Die Kreiseleffekte sind typischerweise durch eine schiefsymmetrische Matrix charakterisiert, die Kreiselmatrix $G = -G^T$, welche die Rotordrehzahl Ω als linearen Faktor enthält.

In den Bewegungsgleichungen (5.19) ist die Art der *Lagerkräfte Z* noch nicht spezifiziert. Bevor wir sie als aktive, geregelte Magnetkräfte betrachten - das wird in Kapitel 6 geschehen - wollen wir feststellen, wie sich der Rotor in einer klassischen elastischen Lagerung verhalten würde. Deshalb nehmen wir im folgenden an, daß die Lagerkräfte u_f proportional zu den Auslenkungen an den Lagerstellen sind. Die Lagersteifigkeit k sei der Einfachheit halber an allen Lagerstellen gleich groß, so daß sich die folgenden Zusammenhänge für die Lagerkräfte einstellen

$$u_f = -k \begin{bmatrix} a & 1 & 0 & 0 \\ b & 1 & 0 & 0 \\ 0 & 0 & a & 1 \\ 0 & 0 & b & 1 \end{bmatrix} z,$$

$$Z = \tilde{B}\, u_f = -k \begin{bmatrix} a^2+b^2 & a+b & 0 \\ a+b & 2 & \\ & & \text{-- --} \\ 0 & & \text{-- --} \end{bmatrix} z = -K z$$

(5.20)

Damit erhalten die Bewegungsgleichungen schließlich die Form

$$M\ddot{z} + G\dot{z} + Kz = 0, \quad z = [\beta, x_s, -\alpha, y_s]^T \quad (5.21)$$

Im allgemeinen werden die translatorischen Freiheitsgrade x_s, y_s und die Drehfreiheitsgrade α, β gekoppelt sein. Darüber hinaus sind infolge der Rotordrehung die Bewegungen in der $x_I z_I$-Ebene mit denen der $y_I z_I$-Ebene gekoppelt, falls $\Omega \neq 0$ ist.

Stabilität der Bewegung

Bewegungsgleichungen der Form (5.21) wurden in der Literatur ausführlich untersucht, auch im Hinblick auf die Stabilität ihrer Lösungen. Dazu ist es nicht nötig, die Lösung z(t) explizit abzuleiten; es genügt bereits, die Strukturmatrizen in Gl. (5.21) genauer zu betrachten /MAGN 71, MUEL 77, MUSL 76/. Die Strukturmatrizen kennzeichnen die Massen- und Steifigkeitsverteilung in dem mechanischen System, und sie haben bestimmte Symmetrie- und Definitheitseigenschaften /ZURM 64/. Die Massenmatrix ist symmetrisch und positiv definit, $M = M^T > 0$; die Kreiselmatrix ist schiefsymmetrisch, $G = -G^T$; die Steifigkeitsmatrix ist symmetrisch, $K = K^T$. Das System (5.21) ist konservativ, d.h., es weist keine Energiedissipation auf, und damit ist es grenzstabil, falls die Steifigkeitsmatrix $K > 0$, also falls es statisch stabil ist. Ein solches System läßt sich durch Kreiselkräfte nicht destabilisieren, es wird also bei jeder Drehzahl Ω stabil bleiben.

Ein übliches Modell für die nicht fremderregten Bewegungen eines Rotorsystems ist, etwas erweitert gegenüber (5.21), das homogene, lineare System von Schwingungsgleichungen

$$M\ddot{z} + (G+D)\dot{z} + (K+N)z = 0 \quad (5.22)$$

Neu hinzugekommen sind die Dämpfungsmatrix $D = D^T \geq 0$ und die Matrix der nichtkonservativen Lagerkräfte $N = -N^T$. Für $N \equiv 0$ ist die Lösung asymptotisch oder zumindest grenzstabil, falls das System statisch stabil ist,

5.3 Eigenschwingungen bei elastischer Lagerung

unabhängig davon wie groß die Dämpfung ist. Dagegen können die nichtkonservativen Lagerkräfte sowohl stabilisierend als auch destabilisierend wirken (siehe auch Abschnitt 5.4); eine Stabilitätsuntersuchung muß sich hier auf die explizite Berechnung der Eigenwerte abstützen.

Eigenschwingungen

Die Lösungen des Systems (5.21) von linearen, homogenen Differentialgleichungen für ein ungedämpftes mechanisches Schwingungssystem werden harmonische Schwingungen sein mit Amplituden, die von den Anfangsbedingungen abhängen /MUSL 76, MUEL 81/. Das vorliegende System 8. Ordnung hat als Lösung 4 charakteristische Eigenschwingungen, deren Merkmale, die *Eigenfrequenzen* und die *Schwingungsformen*, aus den Eigenwerten folgen. Doch schon bei diesem technisch einfachen Beispiel sind die Eigenwerte nicht mehr analytisch bestimmbar. Einfach zu übersehende, sinnvolle Grenzfälle dagegen erhalten wir für den freien Rotor, wo die Lagersteifigkeit $k \equiv 0$ ist und für den nichtdrehenden Rotor mit $\Omega \equiv 0$.

Beim *freien Rotor* ($k \equiv 0$) sind Rotation und Translation entkoppelt, und es folgen die Eigenfrequenzen

$$\omega_1 \ldots, \omega_3 = 0 \ , \quad \omega_4 = \omega_N = \Omega I_{z0} / I_{x0} \tag{5.23}$$

Die drei Null-Eigenfrequenzen kennzeichnen die beiden sog. Starrkörperbewegungen der Translation und eine Rotationsbewegung. Die vierte Eigenfrequenz ω_N gehört zur Eigenschwingung der Nutation. Diese Nutationsfrequenz wird dann gleich der Rotorfrequenz Ω, wenn $I_{x0} = I_{z0}$. Bekanntlich ist eine solche Übereinstimmung der Eigenfrequenz mit der Rotordrehfrequenz, einer potientiellen Störfrequenz, höchst unerwünscht, da sich hier der Fall einer Dauerresonanz einstellen könnte. Das wird im Kapitel 5.6 über kritische Drehzahlen genauer behandelt werden. Anzumerken ist, daß bei einem scheibenförmigen Rotor wegen ($I_{x0} < I_{z0}$) immer $\omega_N > \Omega$ ist, und deshalb kann hier nie eine Resonanz mit der Nutationsfrequenz auftreten.

Beim *nichtdrehenden Rotor* ($\Omega \equiv 0$) zerfällt das Gleichungssystem (5.21) in zwei unabhängige, gleiche Teile, d.h., die Eigenschwingungen in der xz- und in der yz-Ebene sind gleich und entkoppelt. Falls außerdem die beiden Lager symmetrisch angeordnet sind ($a = -b$), dann werden die Eigenschwingungen in jeder Ebene zu reinen Translationsschwingungen in x_I-

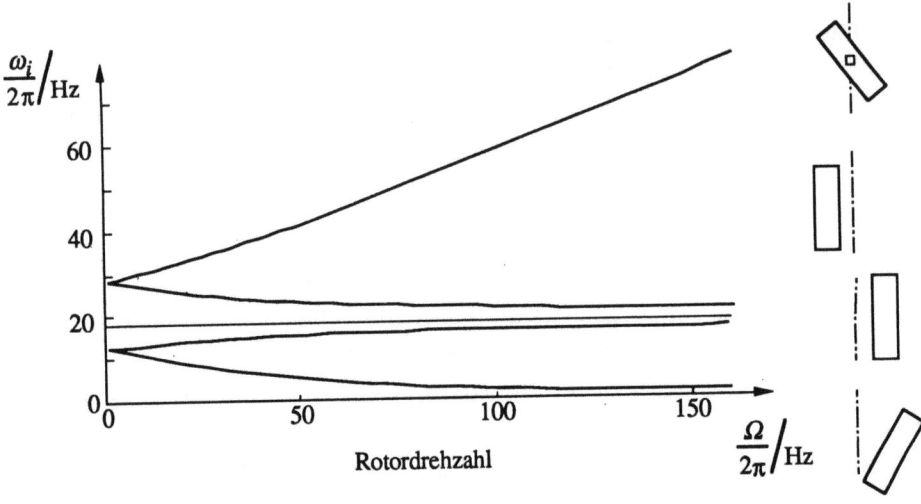

Bild 5.5 Verlauf der Eigenwerte in Abhängigkeit von der Rotordrehzahl bei einem elastisch gelagerten, starren Rotor. Am rechten Rand sind die zugehörigen Eigenformen in ihrer typischen Gestalt skizziert ($m = 10$ kg, $I_{x0} = 1$ kgm², $I_{z0} = 0.1$ kgm², $a = 0.33$ m, $b = -0.15$ m, $k = 200$ N/mm)

bzw. y_I-Richtung mit der Frequenz $\omega_T = \sqrt{2k/m}$ und zu reinen Drehschwingungen um die Winkel β bzw. α mit der Frequenz

$$\omega_D = \sqrt{2ka^2/I_{x0}}. \tag{5.24}$$

Für einen speziellen Parametersatz ist der Verlauf der Eigenwerte, und auch die zugehörigen Eigenformen, in Bild 5.5 in Abhängigkeit von der Rotordrehzahl aufgetragen. Der Einfluß der Rotordrehzahl äußert sich in einer typischen Weise, und darauf wird im nächsten Abschnitt ausführlicher eingegangen.

5.4 Einfluß der Rotordrehung

Kreiseldynamik

Die grundlegenden Unterschiede zwischen dem dynamischen Verhalten eines nichtdrehenden Körpers und dem eines drehenden Körpers liegen in den Kreiseleigenschaften. Die Unterschiede lassen sich im Verhalten des freien Rotors gegenüber einer stoßartigen Störung einfach zeigen. Diese stoßartige Störung setze sich aus einem Kraftstoß und einem Momentenstoß zusammen.

Wenn eine stoßartig wirkende *Kraft F* auf eine Masse *m* ausgeübt wird, dann ändert sich der *Impuls* während der als sehr kurz angenommenen Stoßzeit um den Wert $\Delta p = \int F dt$, und nach dem Newtonschen Gesetz bewegt sich damit der Massenmittelpunkt mit der Geschwindigkeit $\Delta p/m$ aus seiner anfänglichen Ruhelage heraus in Richtung der wirkenden Kraft. Das heißt, die Auslenkung des Rotors gegenüber einer raumfesten Referenzlage wird infolge dieser Störung linear mit der Zeit zunehmen, unabhängig davon ob der Rotor dreht oder nicht dreht.

Der *Momentenstoß* dagegen, erzeugt z.B. durch das Kräftepaar von Bild 5.6, entspricht einer Änderung des *Drehimpulses* $\Delta L = \int M dt$. Der ursprüngliche Drehimpuls des Rotors ist $L_0 = I_{z0} \Omega$, wenn der Rotor mit der Drehgeschwindigkeit Ω um seine Hauptachse z_0 dreht. Dieser urprüngliche Drehimpuls L_0 ändert also seine Größe und seine Richtung und geht infolge des Momentenstoßes über in L_1. Die kleine Änderung seiner Größe bedeutetet nur, daß sich die Drehzahl Ω des Rotors geringfügig ändert. Die Richtungsänderung dagegen ist von größerer Bedeutung. Die Auswirkung ist in Bild 5.6 skizziert und wird im folgenden genauer beschrieben. Der Rotor drehe anfänglich um die raumfeste Achse z_I, und seine körperfeste Hauptachse z_0 falle mit dieser raumfesten Achse zusammen. In diesem Fall spricht man von einer *permanenten Drehung*: Hauptachse, Drehachse und Drehimpulsachse fallen zusammen. Der Momentenstoß erzeugt dann eine sprungförmige Änderung des Drehimpulsvektors von L_0 nach L_1. Die Rotorachse ändert dagegen ihre Lage während der kurzen Stoßzeit nicht, so daß nach Aufhören des Stoßes Rotorachse und Drehimpulsachse verschiedene Richtungen haben.

Die dadurch eingeleitete sichtbare Bewegung der Rotorachse ist eine *Nutation*, bei der die Rotorachse die raumfeste neue Richtung der Drehimpulsachse umtanzt. Das geschieht bei dem hier vorliegenden symmetrischen Rotor auf einem Kreiskegel, dessen Öffnungswinkel aus $\tan \varepsilon = \Delta L / L_1$ folgt. Die Rotorachse des drehenden Rotors ist also im Mittel um diesen Winkel ε ausgelenkt worden. Die Auslenkung ist umso kleiner, je schneller der Rotor dreht. Durch seine Eigendrehung wird er also "steif" gegenüber Störungen durch angreifende Momente.

Die genannte kegelförmige Bewegung äußert sich in Gl. (5.21) darin, daß die Winkelbewegungen α, β des Rotors über die Kreiselmatrix G gekoppelt sind. Sobald also der Rotor dreht ($\Omega \neq 0$), werden $\alpha(t)$ und $\beta(t)$ nicht mehr unabhängig voneinander seien. Die resultierende "Wirbelbewegung" wird im nächsten Abschnitt charakterisiert werden.

Gleichlauf, Gegenlauf

In Kapitel 5.2 hatten wir die Eigenschwingungen des mechanischen Schwingers nach Gl. (5.21) betrachtet. Es ist sinnvoll, diese Eigenschwingungen in einen Bezug zur Rotordrehung zu bringen.

Die typischen Eigenschwingungsformen des Gleichlaufs und des Gegenlaufs kennzeichnen eine "Wirbelbewegung" der Rotorachse, die dabei gleich- oder gegensinnig zur Rotordrehung Ω umläuft. Die Information über Gleich- oder Gegenlauf ist deshalb von Bedeutung, da der Rotor im Betrieb vor allem harmonischen Anregungen durch Unwuchten ausgesetzt ist

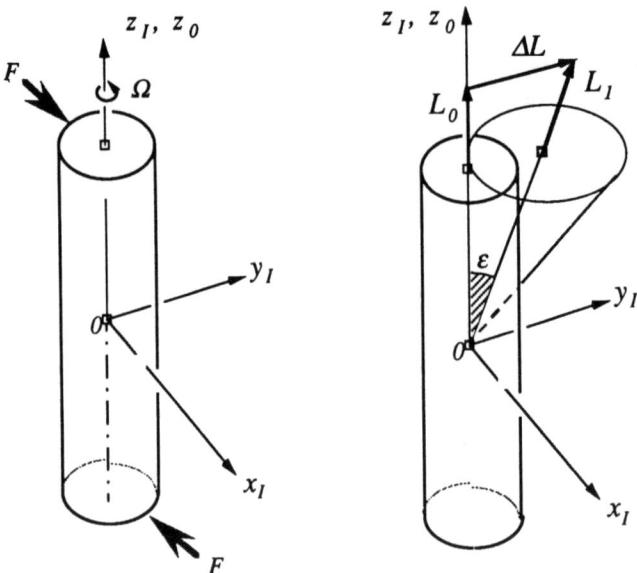

Bild 5.6 Ein Momentenstoß auf den Rotor, z.B. durch das kurzzeitig wirkende Kräftepaar F, F führt auf eine Richtungsänderung der Drehimpulsachse und eine Nutationsbewegung der Rotorachse

5.4 Einfluß der Rotordrehung

(s. Abschnitt 5.6), die eben nur die im gleichen Sinne wie der Rotor umlaufenden Eigenschwingungen, also gleichläufige, anregen und Resonanzen hervorrufen können. Der Umlaufsinn dieser "Wirbelbewegung" ist im folgenden durch das Vorzeichen des imaginären Eigenwertes gekennzeichnet. Bei positivem Vorzeichen hat die zugehörige Eigenbewegung den gleichen Umlaufsinn wie die Rotordrehung Ω, und man spricht von *Gleichlauf*. Bei negativem Vorzeichen liegt *Gegenlauf* vor.

Verhalten bei hoher Rotordrehzahl

Um das dynamische Verhalten des Rotors bei hoher Drehzahl Ω kennenzulernen, betrachten wir den asymptotischen Verlauf der Eigenwerte in Abhängigkeit von Ω. Wir werden dadurch Nutations- und Präzessionsfrequenzen unterscheiden, die sich mit der Rotordrehzahl verändern, und Pendelfrequenzen, die weitgehend von der Drehzahl unabhängig sind. Auch Aussagen über die Eigenbewegungen des Gleich- und Gegenlaufs werden auf diese Weise möglich sein. Allgemeine Überlegungen dieser Art zum Verhalten von Rotorsystemen sind ausführlicher enthalten in /MAGN 71, SCHW 72, MUEL 81/.

Zur Beurteilung ihres asymptotischen Verhaltens für sehr große Ω werden die Eigenwerte in *vier Gruppen* eingeteilt. Die indizierten, positiven Konstanten m, g, k kennzeichnen dabei die bei der jeweiligen Eigenschwingung massgebenden Werte für die träge Masse, die Kreiselwirkung und die Steifigkeit. Sie liegen innerhalb des Wertebereichs der jeweiligen Strukturmatrizen M, G, K und lassen sich durch Rayleigh-Quotienten abschätzen /SCHW 72, MUEL 81/. Die folgenden Beziehungen zeigen damit vor allem den Verlauf der Eigenfrequenzen bei hoher Rotordrehzahl Ω für die vier typischen Gruppen von Schwingungsformen. In dem einfachen Beispiel von Bild 5.5 entsprechen diese 4 Gruppen gerade den 4 skizzierten Eigenfrequenzen bei hoher Rotordrehzahl:

Nutationen, gleichläufige Eigenschwingungen, deren Frequenzen mit Ω zunehmen:

$$\omega_N = \Omega\, g_n / m_n \tag{5.25}$$

Für das Beispiel von Abschnitt 5.3 tritt nur eine Nutationsfrequenz auf, und diese strebt nach Gl. (5.21) dem Wert $\omega_N = \Omega I_{x0} / I_{z0}$ zu. Die Konstante

g_N zur Kennzeichnung der trägen Masse ist hier also gleich dem Verhältnis zweier Trägheitsmonente I_{x0} / I_{z0}.

Präzessionen, gegenläufige Eigenschwingungen, deren Frequenzen mit Ω abnehmen

$$\omega_P = \frac{\sqrt{k_P / m_P}}{\Omega g_P} , \qquad \lim_{\Omega \to \infty} \omega_P = 0 \tag{5.26}$$

Gleichläufige Pendelschwingungen, die Frequenzen sind von Ω unabhängig. Sie treten auf, falls die Kreiselwirkung nicht alle Freiheitsgrade erfaßt

$$\omega_{GL} = \sqrt{k_{GL} / m_{GL}} \tag{5.27}$$

Gegenläufige Pendelschwingungen, die Frequenzen sind von Ω unabhängig

$$\omega_{GG} = -\sqrt{k_{GG} / m_{GG}} \tag{5.28}$$

Wenn die Lagerkräfte nicht mehr passiv über Federn, sondern aktiv über Magnetlager aufgebracht werden, sind es letztlich diese vier Eigenschwingungsarten, die dann von einer Regelung beherrscht werden müssen. So ist es z.B. offensichtlich, daß es sehr schwierig sein wird, die aus physikalischen Gründen sehr hochfrequenten Nutationsschwingungen auszuregeln.

Die obigen Überlegungen lassen sich noch ausdehnen auf Systeme mit Dämpfung. Und es läßt sich zeigen, daß die Eigendämpfung der Präzessionsschwingung mit steigender Drehzahl abnimmt, d.h. daß der Dämpfung speziell dieser Eigenschwingung bei einer allfälligen Regelung besondere Beachtung geschenkt werden muß.

Nichtkonservative Kräfte

Auf die destabilisierenden Eigenschaften nichtkonservativer, zirkulatorischer Kräfte (innere Dämpfung, Spaltanfachung bei Turbinen, Dichtungseffekte, Prozeßkräfte beim Schleifen), die bei technischen Rotoren zu einer Selbsterregung der Rotorschwingungen führen können, sei hier besonders aufmerksam gemacht (s. auch Behandlung der Stabilität im Abschnitt 5.3). Diese nichtkonservativen Kräfte hängen entweder direkt von der Drehzahl ab oder sie setzen zu ihrer Entstehung zumindest einen drehenden Rotor voraus. Dazu existiert spezielle weiterführende Literatur /RIEG 88/.

Es ist in der Praxis der Rotordynamik häufig gar nicht einfach, solche Erscheinungen klar und eindeutig zu erkennen und zu erfassen. So treten immer wieder Fragen der physikalischen und der mathematischen Modellierung auf bei Phänomenen, die das Betriebsverhalten von technischen Rotoren oft entscheidend beeinflussen. Dazu gehören die nichtkonservative Interaktion von Strömungskräften mit dem Rotor bei Arbeitsprozessen von Turbomaschinen oder bei Dichtungen und Spalten /CHIL 92/, die Prozeßkräfte bei Werkzeugmaschinen, z.B. beim Fräsen und Schleifen, oder auch elektromagnetische Kräfte beim Antrieb. Das sind Gebiete, die Themen aktueller Forschung sind, und wo Magnetlager zur Aufklärung der Phänomene und zu ihrer Beherrschung beitragen können.

Magnetlager können in diesen Fällen auf zwei Weisen nützlich sein. Sie erlauben zum einen den Bau von Versuchsständen, wo diese nichtkonservativen Kräfte in definierter Form und getrennt von den andern Einflüssen der Lagerung gemessen werden können. Zum andern werden die Magnetlager hier nicht nur zur Erzeugung von Lagerkräften, sondern auch zur gezielten Erzeugung von Testkräften auf den drehenden Rotor verwendet. Sie ermöglichen damit eine Identifizierung der Rotordynamik, und es lassen sich unbekannte Parameter, z.B. Dämpfungsgrößen, Unwuchten /BURR 88/, Arbeitskräfte oder die Kenngrößen einer klassischen Gleitlagerung, experimentell bestimmen.

5.5 Statische und dynamische Unwucht

Zu diesem wichtigen Begriff der *Unwucht* sind in Ergänzung zum Abschnitt 5.2 über die Trägheitseigenschaften des Rotors noch einige Anmerkungen angebracht. Die Exzentrizität e und die Neigung ε der Hauptträgheitsachse (Bild 5.3) kennzeichnen eine *statische* und eine *dynamische Unwucht* des starren Rotors, wie sie in Bild 5.7 und 5.8 skizziert sind.

Der Vektor

$$U = \frac{\Delta m}{2} r, \quad r = \begin{bmatrix} r \\ 0 \\ 0 \end{bmatrix} \tag{5.29}$$

definiert die Unwucht in einer Ebene senkrecht zur Drehachse (Bild 5.9). Damit diese Unwucht um die vorgegebene Lagerachse w rotieren kann, muß eine zentrierende Kraft auf diese Unwucht wirken, die entgegengesetzt gleich groß ist wie die Fliehkraft

$$F = \Omega^2 U = [F_u, 0, 0]^T \qquad (5.30)$$

Bei statischer Unwucht lassen sich die Fliehkräfte an den beiden Teilmassen von Bild 5.7 zu einer resultierenden Trägheitskraft durch den Massenmittelpunkt S zusammenfassen. Bei der dynamischen Unwucht von Bild 5.8 sind die Fliehkräfte an den beiden Teilmassen im Abstand 2w entgegengesetzt zu einander gerichtet, d.h., es wirkt ein Moment dieser Trägheitskräfte um die v-Achse von der Größe

$$M = [0, M_v, 0]^T, \quad M_v = F_u 2\omega = u\omega \Delta m \Omega^2 = I_{xz} \Omega^2 \qquad (5.31)$$

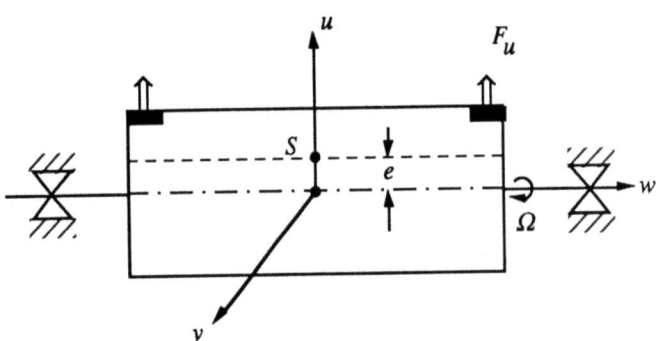

Bild 5.7 Statische Unwucht

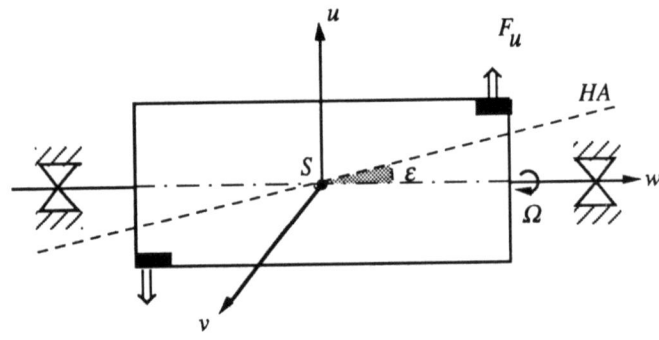

Bild 5.8 Dynamische Unwucht

5.5 Statische und dynamische Unwucht

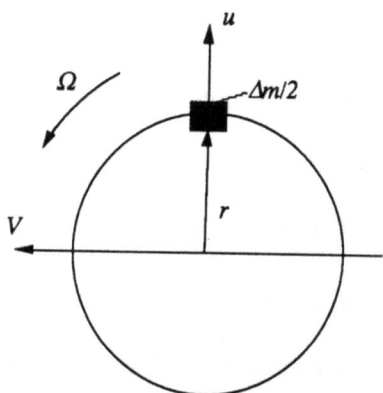

Bild 5.9 Zur Unwuchtdefinition in den körperfesten Koordinaten uvw

Von einem raumfesten Beobachter aus gesehen, übt der Rotor natürlich keine konstante Kraft und kein konstantes Moment aus, sondern Rüttelkräfte, die letztlich über die Lager auf das Gehäuse wirken. Falls die Lager elastisch aufgehängt sind, hat der Rotor Bewegungsmöglichkeiten und schwingt. Diese Schwingungen in den Lagern kann man messen, und aus der Phasenlage und der Amplitude der Schwingungen in bezug auf die Winkellage des Rotors lassen sich die Unwuchten bestimmen. Eine statische Unwucht führt auf gleichphasige Schwingungen, eine dynamische Unwucht auf gegenphasige. Damit läßt sich auch die Unwucht beseitigen durch *Auswuchten*, also das Wegnehmen oder das Hinzufügen geeigneter Massen in vorgegebenen Ausgleichsebenen.

Die erforderliche *Güte des Auswuchtens* hängt ab von dem Anwendungsbereich des Rotors und von der Drehzahl. Ein Maß für die Güte ist die Geschwindigkeit, mit der der Massenmittelpunkt um die Drehachse umläuft, also $e\Omega$ in mm/s. Eine Klassifizierung der verschiedenen Anwendungsbereiche und der entsprechenden Gütestufen sind in der VDI-Richtlinie 2060 /VDIR 66/ angegeben. Bild 5.10 zeigt einen verkürzten Ausschnitt daraus. Weitere Literatur zum großen Gebiet des Auswuchtens von starren und elastischen Rotoren ist in /FEDN 77/ und in /KELL 87/ zu finden. Eine gute Übersicht über die Messung und Beurteilung von Maschinenschwingungen generell und den Stand der Normung gibt /SCHW 91/.

Die *Verwendung von Magnetlagern* kann auch einen Beitrag zum "Auswuchten" darstellen, da es dann z.B. möglich wird, den Rotor im Luftspalt um seine Hauptachse drehen zu lassen, ihn also so zu lagern, daß keine Unwuchtkräfte mehr auf die Lager wirken. Das ist ein derzeit sehr aktuelles Forschungsgebiet, und einige der bekannten Konzepte zum "kräftefreien" Lauf werden in Kapitel 6 und in 7.3 kurz behandelt werden.

5.6 Kritische Drehzahlen

Kritische Drehzahlen bei Unwuchtanregung

Resonanzerscheinungen können bei schwingungsfähigen Rotoren zu kritischen Beanspruchungen führen. Sie treten bei ganz bestimmten Drehzahlen, den "kritischen" Drehzahlen auf. Die technisch bedeutendste Ursache dafür sind die Unwuchten. Da technische Rotoren praktisch immer kleine Restunwuchten aufweisen und diese damit die häufigste Quelle von Störungen darstellen, werden die kritischen Drehzahlen infolge von Unwuchtanregung etwas ausführlicher behandelt. Zunächst müssen wir die Unwuchten in die Bewegungsgleichungen (5.21) einbeziehen.

Die Bewegungsgleichungen werden für den Massenmittelpunkt S als Be-

Gütestufen	$\varepsilon \Omega$ mm/s	Wuchtkörper oder Maschinen
Q 6,3	6,3	Zentrifugentrommeln, Ventilatoren Schwungräder, Kreiselpumpen, normale Elektromotoren
Q 2,5	2,5	Gas- und Dampfturbinen, Turbogeneratoren, Werkzeugmaschinen-Antriebe, mittlere und größere Elektromotoren, Pumpen mit Turbinenantrieb
Q 1	1	Feinwuchtung: Schleifmaschinen-Antriebe

Bild 5.10 Klassifizierung von Anwendungsbereichen nach der dort erforderlichen Auswuchtgüte nach VDI-Richtlinie 2060 /VDIR 66/

5.6 Kritische Drehzahlen

zugspunkt formuliert, siehe auch Bild 5.11, und dazu gehen wir wieder wie in Abschnitt 5.3 von der kinetischen Energie aus

$$T = \frac{1}{2} m (\dot{x}_s^2 + \dot{y}_s^2 + \dot{z}_s^2) + \frac{1}{2} \omega^T I_s \omega \qquad (5.32)$$

Dabei ist $\dot{x}_s, \dot{y}_s, \dot{z}_s$ die Geschwindigkeit von S gegenüber dem raumfesten Bezugssystem O-$x_I y_I z_I$. Die Drehgeschwindigkeit ω des körperfesten $x'y'z'$-Systems gegenüber dem raumfesten Bezugssystem ist dieselbe wie die des körperfesten xyz-Systems, so daß ω von Gl. (5.17) übernommen werden kann. Der Trägheitstensor I_S bezüglich S-$x'y'z'$ enthält nun wegen der Unwuchten auch Deviationsmomente. Nach den Überlegungen von Abschnitt 5.2 wird

$$I_s = \begin{bmatrix} I_x & -I_{xy} & -I_{xz} \\ & I_y & -I_{yz} \\ \text{symm} & & I_z \end{bmatrix} \qquad (5.33)$$

Beim Aufstellen der Bewegungsgleichungen nach Lagrange ergeben sich wesentliche Vereinfachungen durch Linearisieren. Zusätzlich zu den Variablen und ihren Ableitungen werden auch die Unwuchten als kleine Größen behandelt. Mit den verallgemeinerten Koordinaten

$$z_s = [\beta, x_s, -\alpha, y_s]^T \qquad (5.34)$$

erhalten wir über die Lagrange Gleichung

$$\frac{d}{dt}\left(\frac{\partial T}{\partial \dot{z}_{si}}\right) - \frac{\partial T}{\partial z_{si}} = Z_i \qquad (5.35)$$

die Bewegungsgleichung. Allerdings sind wir letzten Endes mehr an der Bewegung

$$z = [\beta, x_w, -\alpha, y_w]^T \qquad (5.36)$$

des Wellenmittelpunktes W interessiert als an der des Schwerpunktes z_S. Wir müssen also noch den Abstand $WS = e = [e_x \ e_y \ e_z]^T$ mit $|e| \ll 1$ berücksichtigen:

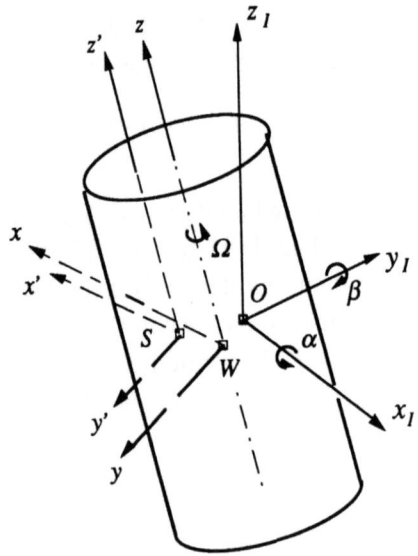

Bild 5.11 Koordinaten für den unwuchtigen Rotor

$$z_s = \begin{bmatrix} \beta \\ x_s \\ -\alpha \\ y_s \end{bmatrix} = z + \begin{bmatrix} 0 \\ e_x \cos \Omega t - e_y \sin \Omega t \\ 0 \\ e_x \sin \Omega t + e_y \cos \Omega t \end{bmatrix} \quad (5.37)$$

Und für die auf den Wellenmittelpunkt W bezogenen verallgemeinerten Kräfte gilt näherungsweise

$$Z \approx Z_s \quad (5.38)$$

Damit geht die Bewegungsgleichung (5.19) über in

$$M\ddot{z} + G\dot{z} = Z + \widetilde{V}s \quad (5.39)$$

mit

5.6 Kritische Drehzahlen

$$\widetilde{V} = \Omega^2 \begin{bmatrix} I_{yz} & I_{xz} \\ -me_y & me_x \\ I_{xz} & I_{yz} \\ me_x & me_y \end{bmatrix}, \quad s = \begin{bmatrix} \sin \Omega t \\ \cos \Omega t \end{bmatrix}$$

(5.40)

Wenn wir noch die in Z enthaltenen Lagerkräfte als elastische Kräfte betrachten, erhalten wir mit (5.20) schließlich

$$M \ddot{z} + G \dot{z} + K z = \widetilde{V} s \tag{5.41}$$

Die rechte Seite stellt also eine harmonische Anregung dar. Die Antwort auf harmonische Anregungen ist eine ebenfalls harmonische Schwingung mit derselben Frequenz, aber einer von der Anregungsfrequenz abhängigen Amplitude und Phase. Die Antwort wird charakterisiert durch den sog. *Frequenzgang* /MUSL 76/. Eine Besonderheit der Unwuchtanregung, also der Struktur von Vs, ist es, daß sie nur Eigenschwingungen anregen kann, die im gleichen Sinne wie die Rotordrehung umlaufen (Gleichlauf, s. Abschnitt 5.4). Die *Resonanzkurven* bzw. die Amplitudenfrequenzgänge zeigen denn auch, daß ein System mit n verschiedenen Eigenfrequenzen nur $n/2$ Resonanzspitzen aufweist und daß damit nur $n/2$ unwuchtbedingte, kritische Drehzahlen vorhanden sind.

Ein einfaches *Beispiel* möge das Verhalten des Wellenmittelpunktes W und des Massenmittelpunktes S bei einer Unwuchtanregung verdeutlichen. Bei einem symmetrisch gelagerten Rotor sind die Translationsbewegungen von den Neigungen entkoppelt. Die statische Unwucht von Bild 5.7 führt dann auch zu einer Vereinfachung von Gl (5.41) für die Bewegung x_W, y_W des Wellenmittelpunktes W

$$\begin{bmatrix} \ddot{x}_W \\ \ddot{y}_W \end{bmatrix} + \begin{bmatrix} \omega^2 & 0 \\ 0 & \omega^2 \end{bmatrix} \begin{bmatrix} x_W \\ y_W \end{bmatrix} = \begin{bmatrix} e \Omega^2 \cos \Omega t \\ e \Omega^2 \sin \Omega t \end{bmatrix}, \quad \omega^2 = k/m$$

(5.42)

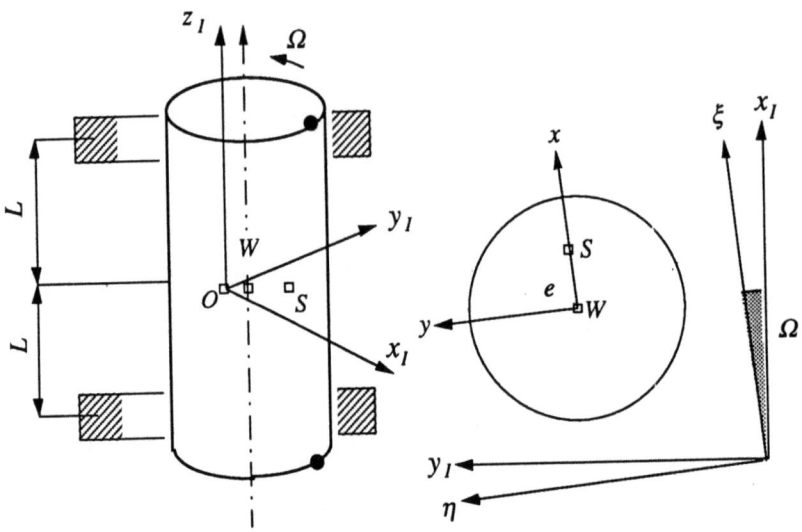

Bild 5.12 Symmetrisch gelagerter Rotor mit Anregung durch eine statische Unwucht

Für dieses einfache Beispiel läßt sich die Lösung analytisch bestimmen. Mit dem Lösungsansatz

$$x_w(t) = c \cos \Omega t$$
$$y_w(t) = s \sin \Omega t \tag{5.43}$$

erhalten wir die Schwingungsamplituden

$$c(\Omega) = s(\Omega) = e \frac{\Omega^2/\omega^2}{1 - \Omega^2/\omega^2} \tag{5.44}$$

Der Wellenmittelpunkt W bewegt sich gleichläufig auf einer Kreisbahn mit dem Radius

$$r_w(\Omega) = \sqrt{x_w^2 + y_w^2} = e \frac{\Omega^2/\omega^2}{1 - \Omega^2/\omega^2} \tag{5.45}$$

Und der Massenmittelpunkt S bewegt sich ebenfalls auf einer Kreisbahn mit dem Radius

5.6 Kritische Drehzahlen

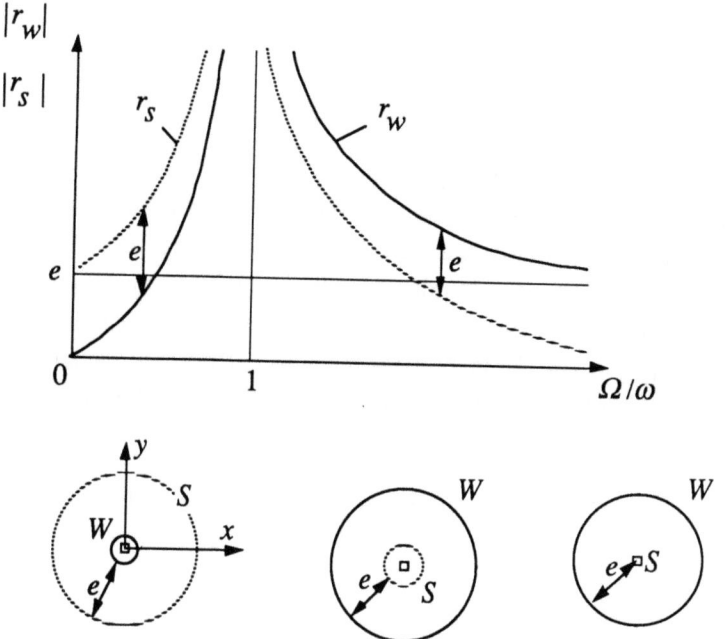

Bild 5.13 Resonanzkurven und Bahnkurven für Wellenmittelpunkt W und Schwerpunkt S.

$$r_s(\Omega) = \sqrt{x_s^2 + y_s^2} = \frac{e}{1 - \Omega^2/\omega^2}$$

mit

$$x_s(t) = x_w(t) + e \cos \Omega t = \frac{e}{1 - \Omega^2/\omega^2} \cos \Omega t$$
$$y_s(t) = y_w(t)t) + e \sin \Omega t = \frac{e}{1 - \Omega^2/\omega^2} \sin \Omega t$$
(5.46)

Das Bild 5.13 zeigt die Resonanzkurven und außerdem die Bahnkurven für W und S. Diese verdeutlichen das "Umklappen" vom unterkritischen zum überkritischen Drehzahlbereich. Für niedere Drehzahlen läuft S auf der äußeren Bahn um, und bei hoher Drehzahl dreht der Rotor um eine Achse durch S. Der Phasensprung erfolgt bei der kritischen Drehzahl. Dieses Prinzip der "Selbstzentrierung" erklärt auch, daß es wichtig ist, den Rotor auszuwuchten, d.h., W und S zusammenzulegen, wenn in allen Drehzahlbereichen ein ruhiger Lauf angestrebt wird.

Andere harmonische Anregungen

Die bei der Unwuchtanregung nicht angeregten gegenläufigen Eigenschwingungen können bei einer anders strukturierten harmonischen Anregung durchaus auch zu Resonanzen führen. Sie entstehen z.B. bei einer horizontalen Bewegung des Fundaments in x_I-Richtung mit $x_{Ae}(t) = h \sin \Omega_e t$, oder wenn auf die Rotorspitze durch eine Werkzeugbelastung eine Wechselkraft $f_x = f_0 \sin \Omega_e t$ in x_I-Richtung wirkt (Bild 5.14), oder wenn auf den Rotor Wechselkräfte durch magnetischen Zug vom Antriebsmotor her wirken.

Bei der Wechselanregung an der Rotorspitze wird die rechte Seite von Gl. (5.6.1)

$$\widetilde{V} s = f_0 \begin{bmatrix} w \\ 1 \\ 0 \\ 0 \end{bmatrix} \sin \Omega_e t$$

(5.47)

Die aus dieser Anregung resultierenden Resonanzkurven zeigen, daß die Bahnkurven eines Punktes auf der Rotorachse keine Kreise mehr sind, sondern Ellipsen.

Anregung durch andere Unsymmetrien des Rotors

Wir haben bisher stillschweigend angenommen, daß die Angriffspunkte der Lagerkräfte auf der geometrischen Symmetrieachse des Rotors liegen. Das muß bei einer konkreten Lagerung keineswegs so sein, d.h., der Rotor kann krumm sein. Bei einer magnetischen Lagerung kommt zusätzlich hinzu, daß die "magnetische Achse" des Rotors, wo die Resultierenden der magnetischen Lagerkräfte hindurchgehen, ebenso von der geometrischen Achse abweichen kann wie die "Sensorachse". Das ist die Achse, deren Bewegung von den Sensoren gemessen wird, und wo das Meßergebnis auch vom richtigen Einbau der Sensoren abhängt. Diese Abweichungen vom Idealzustand können alle zu Schwingungsanregungen des Rotors oder zu Verschiebungen seiner Drehachse führen. Modellierungen für diese Art von Anregungen fehlen noch weitgehend bei Magnetlagern.

5.6 Kritische Drehzahlen

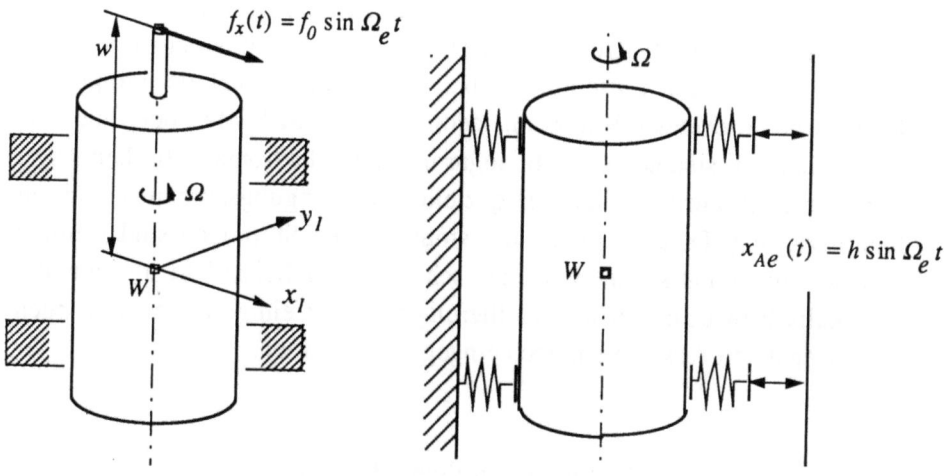

Bild 5.14 Anregung des Rotors durch Fundamentschwingungen oder durch Wechselkräfte auf ein Werkzeug an der Rotorspitze

Parametrische Anregungen

Bisher hatten wir die Bewegungsgleichungen immer als lineare Dgln. mit konstanten Koeffizienten beschrieben. In manchen technischen Rotoranwendungen genügt das nicht mehr, selbst wenn wir nur kleine Auslenkungen zulassen. Bei einer Massen- oder einer Steifigkeitsunsymmetrie in einem rotierenden System treten im allgemeinen lineare Dgln. mit periodisch zeitveränderlichen Koefffizienten auf /MUEL 81/. Das hat zur Folge, daß die Rotorbewegung in manchen Drehzahlbereichen instabil oder schlecht gedämpft sein kann. Bei einem zweipoligen Turbogenerator mit einem unsymmetrischen Querschnitt wird sowohl die Massenträgheit um die beiden Querachsen verschieden sein als auch die Steifigkeit. Bei zentrifugenähnlichen Rotoren wurden solche Effekte auch im Hinblick auf eine Magnetlagerung schon untersucht /ANTO 82/. Ähnliche, aber auch komplexere Parameteranregungen treten auf bei flüssigkeitsgefüllten Rotoren wie sie z.B. Brommundt behandelt hat /BROM 86/.

Nichtperiodische Anregungen

Von besonderem Interesse sind Einschwingvorgänge, also *nichtstationäres Verhalten* nach sehr unterschiedlichen Störungen, die durchaus auch zu kritischen Bewegungszuständen des Rotors führen können. Technische Ursachen solcher Störungen sind z.B. ein plötzlicher Schaufelverlust bei einer Strömungsmaschine /VIGG 90/ oder ein Werkzeugbruch bei einer Frässpindel, ein plötzlicher Lufteinbruch bei einer Turbomolekularpumpe, ein Kontakt des drehenden Rotors mit dem Gehäuse /SZCS 86/ oder auch ein absichtliches Testsignal, das z.B. sogar mit dem elektromagnetischen Lager selbst erzeugt werden kann, zur gezielten Schwingungsanregung und zur Identifizierung. Diese impuls- oder stoßförmigen Störungen sind weniger von der mathematischen Seite her schwierig zu behandeln als von der physikalisch mechanischen Modellierung her. Auf einige dieser Störungen wird in späteren Abschnitten noch eingegangen werden.

5.7 Festigkeitsprobleme bei hohen Drehzahlen

Ziel des nachfolgenden Abschnittes ist es, einen kurzen Überblick über die Spannungen zu geben, wie sie bei isotropen rotationssymmetrischen Rotorbauteilen infolge *Fliehkraftbeanspruchung* auftreten, sowie auf die damit in Zusammenhang stehenden *Festigkeits- und Kraftschlussprobleme* einzugehen. Ausführliche Darstellungen dazu finden sich bei Larsonneur /LARS 90/.

Eine besondere konstruktive Eigenheit magnetgelagerter Rotoren ist, daß

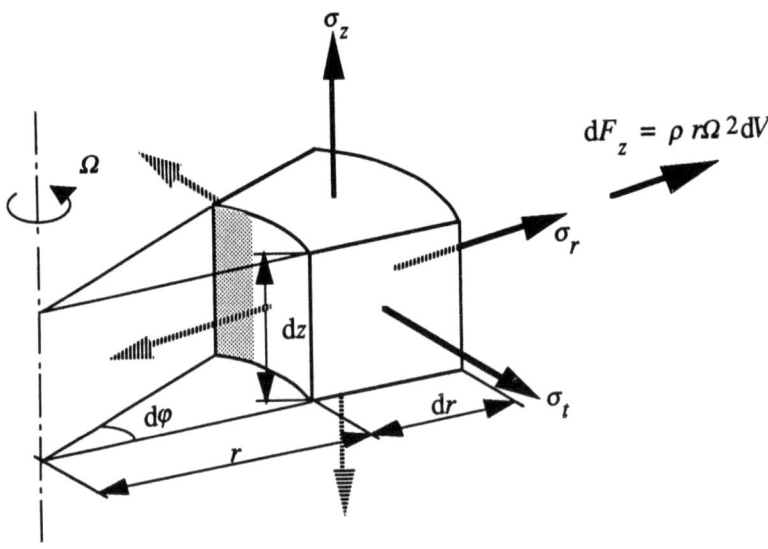

Bild 5.15 Fliehkraftbeanspruchung an einem Rotorvolumenelement

5.7 Festigkeitsprobleme bei hohen Drehzahlen

der Rotor an den Lagerstellen Pakete aus dünnen Blechen mit weichmagnetischen Eigenschaften aufweisen muß, um einerseits den magnetischen Fluß optimal zu leiten, andererseits jedoch auch die Wirbelströme möglichst klein zu halten. Diese Tatsache wirft spezifische Festigkeitsprobleme auf, die vermutlich derzeit den ansonsten sehr hohen Drehzahlbereich für magnetgelagerte Rotoren am stärksten einschränken. *Lösungsvorschläge* und *erreichbare Kennwerte* werden kurz vorgestellt.

Untersuchung des Spannungszustandes

In Bild 5.15 sind die unter der Fliehkraft dF_z an einem Rotorvolumenelement auftretenden Spannungen skizziert.

Aus Symmetriegründen hängen sämtliche Spannungen nur vom Radius r ab. Schubspannungen treten aus demselben Grunde nicht auf, sodaß die Tangentialspannung σ_t, die Radialspannung σ_r und die Axialspannung σ_z zugleich Hauptspannungen sind. Im Falle dünner Scheiben, bei welchen im Gegensatz zu langen zylindrischen Bauteilen die Querkontraktion in axiale Richtung (z-Richtung) nicht behindert ist, tritt keine Axialspannung σ_z auf, weswegen ein ebener Spannungszustand resultiert.

Aus der Formulierung des Verschiebungsfeldes, des kinematischen Zusammenhangs zwischen Verschiebungs- und Verzerrungszustand, der linearen Stoffbeziehungen und der Gleichgewichtsbedingungen kann man die Ausdrücke für die Radial- und die Tangentialspannungen finden (5.48), wobei die Spannungsrandbedingungen an den Rändern der Scheibe ebenfalls berücksichtigt werden müssen.

$$\sigma_r = \frac{1}{8}(3+\nu)\rho\,\Omega^2\,(r_i^2 + r_a^2 - \frac{r_i^2 r_a^2}{r^2} - r^2)$$

$$\sigma_t = \frac{1}{8}\rho\,\Omega^2\,[(3+\nu)(r_i^2 + r_a^2) + (3+\nu)\frac{r_i^2 r_a^2}{r^2} - (1+3\nu)r^2)] \quad (5.48)$$

Die in Gl. (5.7.1) benutzten Symbole sind die Querkontraktionszahl ν, die Dichte ρ, Innen- und Aussenradius r_i bzw. r_a, die Winkelgeschwindigkeit Ω sowie der variable Radius r.

Die zugehörigen charakteristischen Spannungsverläufe für Radial-, Tangential- und Vergleichsspannung σ_z nach Tresca (Schubspannungshypothese) sind in Bild 5.16 dargestellt. Die maximale Vergleichsspannung tritt stets am Innenrand der Scheibe auf, sodaß ein Werkstoffversagen zuerst an dieser Stelle zu erwarten ist. Bemerkenswert ist die Tatsache, daß für Scheiben mit noch so kleiner Innenbohrung am Innenrand nicht dieselben Spannungen resultieren wie für die volle Scheibe; die Vergleichsspannung hat dort stets den doppelten Wert gegenüber der Scheibe ohne Innenbohrung.

Von Interesse ist ebenfalls die Eigenschaft, daß bei gegebenem Material, gegebenem Aussenradius r_a und gegebener Winkelgeschwindigkeit Ω die maximale Vergleichsspannung am Innenrand mit kleiner werdendem Innenradius r_i der Scheibe ebenfalls abnimmt (Bild 5.17). Eine optimale Werkstoffausnutzung ergibt sich also, wenn eine Scheibe mit möglichst kleiner Innenbohrung gewählt wird.

Die letztgenannte Wahl von Rotorblechen mit möglichst kleiner Innenbohrung steht jedoch im Widerspruch zu anderen konstruktiven Erfordernissen bei magnetgelagerten Rotoren; zugunsten einer genügend hohen Rotorsteifigkeit können allzu kleine Innenbohrungen der Rotorbleche nicht realisiert werden.

5.7 Festigkeitsprobleme bei hohen Drehzahlen

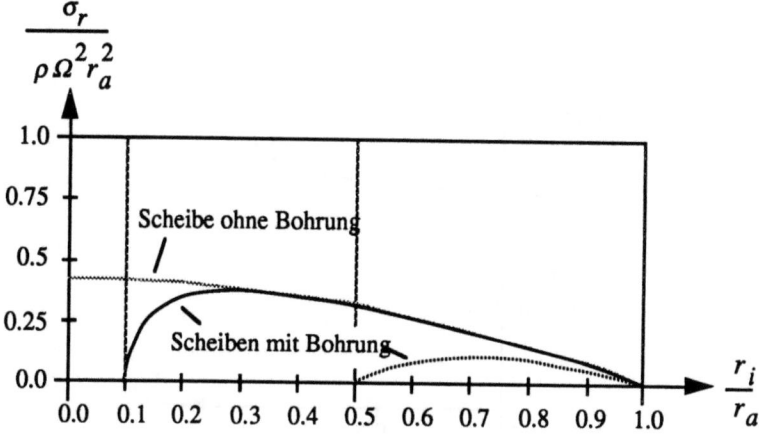

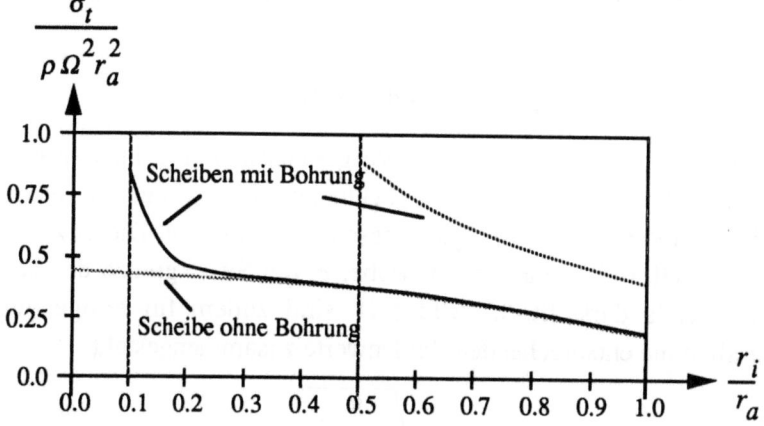

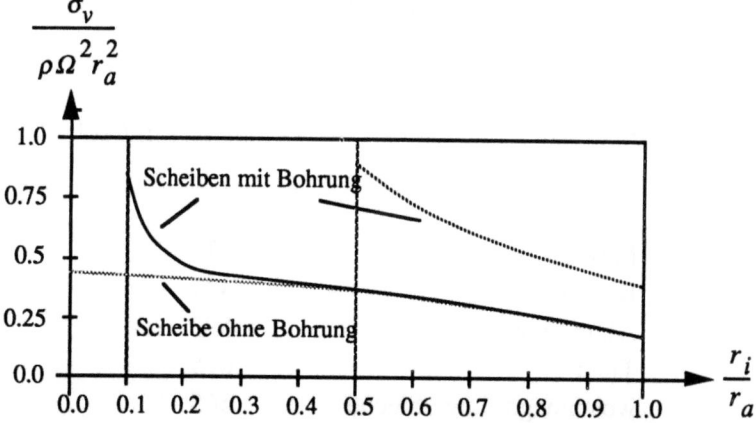

Bild 5.16 Radial-, Tangential- und Vergleichsspannungsverläufe für die dünne Scheibe mit und ohne Innenbohrung

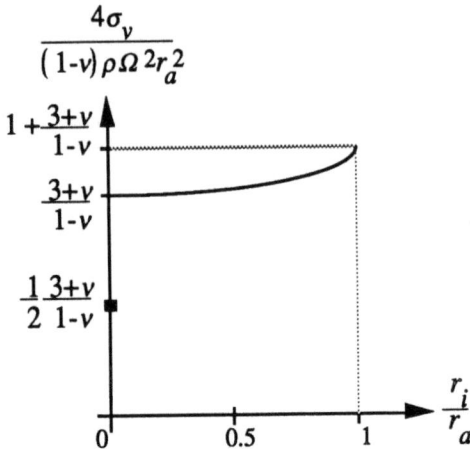

Bild 5.17 Vergleichsspannung am Innenrand für verschiedene Innenradien r_i

Erreichbare Umfangsgeschwindigkeiten

Aus der Kenntnis der maximalen Vergleichsspannung im Zentrum einer rotierenden Scheibe kann für ein gegebenes Material auf die maximal erreichbare Umfangsgeschwindigkeit geschlossen werden. Dieser Zusammenhang ist in Gl. (5.7.2) dargestellt, wobei σ_s die Streckgrenze des betreffenden Materials darstellt. In Bild 5.18 sind zudem für einige geläufige Materialien die entsprechenden Zahlenwerte zusammengestellt.

$$v_{max} = (r_a \Omega)_{max} = \sqrt{\frac{8\, \sigma_s}{(3+\nu)\, \rho}} \qquad (5.49)$$

Material	v_{max} / [m/sec]
Stahl	576
Messing	376
Bronze	434
Aluminium	593
Titan	695
weichmagn. Lagerbleche	565
amorphe Metalle	826

Bild 5.18 Erreichbare Umfangsgeschwindigkeiten

Kraftschluß bei geblechten Rotoren

Neben den eigentlichen Festigkeitsuntersuchungen ist es bei magnetgelagerten Rotoren ebenfalls sehr wichtig, auf die Kraftschlußproblematik zwischen Rotor und Blechen einzugehen.

Wie nämlich aus den Ausdrücken (5.48) hergeleitet werden kann, sind die Radialspannungen in den Rotorblechen stets positiv. Diese Eigenschaft ist ebenfalls aus Bild 5.16 ersichtlich. Da aber andererseits zwischen Rotor und Blechen im allgemeinen keine Zugspannungen übertragen werden können, muß es an diesen Stellen ohne zusätzliche Gegenmaßnahmen zum Abheben der Bleche vom Rotor und damit zum Verlust des Kraftschlusses kommen. Im Folgenden seien vier prinzipielle Möglichkeiten zur Verhinderung dieses Effekts kurz vorgestellt.

Eine erste Möglichkeit bilden sogenannte kraftschlüssige Befestigungsarten wie Verschraubung oder Verzahnung. Diese führen jedoch zu Querschnittsschwächungen und damit zu Spannungskonzentrationen, was insbesondere in hohen Drehzahlbereichen unbedingt zu verhindern ist.

Möglich ist auch das Umwickeln des geblechten Rotors mit hochfesten und leichten Faserverbundwerkstoffen. Diese von außen aufgebrachte Stützwirkung verhindert zwar ein Abheben der Lagerbleche, es resultiert jedoch unweigerlich ein vergrößerter Luftspalt zwischen Rotor und Stator, was zu einer Verminderung der Lagerkräfte führt.

Eine dritte Möglichkeit bietet eine spezielle Auswahl der Materialien und der Geometrie von Rotor und Weicheisenblechen in dem Sinne, daß sich mit steigender Drehzahl die Bleche weniger stark ausdehnen als der Rotorzentralkörper, wodurch an der Übergangsstelle zwischen Rotor und Blechen eine Druckspannung aufrecht erhalten bleibt und damit das Abheben verhindert werden kann (sog. "positiver Schrumpfgradient"). Eine in diesem Sinne technisch realisierbare Materialpaarung ist z.B. die Kombination von Messinglegierungen (Rotor) mit herkömmlichen weichmagnetischen Materialien (Bleche). Eine solche Rotorkonstruktion scheitert jedoch oft an dazu gegensätzlichen Forderungen der Gesamtrotorkonstruktion.

Eine letzte und technisch oft realisierte Konstruktionsmöglichkeit ist das Aufbringen eines Schrumpfsitzes zwischen Rotor und Lagerblechen. Die Wahl des Schrumpfmaßes macht allerdings insbesondere bei sehr schnell drehenden Rotoren Schwierigkeiten, da verschiedene sich widersprechende

Forderungen beachtet werden müssen:

Forderung nach möglichst großem Schrumpfmaß:
- Verhindern des Abhebens
- Erreichen hoher Drehzahlen

Forderung nach möglichst kleinem Schrumpfmaß:
- zusätzliche durch Aufweitung bedingte Spannungen im Rotorblech
- maximal ohne Materialzerstörung tolerierbare Temperaturdifferenz beim Aufschrumpfen
- nicht verschwindende Schrumpfspannungen im Ruhezustand

Es sind vor allem die zusätzlich durch Aufweitung hervorgerufenen Spannungen in den Rotorblechen, welche den Einsatz herkömmlicher weichmagnetischer Materialien bei dieser Konstruktionsart in hohen Drehzahlbereichen nicht zulassen. In den letzten Jahren wurden jedoch neuartige Materialien entwickelt, welche sich speziell für die Magnetlagertechnik bei hohen Drehzahlen eignen. Diese sogenannten "amorphen Metalle" oder "metallischen Gläser" zeichnen sich durch günstige Eigenschaftskombinationen wie hohe Sättigungsinduktion, hohen spezifischen elektrischen Widerstand und sehr hohe mechanische Festigkeit (bis 2000 N/mm^2) aus. Von gewissem Nachteil ist die spezielle Herstellungsform solcher Materialien – folienartige Bänder von 20-30 µ Dicke – sowie der Verlust fast aller günstigen Eigenschaften oberhalb von Temperaturen um 400-500°C, bei welchen der Übergang von der amorphen zur kristallinen Struktur stattfindet. Jedoch lassen sich mit amorphen Metallen günstige Schrumpfverbindungen herstellen, welche sowohl festigkeitsmässig als auch kraftschlußmässig den Anforderungen bei magnetgelagerten Hochgeschwindigkeitsrotoren genügen. Die in Bild 5.18 angegebenen maximalen Umfangsgeschwindigkeiten für die volle Scheibe sind hingegen, bedingt durch die Zusatzspannungen und die nicht überschreitbare Schrumpfungstemperatur, nicht mehr erreichbar: Umfangsgeschwindigkeiten bis zu etwa 300 m/sec lassen sich realisieren. Das Bild 5.19 zeigt einen Rotor (Länge 600 mm, Durchmesser der aus Folien aufgebauten Radiallager 45 mm), mit dem diese Umfangsgeschwindigkeiten erreicht wurden /LARS 90/.

5.7 Festigkeitsprobleme bei hohen Drehzahlen

Bild 5.19 Hochgeschwindigkeitsrotor mit Axiallager. Erste Anwendung amorpher Metalle für Magnetlager

Literatur

ANTO 84 Anton, E.: Stabilitätsverhalten und Regelung von parametererregten Rotorsystemen. Fortschr.-Ber. VDI-Z., Reihe 8, Nr. 67, 1984

BLEU 84 Bleuler, H.: Decentralized Control of Magnetic Bearing Systems. Diss. ETH Zürich 7573, 1984

BROM 84 Brommundt, E.; Ostermeyer, G.P.: Zur Stabilität eines flüssigkeitsgefüllten Rotors mit anisotrop elastischer Lagerung. ZAMM 66, 1986

BURR 88 Burrows, C.R.; Sahinkaya, N.; Traxler, A.; Schweitzer, G.: Design and Application of a Magnetic Bearing for Vibration Control and Stabilization of a Flexible Rotor. In Proc. First Intl. Symp. Magnetic Bearings, ETH Zürich, May 1988. Springer-Verlag, Berlin, 1988

CHIL 92 Childs, D.: Rotordynamics: Phenomena and Models, to appear 1992

FEDN 77 Federn, K.: Auswuchttechnik. Springer Verlag, Berlin, 1977

GAPF 75 Gasch, R.; Pfützner, H.: Rotordynamik. Springer-Verlag, Berlin, 1975

KALE 85 Kane, T.R.; Levinson, D.A.: Dynamics. McGraw-Hill Book Comp., New York, 1985

KELL 87 Kellenberger, W.: Elastisches Wuchten. Springer-Verlag, Berlin, 1987

LARS 90 Larsonneur, R.: Design and Control of Active Magnetic Bearing Systems for High Speed Rotation. Diss. ETH Zürich 9140, 1990

MAGN 71	Magnus, K.: Kreisel, Theorie und Anwendungen. Springer-Verlag, Berlin, 1971
MUEL 77	Müller, P.C.: Stabilität und Matrizen. Springer-Verlag, Berlin, 1977
MUEL 81	Müller, P.C.: Allgemeine lineare Theorie für Rotorsysteme ohne oder mit kleinen Unsymmetrien. Ing. Archiv 51 (1981), 61-74
MUSL 76	Müller, P.C.; Schiehlen, W.: Lineare Schwingungen. Akad. Verlagsges., Wiesbaden, 1976
SCHW 72	Schweitzer G.: Critical Speeds of Gyroscopes. Course No. 55, Centre Internat. des Sciences Mécaniques (CISM), Springer-Verlag, Wien, 1972
SCHW 91	Schwirzer, Th.: Messung und Beurteilung von Maschinenschwingungen - Stand der Normung. VDI Berichte Nr. 846, 1990, 165-179
SZCS 86	Szczygielski, W.; Schweitzer, G.: Dynamics of a High Speed Rotor Touching a Boundary. In Dynamics of Multibody Systems. Proc. IUTAM/IFToMM Symposium, Udine. Springer-Verlag, Berlin, 1987
RIEG 88	Rieger, N.F.: Rotordynamics 2, Problems in Turbomachinery. Course No. 297, Centre Internat. des Sciences Mécaniques (CISM), Springer-Verlag, Wien, 1988
VDIR 66	VDI-Richtlinie 2060, Beurteilungsmaßstäbe für den Auswuchtzustand rotierender starrer Körper, 1966. Vergl auch ISO-Standard 2372
VIGG 90	Viggiano, F.; Schweitzer, G.: Blade Loss Dynamics of a Magnetically Supported Rotor. Proc. Third Internat. Symp. on Transport Phen. and Dynamics of Rotating Machinery. ISROMAC-3, Honololu, USA, April 1990
ZIEG 77	Ziegler, H.: Vorlesungen über Mechanik. Birkhäuser Verlag, Basel, 1977
ZURM 64	Zurmühl, R.: Matrizen und ihre technischen Anwendungen. Springer-Verlag, Berlin, 1964

6 Magnetische Lagerung des starren Rotors

6.1 Aufteilung des Mehrgrößensystems in Teilsysteme

Die in Kapitel 2 behandelte magnetische Aufhängung betraf nur ein Freiheitsgrad eines einfachen starren Körpers, die Bewegungen des Körpers in einer einzigen vorbestimmten Richtung wurde geregelt. Nun soll das Rotormodell aus Kapitel 5 in den Regelkreis einbezogen werden. Ein starrer Rotor weist sechs Freiheitsgrade der Bewegung auf. Einer davon ist die Drehung Ω um die Rotorachse z (Bild 6.1). Dieser Freiheitsgrad wird durch den Antrieb gesteuert und nicht durch die Lagerung, er wird daher im folgenden nicht behandelt.

Aufgabe der Rotorlagerung ist es, die verbleibenden fünf Freiheitsgrade der Bewegung in der gewünschten Weise zu beeinflussen. Die fünf Freiheitsgrade sind: Drei Verschiebungen in x-, y- und z-Richtung (Translationen) und die Verdrehungen (Rotationen) α und β (Bild 6.1). Meist sollen diese Bewegungen möglichst "klein" bleiben, so daß der Rotor nur um seine Achse z dreht. "Klein" bezieht sich in diesem Zusammenhang auf das Verhältnis von Verschiebungen aus der Sollage zu Rotorabmessungen.

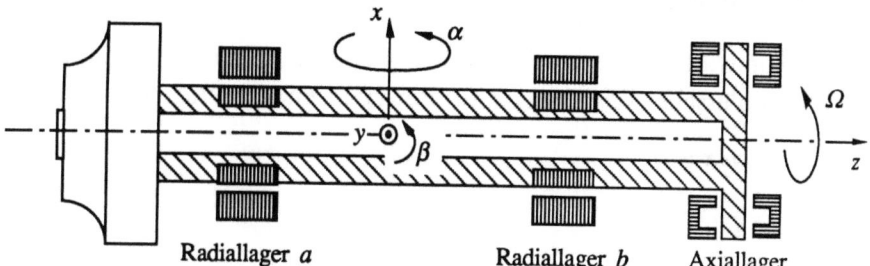

Bild 6.1   Rotor mit zwei Radiallagern, a und b, und einem Axiallager. Die y-Achse schaut aus der Bildebene heraus. Die Drehachse des Rotors ist die z-Achse, die Magnete des Axiallagers wirken auf eine mit dem Rotor verbundene Scheibe (rechts)

Im Normalfall ist die Lageranordnung so, daß die Wirkungslinie der Axiallagerkräfte durch den Rotorschwerpunkt geht. Somit ist die Regelung der z-Auslenkung unbeeinflußt von der Regelung der verbleibenden vier Freiheitsgrade. Das Regelsystem für Bewegungen in Axialrichtung entspricht der Massenpunkt-Regelung wie sie in Kapitel 2 behandelt wurde. Das Teilsystem der Bewegungen in Axialrichtung kann somit ebenfalls vom restlichen System losgelöst werde. Es wird im Folgenden nicht weiter behandelt.

Für die Aufteilung der verbleibenden vier Freiheitsgrade x, y, α und β gibt es zwei Möglichkeiten: Translationen x, y und Rotationen α und β können in je einer Gruppe zusammengefaßt werden. Diese Aufteilung ist für eine theoretische Behandlung der Rotorkinematik gut geeignet, für die Realisierung der Regelung erweist sich jedoch die zweite Variante, die Aufteilung in Bewegungen in der x-z-Ebene und Bewegungen in der y-z-Ebene, als eher geeignet. Bei dieser Art der Aufteilung erscheinen Sensorauslenkungen und Lagerkräfte als Variable, also die Größen, die als Reglereingang und als Reglerausgang im wirklichen System verwendet werden.

Die Translationen sind zwar unter sich entkoppelt, nicht aber die Rotationen α und β (Gleichung 5.3.7). Für kleine Drehzahlen Ω oder für sehr schlanke Rotoren darf die gyroskopische Koppelung von α und β jedoch vernachlässigt werden. Die Gleichungen für radiale Bewegungen zerfallen dann in zwei entkoppelte Teilsysteme, je eines für Bewegungen in der x-z-Ebene (Variable x und β) und eines für Bewegungen in der y-z-Ebene (Variable y und α). Ein solches Teilsystem wird nun näher untersucht.

6.2 Rotorbewegungen in einer Ebene

Der Rotor wird bei kleiner Drehzahl als einfacher Balken modelliert. Die Newton-Eulerschen Gleichungen für Bewegungen in x-Richtung sind:

$$m\ddot{x} = f_s$$
$$I_y \ddot{\beta} = p \tag{6.1}$$

mit der Masse m und dem Trägheitsmoment I_y für Drehungen um die y-Achse. Die im Schwerpunkt angreifende Kraft f_S setzt sich aus der Summe aller Kräfte in x-Richtung zusammen. Das Moment (Kräftepaar) p um die

6.2 Rotorbewegungen in einer Ebene

y-Achse ergibt sich aus den Kraftkomponenten in x-Richtung, es wird auf den Schwerpunkt bezogen.

Auf den Rotor wirken Lagerkräfte, Lasten und Störkräfte. Die Arbeitspunkte der Magnetlager seien so festgelegt, daß die konstanten Lastkräfte durch die Arbeitspunktanteile der Magnetlagerkräfte kompensiert werden, wie in Kapitel 2 beschrieben. Einige spezielle Arten variabler Lastkräfte und Störkräfte werden später in Abschnitt 6.4 unter dem Thema Unwuchten behandelt. Die Regelung wird so ausgelegt, daß der Rotor nach einer momentanen Störung, beispielsweise einem Stoß, sich schnell wieder in seine Ruhelage einpendelt und daß er einem vorgegebenen Sollwert der Lage möglichst gut folgt. Um einen solchen Regler zu finden, genügt es zunächst, in den Bewegungsgleichungen nur die Lagerkräfte einzusetzen.

In der betrachteten Ebene sind die verbleibenden Kräfte die x-Komponenten der Lagerkräfte f_a und f_b der beiden Radiallager a und b (Bilder 6.1 und 6.2). Durch diese Lagerkräfte werden die ungekoppelten Gleichungen (6.1) zu einem Mehrgrößensystem verbunden. Die Gleichungen (6.1) sind in Matrizenschreibweise:

$$M\ddot{z} = f \quad \text{mit} \quad M = \begin{bmatrix} m & 0 \\ 0 & I_y \end{bmatrix}, \quad z = \begin{bmatrix} x \\ \beta \end{bmatrix} \quad \text{und} \quad f = \begin{bmatrix} f_s \\ p \end{bmatrix} \quad (6.2)$$

Für praktische Zwecke sind Kraft- und Auslenkungsvariablen an den Lagerstellen besser geeignet als die auf den Schwerpunkt des Balkens bezogenen Größen f_s und p beziehungsweise x und β. Daher sind *Variablentransformationen* notwendig. In diese Transformationen gehen die Abstände von Lager zu Schwerpunkt ein. Die Bezeichnungen dieser Abstände werden gemäß

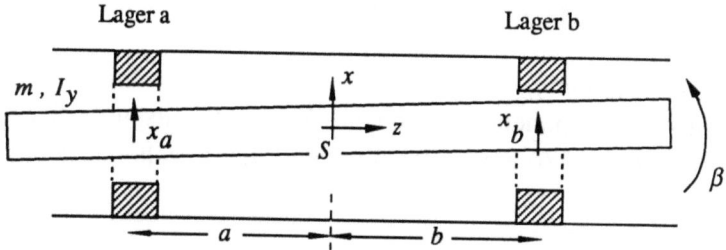

Bild 6.2 Anordnung der radialen Magnetlager und Abstände a und b von Lager zu Schwerpunkt S, Abstand a ist negativ (negative z-Richtung vom Schwerpunkt aus)

Bild 6.2 festgelegt. Sie sind vorzeichenbehaftet, der Abstand a wird vom Schwerpunkt aus in negative Richtung gemessen und ist daher negativ. Die Umrechnung von Auslenkungen in den Lagern auf Auslenkung im Schwerpunkt und Drehwinkel β wird für kleine Werte von β:

$$z = T_L z_L \qquad z = \begin{bmatrix} x \\ \beta \end{bmatrix}, \quad T_L = \frac{1}{b-a} \begin{bmatrix} b & -a \\ -1 & 1 \end{bmatrix}, \quad z_L = \begin{bmatrix} x_a \\ x_b \end{bmatrix} \qquad (6.3)$$

Schwerpunktskraft und Moment lassen sich durch die Lagerkräfte in x-Richtung f_a und f_b in Lager a beziehungsweise Lager b ausdrücken.

$$\begin{matrix} f_s = f_a + f_b \\ p = a f_a + b f_b \end{matrix} \quad \text{oder} \quad \begin{bmatrix} f_s \\ p \end{bmatrix} = \begin{bmatrix} 1 & 1 \\ a & b \end{bmatrix} \begin{bmatrix} f_a \\ f_b \end{bmatrix} \qquad (6.4)$$

Die Umkehrung von (6.4) berechnet sich durch Inversion der Transformationsmatrix. Dabei ergibt sich gerade die Transponierte der Transformationsmatrix T_L aus (6.3). [1]

$$f_L = T_L^T f \quad \text{mit } f_L = \begin{bmatrix} f_a \\ f_b \end{bmatrix}, \quad T_L^T = \frac{1}{b-a} \begin{bmatrix} b & -1 \\ -a & 1 \end{bmatrix}, \quad f = \begin{bmatrix} f_s \\ p \end{bmatrix} \qquad (6.5)$$

Einsetzen von (6.3) und (6.5) in (6.2) ergibt die Bewegungsgleichungen in Lagerkoordinaten

$$T_L^T M T_L \ddot{z}_L = f_L \qquad (6.6)$$

mit der *Kongruenztransformation* der Massenmatrix

$$M_L = T_L^T M T_L. \qquad (6.7)$$

Die Lagerkräfte f_a und f_b setzen sich aus einer stromabhängigen und einer wegabhängigen Komponente zusammen. Die im Arbeitspunkt linearisierte Form (2.4) wird in (6.6) eingesetzt. Zu jedem Lager gehören je ein Kraft-

---

[1] Daß sich Kräfte und Ortskoordinaten mit der transponierten Matrix transformieren, ist eine Folge koordinatenunabhängiger Skalarprodukte der Kraft- und Ortsvektoren. Die physikalische Bedeutung der Skalarprodukte ist die koordinatenunabhängige Arbeitsleistung: $f^T z = f_L^T z_L$. Aus dieser Bedingung folgt die *Kongruenztransformation* (6.7) der Matrizen beim Übergang von (6.2) auf (6.6).

6.2 Rotorbewegungen in einer Ebene

weg-Faktor k_s und ein Kraft-Strom-Faktor k_i (siehe Kapitel 2), zur Unterscheidung werden die Indices a und b hinzugefügt.

$$M_L \ddot{z}_L = \begin{bmatrix} k_{sa} & 0 \\ 0 & k_{sb} \end{bmatrix} \begin{bmatrix} x_a \\ x_b \end{bmatrix} + \begin{bmatrix} k_{ia} i_a \\ k_{ib} i_b \end{bmatrix} \stackrel{!}{=} K_{sL} z_L + u \qquad (6.8)$$

In dieser Gleichung wird der Vektor u der steuerstromabhängigen Kraftkomponenten ($k_{ia} i_a$ und $k_{ib} i_b$) definiert. Die wegabhängigen Kraftkomponenten werden als Produkt einer Steifigkeitsmatrix K_{sL} und den Auslenkungen z_L dargestellt. Gleichung (6.8) wird von links mit der Matrix M_L^{-1} multipliziert und ergibt:

$$\ddot{z}_L = M_L^{-1} K_{sL} z_L + M_L^{-1} u \qquad (6.9)$$

Der *Zustandsvektor* x_L wird gebildet, indem z_L um die Geschwindigkeiten ergänzt wird. Die Zustandsgleichung wird

$$\dot{x}_L = A_L x_L + B_L u \qquad (6.10)$$

mit $\quad x_L = \begin{bmatrix} z_L \\ \dot{z}_L \end{bmatrix}, \quad A_L = \begin{bmatrix} 0 & I \\ M_L^{-1} K_{sL} & 0 \end{bmatrix} \quad$ und $\quad B_L = \begin{bmatrix} 0 \\ M_L^{-1} \end{bmatrix}$

Der Index L deutet an, daß der Zustandsvektor in Lagerkoordinaten vorliegt.

Nun soll der Regelkreis geschlossen werden. Dazu ist die Messung der Auslenkungen notwendig. Für jeden Freiheitsgrad ist ein Wegsensor vorzusehen. Zum Teilsystem mit zwei Freiheitsgraden gehören zwei Sensoren (Bild 6.3). Da der Regler die Sensorsignale benützt, muß der Zusammenhang von Lager- und Sensorkoordinaten formuliert werden.

Zur Umrechnung von Lagerkoordinaten (x_a, x_b) auf Sensorkoordinaten (x_c, x_d) können die Transformationsmatrizen T_L, T_L^T und $(T_L^T)^{-1}$ aus (6.3), (6.4) und (6.5) direkt verwendet werden, einziger Unterschied ist, daß die Sensor-Abstände c und d anstelle der Lager-Abstände a und b treten. Die Sensorkoordinaten werden zunächst durch die Schwerpunktskoordinaten ausgedrückt. Dann muß von den Schwerpunktskoordinaten mit (6.3) auf die Lagerkoordinaten umgerechnet werden.

So ergibt sich die Transformation von z_L nach z_S als

$$z_s = T_s^{-1} z = T_s^{-1} T_L z_L \ , \quad z_s = \begin{bmatrix} x_c \\ x_d \end{bmatrix}, \quad T_s^{-1} = \begin{bmatrix} 1 & c \\ 1 & d \end{bmatrix}$$
(6.11)

Daraus kann der Übergang des Zustandsvektors von Lagerauslenkungen x_L auf Sensorauslenkungen x_s zusammengesetzt werden. Da sich Geschwindigkeiten gleich wie Auslenkungen transformieren, wird die blockdiagonale Transformationsmatrix T_{SL} zwei gleiche Blöcke von je 2×2 Elementen enthalten:

$$x_s = \begin{bmatrix} x_c \\ x_d \\ \dot{x}_c \\ \dot{x}_d \end{bmatrix} = T_{sL} x_L \quad T_{sL} = \begin{bmatrix} T_s^{-1} T_L & 0 \\ 0 & T_s^{-1} T_L \end{bmatrix}$$
(6.12)

Die Zustandsdarstellung in Sensorkoordinaten ist damit

$$\dot{x}_s = A_s x_s + B_s u \quad \text{mit } A_s = T_{sL} A_L T_{sL}^{-1} \text{ und } B_s = T_{sL} B_L$$
(6.13)

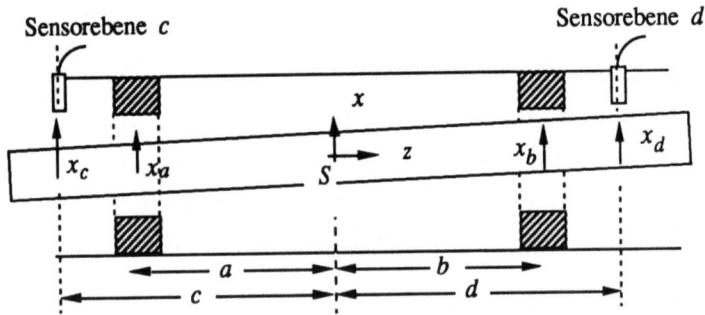

Bild 6.3 Die Lagesensoren sind in zwei Ebenen senkrecht zur z-Richtung angeordnet. Sensorkoordinaten (x_c & x_d) sind Auslenkungen in diesen Ebenen. Die (im allgemeinen nicht erfüllte) Bedingung $a = c$ (bzw. $b = d$) nennt man "Kollokation" von Lager und Sensor. Die Werte für a und c sind negativ einzusetzen, da sie in negativer z-Richtung vom Schwerpunkt aus liegen.

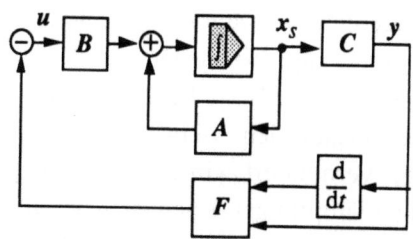

Bild 6.4 Vollständige Zustandsrückführung bei Messung der Auslenkungen y und Verwenden eines Differenziators

Die Matrix A erfährt dabei eine *Ähnlichkeitstransformation*, die an der Inversion der Transformationsmatrix in (6.13) erkennbar ist. Nun ist das System für eine Reglerauslegung im Zustandsraum bereit.

6.3 Zustandsregelung

Dank dieser Vorbereitungen können die Sensorsignale *direkt* in die Regelung eingesetzt werden, Transformationsrechnungen im Betrieb erübrigen sich. Die Regelstrecke hat vier Zustandsvariable und zwei Eingangsvariable. Meist werden nur die Auslenkungen gemessen, also nicht der vollständige Zustandsvektor. Mit einer vollständigen Zustandsrückführung nach (6.14) kann die Strecke stabilisiert werden. Die Stellgrößen u werden als

$$u = -F\, x_S \qquad (6.14)$$

mit der 2×4 Matrix F der (konstanten) Rückführkoeffizienten gebildet. Die gemessenen Auslenkungen genügen nicht, um mit der Rückführung (6.14) den Rotor zu stabilisieren. Dazu ist der vollständige Zustandsvektor x_S, also Auslenkungen und Auslenkungsgeschwindigkeiten, erforderlich. Die Geschwindigkeitssignale können dabei durch Differenzieren der Auslenkungssignale gebildet werden. Bild 6.4 zeigt im Blockschema das Modell der Strecke und die Zustandsrückführung mit gemessenen Auslenkungen und Differenzierer. Dabei wurde die Messmatrix C eingeführt, welche die gemessenen Variablen y durch die Zustandsvariablen x gemäß $y=Cx$ ausdrückt.

Die acht Koeffizienten von F können über eine der im Kapitel 2 beschriebenen Methoden berechnet werden: Minimierung eines Gütefunktionals, Polvorgabe oder physikalische Interpretation der Rückführkoeffizienten. Die ersten beiden Methoden erfordern in der praktischen Anwendung einige Erfahrung. Am besten durchschaubar ist die physikalische Interpretation der Rückführkoeffizienten wie sie im folgenden verwendet wird. Jedem Lager wird eine Steifigkeit und eine Dämpfung zugeordnet. Die durch den Regler aufzubringende Steifigkeit werde mit k_a bzw. k_b (je für Lager a und b) bezeichnet. Die mechanische Steifigkeit ergibt sich, wenn die Reglersteifigkeit um die negative Lagersteifigkeit vermindert wird, also $k_a - k_{sa}$ beziehungsweise $k_b - k_{sb}$. Die beiden Lagerdämpfungen seien d_a bzw. d_b. Mit Hilfe der Transformationen (6.3) und (6.11) läßt sich so die Rückführmatrix F berechnen als

$$F = -\begin{bmatrix} k_a\dfrac{d-a}{d-c} & k_a\dfrac{a-c}{d-c} & d_a\dfrac{d-a}{d-c} & d_a\dfrac{a-c}{d-c} \\ k_b\dfrac{d-b}{d-c} & k_b\dfrac{b-c}{d-c} & d_b\dfrac{d-b}{d-c} & d_b\dfrac{b-c}{d-c} \end{bmatrix} \quad (6.15)$$

Wie man sofort sieht, ist diese Matrix nur dann nicht definiert, wenn die beiden Sensorebenen zusammenfallen ($c = -d$). Falls die Sensoren in den Lagern selbst angebracht werden können, wird $c = a$ und $d = b$ (Kollokation von Lager und Sensoren). Damit verschwinden die Koppelungen von Sensor c nach Lager b und Sensor d nach Lager a, Steifigkeit und Dämpfung werden direkt in der Rückführung

$$F_{Koll} = -\begin{bmatrix} k_a & 0 & d_a & 0 \\ 0 & k_b & 0 & d_b \end{bmatrix} \quad (6.16)$$

sichtbar. Diese Regelung entspricht einer PD-Regelung aus Kapitel 2 in zwei getrennten Kanälen, einer für Lager a und Sensor c, einer für Lager b und Sensor d. Es ist nachweisbar, daß für eine Reglerstruktur nach (6.16) bei Kollokation von Lager und Sensoren immer stabilisierende Rückführkoeffizienten gefunden werden können, dies trotz der Koppelung der beiden Radiallager durch die Bewegungsdifferentialgleichungen (6.6) /SALM 88/. Die Frage stellt sich natürlich, ob die vereinfachte Rückführstruktur (6.16) auch im häufigeren Fall von Nicht-Kollokation angewendet werden darf. In diesem Fall werden im Magnetlager Kräfte ausgeübt, die proportional sind einer Verschiebung, die *an einem anderen Ort* als dem Kraftangriffspunkt gemessen wurde. Die Regelung entspricht nicht mehr einem einfachen mechanischen Feder-Dämpfer System, auch wenn weiterhin von "Steifigkeit" und "Dämpfung" des Reglers gesprochen wird.

Glücklicherweise zeigt sich in der Praxis, daß mit einer gut ausgelegten PD-Regelung der Form (6.16) in den allermeisten Fällen ein stabiles und robustes Verhalten erreicht werden kann. Auf diesen Problemkreis wird im letzten Abschnitt dieses Kapitels, unter dem Stichwort "Dezentralisierung", etwas näher eingegangen.

6.4 Regelung des starren, drehenden Rotors

Bisher wurde die Regelung so ausgelegt, als ob der Rotor nicht drehen würde. Es muß nun also analysiert werden, was für regelungstechnische Folgen die Eigenrotation Ω des Rotors um die z-Achse hat.

Bei Rotation stellen sich Kreiseleffekte ein, wie in Kapitel 5 ausführlich dargestellt. Sie bewirken die gyroskopische Koppelung der Verdrehungen α und β (Bild 6.1). Zum bisher behandelten Teilsystem (x,β) wird somit das Teilsystem (y,α) hinzugefügt und es entsteht ein Gesamtsystem mit vier Freiheitsgraden für die radialen Bewegungen des starren Rotors. Im neuen Vektor der Ortsvariablen z erscheinen die vier[1] Koordinaten

$$z = [\, x\,,\beta\,,y\,,-\alpha\,]^T \qquad (6.17)$$

Die Bewegungen in Axialrichtung bleiben nach wie vor davon entkoppelt, dies unter der technisch plausiblen Voraussetzung, daß die Wirkungslinie der Axiallagerkraft durch den Schwerpunkt geht.

Der Aufbau der Matrizen A und B der Zustandsdarstellung erfolgt ausgehend von den Bewegungsdifferentialgleichungen aus Kapitel 5 mit den auf den Schwerpunkt bezogenen Lagerkräften und Momenten auf der rechten Seite der Gleichungen:

$$M\ddot{z} + G\dot{z} = f \qquad \text{mit} \quad f = [f_x\,,p_y\,,f_y\,,-p_x] \qquad (6.18)$$

---

[1] Die Vektoren z, z_s, f, u und x_s enthalten doppelt so viele Elemente wie in den Abschnitten 6.2 und 6.3. Die Matrizen M, M_L, K_{sL}, T_L, A_s und B_s enthalten die entsprechende, größere, Anzahl von Elementen. Die Bezeichnungen der Vektoren und Matrizen werden dabei nicht geändert

mit $M = \begin{bmatrix} m & 0 & 0 & 0 \\ 0 & I_x & 0 & 0 \\ 0 & 0 & m & 0 \\ 0 & 0 & 0 & I_y \end{bmatrix}$ und $G = \begin{bmatrix} 0 & 0 & 0 & 0 \\ 0 & 0 & 0 & 1 \\ 0 & 0 & 0 & 0 \\ 0 & -1 & 0 & 0 \end{bmatrix} I_z \Omega$

(6.19)

Zur Vereinfachung wird angenommen, daß der Rotor symmetrisch ist ($I_x=I_y$). Die Transformation auf Lagerkoordinaten erfolgt genau wie beim nichtdrehenden Rotor (Gleichungen 6.3 bis 6.7). Die Transformationsmatrix ist eine vierreihige quadratische Matrix, deren Diagonalblöcke aus (6.3) übernommen werden können.

$$z = T_L z_L \qquad T_L = \frac{1}{b-a}\begin{bmatrix} b-a & 0 & 0 & 0 \\ -1 & 1 & 0 & 0 \\ 0 & 0 & b-a & 0 \\ 0 & 0 & -1 & 1 \end{bmatrix}, \quad z_L = \begin{bmatrix} x_a \\ x_b \\ y_a \\ y_b \end{bmatrix}$$

(6.20)

Die Bewegungsgleichungen in Lagerkoordinaten sind

$$M_L \ddot{z}_L + G_L \dot{z}_L = f_L \tag{6.21}$$

$$M_L = T_L^T M T_L, \quad G_L = T_L^T G T_L, \quad f_L = \begin{bmatrix} f_{ax} \\ f_{bx} \\ f_{ay} \\ f_{by} \end{bmatrix}$$

(6.22)

Wiederum werden die wegabhängigen und die stromabhängigen Kraftkomponenten voneinander getrennt, unter Anwendung der linearisierten Kraft-Weg-Beziehung. Es wird zugelassen, daß die beiden Radiallager a und b verschieden voneinander sein können. Es werden aber in beiden Radialrichtungen (x und y) gleiche Kraft-Weg und Kraft-Strom-Faktoren angenommen. Dies ist bei den meisten technischen Systeme der Fall. Die nächsten Rechenschritte sind vollkommen analog zum Vorgehen beim nichtdrehenden Rotor. Die Kraft wird in Funktion von Strom und Weg gemäß (2.4) eingesetzt, wegabhängige Terme werden auf die linke Seite des

6.4 Regelung des starren, drehenden Rotors

Gleichheitszeichens gebracht, eine Matrix K_{sL} und der Zustandsvektors x_L werden wie folgt definiert:

$$K_{sL} = \begin{bmatrix} k_{sa} & 0 & 0 & 0 \\ 0 & k_{sb} & 0 & 0 \\ 0 & 0 & k_{sa} & 0 \\ 0 & 0 & 0 & k_{sb} \end{bmatrix} \quad x_L = \begin{bmatrix} z_L \\ \dot{z}_L \end{bmatrix}$$

(6.23)

Somit ergeben sich die Matrizen der Zustandsdarstellung

$$A_L = \begin{bmatrix} 0 & I \\ M_L^{-1} K_{sL} & M_L^{-1} G_L \end{bmatrix} \quad \text{und} \quad B_L = \begin{bmatrix} 0 \\ M_L^{-1} \end{bmatrix}$$

(6.24)

Wie schon in 6.3 werden als Zustandsvariable die gemessenen Auslenkungen an den Sensorstellen und deren zeitliche Ableitungen gewählt. Die entsprechende Ähnlichkeitstransformation erfolgt wiederum genau gleich wie im nichtrotierenden Fall (Gl. 6.13). Die 4×4 Transformationsmatrix wird dabei als Block in eine neue 8×8 Transformationsmatrix übernommen, einmal oben links und einmal unten rechts. Die Nebendiagonal-Blöcke werden mit je einer 4×4 Nullmatrix besetzt. Der neue Zustandsvektor ist

$$x_s = [x_c, x_d, y_c, y_d, \dot{x}_c, \dot{x}_d, \dot{y}_c, \dot{y}_d]^T$$

(6.25)

Solange sich die Drehgeschwindigkeit Ω nur langsam ändert, dürfen die Matrizen A und B der Zustandsdarstellung als *konstant* betrachtet werden.

Die von der Regeltheorie angebotene Standard-Methode der Reglerauslegung für diese Strecke ist die Minimierung einer Kostenfunktion, also die schon in Kapitel 2 eingeführte LQ-Regelung. Die Gewichtungsmatrizen R und Q der Kostenfunktion (2.31) werden gemäß Kapitel 2 festgelegt. So wird für R die 4×4 Einheitsmatrix und für Q eine Matrix

$$Q = diag\,(\varepsilon, \varepsilon, \varepsilon, \varepsilon, 0, 0, 0, 0)$$

(6.26)

gewählt. Zunächst wird der letzte noch freie Parameter ε klein (etwa 1/1000) gewählt. Diese Methode liefert die Rückführmatrix F für die Minimal-Energie Lösung, d.h. eine robuste, praktisch brauchbare Regelung mit einer Lagersteifigkeit, die gleich groß ist wie der Lagerparameter k_S im Arbeitspunkt, und mit relativ starker Lagerdämpfung. Falls eine größere Lagersteifigkeit gewünscht ist, wird ε vergrößert. Die so erhaltene Rückführmatrix soll "optimal" (in Anführungszeichen) genannt werden, da sie inbezug auf die Minimierung der Kostenfunktion (2.31) optimal ist.

Die "optimale" Rückführung $u = -F\, x_S$ weist eine vollbesetzte (4×8) Matrix F auf. Der Rotor als Regelstrecke weist aber einige Besonderheiten auf. Als erstes wird zu untersuchen sein, was geschieht, wenn der Rotor die Drehgeschwindigkeit Ω ändert, ohne daß die Regelung geändert wird. Diese Frage ist von besonderem Interesse, da es ein großer Aufwand wäre, die Regelung ständig der Drehzahl anzupassen. Es wäre natürlich viel einfacher, eine unveränderte Regelung für einen möglichst großen Drehzahlbereich anzuwenden. Wie sieht nun die Abhängigkeit der "optimalen" Rückführmatrix von der Drehzahl aus?

Für $\Omega = 0$ zerfällt das Gesamtsystem in zwei ungekoppelte Subsysteme, je eines für die x,z-Ebene und eines für die y,z-Ebene. Die "optimale" Rückführmatrix F wird dann ebenfalls entkoppelt. Diese Entkoppelung reduziert somit die Zahl der Rückführkoeffizienten von 32 auf 16 und die Rückführung ist

$$u = -F\, x_s = -\begin{bmatrix} f_{11} & f_{12} & 0 & 0 & f_{15} & f_{16} & 0 & 0 \\ f_{21} & f_{22} & 0 & 0 & f_{25} & f_{26} & 0 & 0 \\ 0 & 0 & f_{33} & f_{34} & 0 & 0 & f_{37} & f_{38} \\ 0 & 0 & f_{43} & f_{44} & 0 & 0 & f_{47} & f_{48} \end{bmatrix} x_s \qquad (6.27)$$

Die ersten vier Kolonnen definieren die Lagersteifigkeit, die nächsten vier Kolonnen, gemäß der Anordnung der Elemente des Zustandsvektors, die Lagerdämpfung.

Für Ω ungleich Null sind die beiden Subsysteme für Bewegungen in x- und in y-Richtung in der A-Matrix gekoppelt. Daher wird diese Koppelung bei einer "optimalen" Rückführung auch in der F-Matrix zu erwarten sein, die dann, im Gegensatz zu (6.27), vollbesetzt sein wird. In den System-Matrizen tritt die x,y-Koppelung nur im Block unten rechts in der A-Matrix auf. Die Blockstruktur der Matrix A_L nach (6.24) bleibt bei der Transformation auf

6.4 Regelung des starren, drehenden Rotors

Sensorkoordinaten erhalten, da der Zustandsvektor wiederum aus Verschiebungen und deren Ableitungen zusammengesetzt ist, bleibt die obere Hälfte der *A* Matrix unverändert (Nullen und Einheitsmatrix). Sowohl für Lager- als auch für Sensorkoordinaten hat die gyroskopische Koppelung die Form

$$\begin{bmatrix} a_{75} & a_{76} \\ a_{85} & a_{86} \end{bmatrix} = - \begin{bmatrix} a_{57} & a_{58} \\ a_{67} & a_{68} \end{bmatrix} \quad (6.28)$$

Das Symbol a_{ij} mit Doppelindex steht dabei für das Element der Reihe i und der Kolonne j der *A* Matrix. Die "optimale" Rückführmatrix *F* enthält eine entsprechende Koppelung, d.h. folgende blockweise schiefsymmetrische geschwindigkeitsproportionale Terme:

$$\begin{bmatrix} f_{35} & f_{36} \\ f_{45} & f_{46} \end{bmatrix} = - \begin{bmatrix} f_{17} & f_{18} \\ f_{27} & f_{28} \end{bmatrix} \quad (6.29)$$

In der Dynamik-Matrix des Gesamtsystems $A - BF$ erscheinen diese von der Regelung abhängigen Terme an der gleichen Stelle wie die gyroskopischen Terme, ohne aber diese zu kompensieren. Die LQ-Methode liefert aber auch schiefsymmetrische wegproportionale Terme:

$$\begin{bmatrix} f_{31} & f_{32} \\ f_{41} & f_{42} \end{bmatrix} = - \begin{bmatrix} f_{13} & f_{14} \\ f_{23} & f_{24} \end{bmatrix} \quad (6.30)$$

Diese Terme gehen direkt in die Steifigkeitsmatrix *K* des Gesamtsystems ein. Das bedeutet, daß die Steifigkeitsmatrix des Gesamtsystems schiefsymmetrisch wird. In Kapitel 5 wurde darauf hingewiesen, daß solche Terme das Gesamtsystem destabilisieren können (Gl. 5.3.10). Natürlich ist das "optimal" geregelte System stabil. Wenn aber diese für die *Betriebsdrehzahl Ω ausgelegte* Regelung auf das System bei einer *anderen* Drehzahl, insbesondere bei Stillstand, angewendet wird, so *kann Instabilität* auftreten! Es ist also, insbesondere bei hohen Betriebsdrehzahlen, nicht immer möglich, eine für die Betriebsdrehzahl "optimal" ausgelegte Regelung auch im Stillstand anzuwenden.

Wie sieht es aber aus, wenn die Regelung für den Fall $\Omega = 0$ ausgelegt wird und dann auch für $\Omega \neq 0$ angewendet wird? Für $\Omega = 0$ verschwinden die

Koppelterme in der Rückführmatrix **F**. Ein so geregeltes System ist bei Ω ungleich Null zwar nicht mehr "optimal" im Sinne des gewählten Kostenfunktion. Wegen der ohnehin etwas willkürlichen Festlegung dieser Kostenfunktion (Wahl der Gewichtungsmatrizen **Q** und **R**) ist das jedoch nicht entscheidend. Viel wichtiger ist die Tatsache, daß nun die im fünften Kapitel genannte Stabilitätsbedingung für gyroskopische Systeme erfüllt werden kann. Danach kann ein Rotorsystem durch die *gyroskopischen Einflüsse nicht destabilisiert* werden, wenn die Steifigkeitsmatrix symmetrisch und die Massenmatrix positiv definit ist.

Der Verlauf der Eigenwerte in Funktion der Drehzahl wurde im fünften Kapitel untersucht. Für hohe Rotordrehzahl können die Grenzwerte einfach berechnet werden. Die Ergebnisse sind im Bild 6.5 zusammengefaßt. Die Erkenntnis dieses Abschnitts kann folgendermaßen zusammengefaßt werden: Eine "konservative" Regelung, für den stillstehenden Rotor ausgelegt, gibt eine gewisse begrenzte Garantie für Stabilität über einen hohen Drehzahlbereich. "Konservativ" heißt in diesem Zusammenhang, daß die Regelung sich an einem Feder-Dämpfer-Verhalten orientiert, Abweichungen von diesem Verhalten kommen im nächsten Abschnitt zur Sprache. Bei der Koppelung der beiden Radialebenen über die Regelung ist Vorsicht angebracht. Sie sollte nur dann vorgenommen werden, wenn zwingende Gründe dafür bestehen. Die Stabilität des geregelten Systems ist dann für den ganzen Drehzahlbereich zu überprüfen.

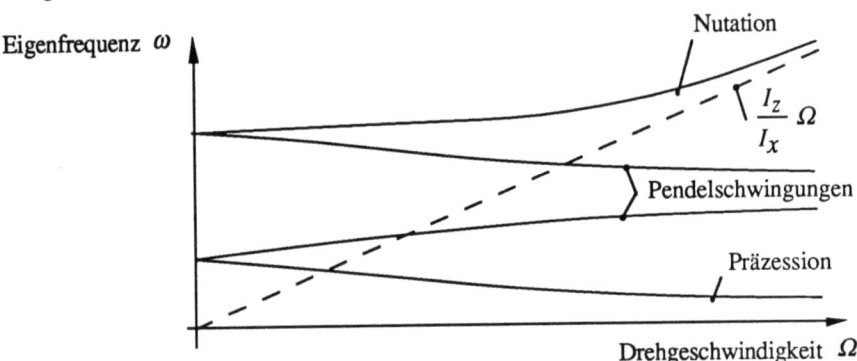

Bild 6.5 Verlauf der Imaginärteile der Eigenwerte eines starren Rotors in Funktion der Drehgeschwindigkeit Ω. Für großes Ω werden zwei Eigenwerte unabhängig von der Lagersteifigkeit und somit unabhängig von der Regelung. Die Nutationsfrequenz ω_n steigt proportional zu Ω, mit kleinem, aber negativem Realteil. Die Präzessionsfrequenz ω_p nimmt ab mit $1/\Omega$, der Realteil strebt ebenfalls gegen Null. Alle Eigenwerte bleiben stabil. Nur die beiden mittleren (Pendelschwingungen) und der Verlauf für kleines Ω sind durch die Regelung beeinflußbar.

6.4 Regelung des starren, drehenden Rotors

Unwucht, "kräftefreier Lauf"

In der bisherigen Behandlung wurde stets das ungestörte Rotorsystem betrachtet, es ist nun notwendig den Einfluß von Störkräften zu berücksichtigen. Bei den meisten Rotoren werden sich *Unwuchten* mehr oder weniger stark bemerkbar machen. Die durch Unwucht verursachten Kräfte sind Störgrößen, die auf der rechten Seite der Bewegungsgleichung auftreten (Gl. 5.41 und 5.42). Das Verhalten bei Unwucht kann sich bei einem magnetisch gelagerten Rotor wesentlich unterscheiden vom Verhalten eines konventionell gelagerten Rotors.

Der Hauptunterschied zwischen konventioneller Lagerung und Magnetlagerung liegt zunächst im weiten Bereich, in welchem die Steifigkeit gewählt werden kann. Dabei wird im allgemeinen die hohe Steifigkeit einer konventionellen Lagerung nicht erreicht. Dafür kann mit Leichtigkeit eine relativ geringe Steifigkeit erreicht werden, was sich oft als großer Vorteil erweist. Dies kann zu einem sogenannten "kräftefreien Lauf" führen. Durch eine integrierende Rückführung kann die Steifigkeit bezüglich einer statischen Last sehr hoch gemacht werden (s. Kapitel 2). Gleichzeitig kann bei der drehfrequenten Unwuchtkraft sehr geringe oder gar verschwindende Steifigkeit erzeugt werden.

Bei Wälz- oder Gleitlagern wird durch die hohe dynamische Steifigkeit über den gesamten Frequenzbereich die Rotation um die Lagerachse erzwungen. Da diese Rotations-Achse nie ganz genau mit der Hauptträgheitsachse zusammenfällt, entstehen Unwuchtkräfte proportional zum Quadrat der Drehzahl Ω, wie in Abschnitt 5.6 hergeleitet. Das führt dann als Reaktion zu hohen Lagerkräften, die als Rüttelkräfte auf das Maschinengehäuse oder das Fundament übertragen werden.

Ganz anders ist die Situation bei Magnetlagern mit geringer dynamischer Steifigkeit. Hier wird das Lager schon bei kleiner dynamischer Störkraft, wie z.B. die drehfrequenten Unwuchtkräfte, "nachgeben". Der Rotor ist also frei, um seine *Hauptträgheitsachse* zu drehen. Da er nun nicht mehr um die Lagerachse dreht, werden die Lager mit Kräften reagieren, die im wesentlichen proportional zu seiner Auslenkung sind. Bei der Drehung um die Hauptträgheitsachse sind diese Auslenkungen gerade gleich den Abweichungen von geometrischer Rotorachse und Hauptträgheitsachse. Wegen der geringen Lagersteifigkeit entstehen so relativ geringe Rüttelkräfte. Da der Luftspalt im Magnetlager groß ist gegenüber den üblichen Abweichungen von geometrischer Achse und Trägheitsachse, sind auch entsprechend große Unwuchten tolerierbar. Es kann gezeigt werden, daß Magnetlager sogar Unwuchten, wie sie beispielsweise beim Schaufelverlust einer Turbine entstehen, aufnehmen können /VIGG 90/.

Zusätzliche Störkräfte entstehen durch Abweichungen im Rundlauf des Rotors and der Meßstelle der Sensoren und im Magnetlager. Aktive Magnetlager ermöglichen es, solche periodische Störkräfte zum Verschwinden zu bringen. Alle diese Methoden laufen letztlich nur darauf hinaus, ein in Phase und Amplitude korrektes drehfrequentes harmonisches Signal der Reglervariabeln aufzuschalten /LARS 90, PIET 86/. Ein solchermaßen geregelter starrer Rotor dreht *kräftefrei* um seine Hauptträgheitsachse, alle angreifenden Kräfte sind im Gleichgewicht und es wird keine periodische Kraft mehr auf das Gehäuse übertragen. Einige Magnetlager sind schon mit solchen Einrichtungen für kräftefreien Lauf ausgestattet. Sie werden oft "automatisches Auswuchtsystem" oder ähnlich genannt. Da am Rotor selbst nichts geändert wird, sind solche Bezeichnungen vom mathematisch-physikalischen Standpunkt aus nicht korrekt. Zutreffender wäre es, von "Unwuchtkompensation" zu sprechen.

6.5 Verfeinerung der Reglerauslegung: Dezentralisierung, Beobachter

Zentrale und Dezentrale Regelstruktur

Die bisher entworfen Regler führten auf sehr verschiedene Rückführungen. Die "optimale" Zustandsrückführung (6.26) für die Radiallager eines starren Rotors ergab eine mit 32 Rückführkoeffizienten vollbesetzte Matrix F. Anschliessende wurde eine in x- und y-Richtung entkoppelte Rückführung (6.27) empfohlen, die mit 16 Rückführkoeffizienten auskommt. Deren Berechnung kann beispielsweise aus Steifigkeit und Dämpfung gemäß (6.15) erfolgen. Es wurde festgestellt, daß sich eine weitere Reduktion der Anzahl Koeffizienten von 16 auf 8 erreichen läßt, wenn in beiden Radialrichtungen ein Regler nach (6.16) realisiert wird. Von den 32 Koeffizienten der vollständigen Rückführmatrix sind dann 24 gleich Null. Dies reduziert den Aufwand an Multiplikationen im Regler wesentlich und ist daher in der Praxis von großem Nutzen. Es soll daher untersucht werden, ob durch das Null-

6.5 Verfeinerung der Reglerauslegung: Dezentralisierung, Beobachter

setzen von so vielen Koeffizienten eine Verschlechterung des Systemverhaltens in Kauf genommen werden muß.

Die Reduktion der Anzahl Rückführkoeffizienten entstand durch das *Weglassen von Koppelung* von Auslenkungen in x-Richtung" auf Steuergrößen in y-Richtung und umgekehrt. Die Bewegungen in den x,z– und y,z–Ebenen werden als *"Subsysteme"* mit je einer Teilmenge der Elemente des Zustandsvektors und des Steuervektors definiert. Zum Subsystem der Bewegungen in x-Richtung gehören Zustandsvektor z_x und Steuervektor u_x, zum Subsystem der Bewegungen in y-Richtung gehören Zustandsvektor z_y und Steuervektor u_y. Diese Vektoren enthalten also folgende Elemente:

$$z_x = \begin{bmatrix} x_c \\ x_d \\ \dot{x}_c \\ \dot{x}_d \end{bmatrix}, \quad u_x = \begin{bmatrix} k_{ia}i_{xa} \\ k_{ib}i_{xb} \end{bmatrix}, \quad z_y = \begin{bmatrix} y_c \\ y_d \\ \dot{y}_c \\ \dot{y}_d \end{bmatrix}, \quad u_y = \begin{bmatrix} k_{ia}i_{ya} \\ k_{ib}i_{yb} \end{bmatrix}$$

Die blockweise in der Rückführmatrix F (6.27) beibehaltenen Terme können als *"lokale"* Rückführungen interpretiert werden. Das heißt, daß der lokale Steuervektor nur von den lokalen Zustandsvariablen abhängig sein soll.

$$u_x = -F_x x_x \quad \text{und} \quad u_y = -F_y x_y \tag{6.31}$$

Aus Symmetriegründen sind dabei die lokalen Rückführmatrizen gleich.

$$F_x = F_y \tag{6.32}$$

Dieses Prinzip der Aufteilung eines großen Systems in Subsysteme läßt sich verallgemeinern. Entsprechende Methoden werden in der Regeltheorie erforscht, da sie zur Analyse und Regelung von sehr großen Systemen, beispielsweise Verbundsysteme in der Energieverteilung, unerläßlich sind. Magnetlagersysteme stellen zwar keine sehr großen Systeme dar, trotzdem ist die Vereinfachung der Reglerstruktur erwünscht, vor allem dort, wo sie ohne große Nachteile am Systemverhalten erreicht werden kann. Die dadurch freiwerdende Reglerkapazität kann auf andere Weise sinnvoller genutzt werden.

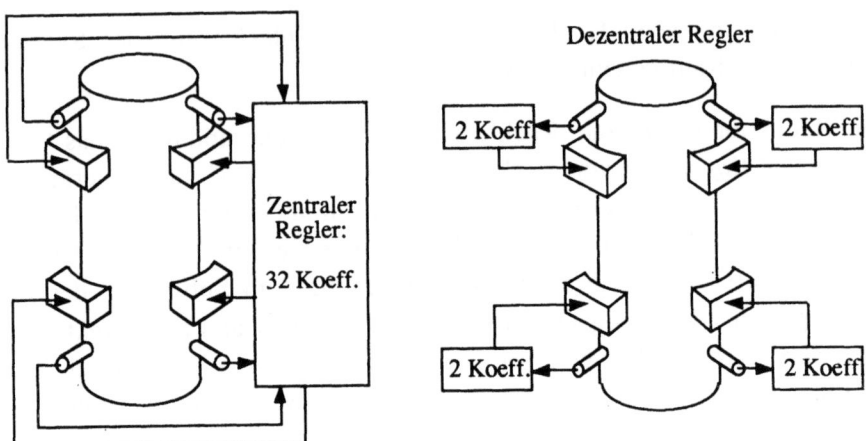

Bild 6.6   Zentrale und dezentrale Reglerstruktur

Die Vereinfachung des Reglers ist dann am wirksamsten, wenn möglichst kleine Subsysteme definiert werden. Für Magnetlagersysteme ist eine weitere Aufteilung sinnvoll. Die Lager "a" und "b" können jedes für sich als Subsystem betrachtet werden. So lassen sich vier lokale Rückführmatrizen definieren mit nur noch je zwei Koeffizienten, insgesamt also acht. Die früher angegebene Rückführung (6.16) enthält zwei der vier lokalen Rückführungen.

$$u_{xa}=-F_{xa}\,x_{xa}\,,\quad u_{xb}=-F_{xb}\,x_{xb}\,,\quad u_{ya}=-F_{ya}\,x_{ya}\,,\quad u_{yb}=-F_{yb}\,x_{yb} \qquad (6.33)$$

Die zwei Koeffizienten in jeder der lokalen Rückführmatrizen entsprechen einer Steifigkeit und einer Dämpfung. Sie sind aber nur dann äquivalent zu mechanischer Lagersteifigkeit und Lagerdämpfung, wenn die Sensoren in den Lagern selbst angeordnet sind (Kollokation).

Man nennt eine solche Reglerstruktur, die nur auf der lokalen Ebene in ein System eingreift "*dezentral*". Im Gegensatz dazu wird die vollständige Zustandsrückführung, wo jede Zustandsvariable auf jeden Eingang zurückgeführt wird, "zentral" genannt (Bild 6.6).

Ist das Gesamtsystem mit einer solchermaßen reduzierten Zustandsrückführung aber noch stabilisierbar? Es zeigt sich, daß weitaus die meisten realistischen Rotorsysteme mit einem nach Lager und Radialrichtung dezentralisierten Regler nicht nur stabilisierbar bleiben, sondern auch praktisch gleich gutes Verhalten aufweisen wie zentral geregelte Systeme. Auch bei großem Abweichen von der Lager-Sensor-Kollokations-Bedingung ist beim

6.5 Verfeinerung der Reglerauslegung: Dezentralisierung, Beobachter

starren Rotor kaum mit einer nennenswerten Einbuße an Stabilitätsgrad, Einschwingverhalten oder Robustheit zu rechnen. Dieser Problemkreis wurde in /BLEU 84/ untersucht.

Beobachter

Bisher wurde stets davon ausgegangen, daß der vollständige Zustandsvektor *x(t)* für die Regelung zur Verfügung steht. Bei einem starren Rotor mit vier Wegsensoren für die radialen Bewegungen, müssen diese Wegsignale noch differenziert werden, um die Geschwindigkeitssignale zu erhalten. Dies ist zwar realisierbar, in der Praxis aber nicht immer unproblematisch. Bekanntlich wird Signalrauschen durch Differenzieren verstärkt, so daß zusätzliche Filter notwendig sind. Deren Eckfrequenz muß oberhalb des Regelbandes liegen. Die Regeltheorie liefert eine elegante Methode, um aus der Messung nur eines Teils des Zustandes (dem *Ausgangsvektor y(t)*) die unbekannten Variablen zu rekonstruieren. In einem sog. "Zustandsbeobachter", oder einfach "Beobachter", wird ein mathematisches Modell des Systems benützt. Im folgenden wird die Auslegung eines einfachen Beobachters rezeptartig ohne Herleitung angegeben. Sie kann in der Literatur über Regeltechnik /ACKE 83, GEER 90, ISER 88, UNBE 89/ gefunden werden.

Die Zustandsgleichung ist

$$\dot{x} = Ax + Bu$$

mit der Ausgangsgleichung

$$y = Cx$$

Die Systemordnung sei n, die Dimension des Ausgangsvektors sei $m<n$. Zur Vereinfachung wird angenommen, daß der Ausgangsvektor Teil des Zustandsvektors ist, so daß Matrix C aus einer Einheitsmatrix I und einer Nullmatrix 0 besteht: $C = [\,I\;\;0\,]$. Dies ist für die Magnetlagersysteme, wie sie bis anhin aufgestellt wurden, schon erfüllt. In anderen Fällen ist eine entsprechende Transformation immer möglich. Die Matrizen A und B werden nun entsprechend dieser Aufteilung des Zustandsvektors in Untermatrizen aufgeteilt.

$$x = \begin{bmatrix} y \\ x_2 \end{bmatrix} \qquad A = \begin{bmatrix} A_1 & A_2 \\ A_3 & A_4 \end{bmatrix} \qquad B = \begin{bmatrix} B_1 \\ B_2 \end{bmatrix} \tag{6.34}$$

Der Beobachter ist ein dynamisches Modell des Systems. Er wird "reduziert" genannt, wenn er nur von Ordnung $n-m$ ist. Es werden also die $n-m$ unbekannten Zustandsvariablen x_2 rekonstruiert. Ein vollständiger Beobachter ist von gleicher Ordnung n wie die Strecke. Die $n-m$ Beobachter Ausgangs-Variablen $\hat{x}$ sind Näherungswerte für die unbekannten Zustandsvariablen x_2. Sie haben andere Anfangsbedingungen als die wirklichen Zustandsvariablen und sollen sich diesen im Laufe der Zeit angleichen.

Das Zeitverhalten des Fehlers $e = x_2 - \hat{x}$ zwischen den geschätzten und den wirklichen Zustandsvariablen wird mit einer Dynamikmatrix W beschrieben. Die Eigenwerte dieser Matrix können analog zur Reglerdynamik gewählt werden. Die Theorie garantiert, daß im Gesamtsystem die Pole der Regelung und des Beobachters unabhängig voneinander sind (Separationstheorem). In der Praxis bewährt es sich, für den Beobachter etwa dreimal größere Eigenwerte zu wählen als für den Regler. Zur *Beobachterauslegung* wird wie folgt vorgegangen: Man bestimme eine Matrix P so, daß $W^T = A_4^T - A_2^T P$ die gewünschte Beobachterdynamik aufweist. Dies ist mathematisch äquivalent der Aufgabe, für eine "Regelstrecke" mit Systemmatrix A_4^T und Eingangsmatrix A_2^T eine Zustandsrückführung P zu finden. Anschließend werden zwei Matrizen U und L gebildet mit

$$U = A_3 + W P^T - P^T A_1 \quad \text{und} \quad L = B_2 - P^T B_1 \tag{6.35}$$

Die Struktur des reduzierten Beobachters ist im Bild 6.7 gezeigt. Der

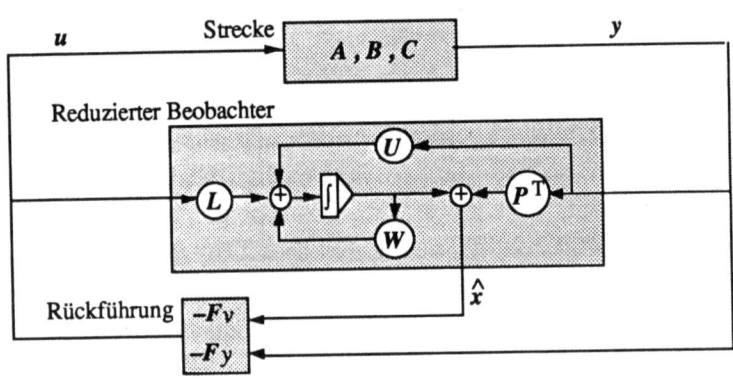

Bild 6.7 Reduzierter Beobachter mit Strecke und Zustandsrückführung. Die Rückführmatrix F ist in zwei Submatrizen aufgeteilt, eine (F_y) für die gemessenen Zustandsvariablen x_2, eine (F_v) für die geschätzten Zustandsvariablen $\hat{x}$. Für das Magnetlagersystem mit starrem Rotor und Wegsensoren entspricht F_y der Steifigkeit und F_v der Dämpfung.

Beobachter läßt sich weitgehend dezentralisieren.

Als Zusammenfassung von Kapitel 6 kann die Erkenntnis stehen, daß die Magnetlagerregelung für einen starren Rotor mit lokalen PD- oder PID-Reglern recht gut gelingt. Das Differenzieren von Wegsignalen kann allenfalls durch Beobachter ersetzt werden. Diese Art der Regelung wird vor allem dann an Grenzen stoßen, wenn der Rotor sich nicht mehr wie ein starrer Körper verhält, wenn also seine Elastizität nicht mehr vernachlässigt werden kann. Die nächsten beiden Kapitel behandeln daher den elastischen Rotor und die entsprechende Reglerauslegung.

Literatur

ACKE 83   Ackermann, J.: Abtastregelung. Springer Verlag, 2. Aufl., Berlin, 1984

BLEU 84   Bleuler, H.: Decentralized Control of Magnetic Bearing Systems. Diss. ETH Zürich, Nr. 7573, 1984

GEER 90   Geering, H.P.: Meß- und Regelungstechnik. Springer-Verlag, Berlin, 1990

LARS 90   R. Larsonneur: A High Speed Rotor in Active Magnetic Bearings. Proc. 3rd Int. Conf. on Rotordynamics, IfToMM, Lyon, Frankreich, Sept. 1989

PIET 86   Pietruszka, W.D.: Zeitdiskrete Schwingungsbeeinflussung magnetisch gelagerter Rotoren mit Mikrorechnern. VDI Bericht Nr. 603, S. 383-400

SALM 88   Salm, J.: Eine aktive magnetische Lagerung eines elastischen Rotors als Beispiel ordnungsreduzierter Regelung großer elastischer Systeme. VDI Fortschritt Bericht, Reihe 1, Nr. 162, 1988

UNBE 89   Unbehauen, H.: Regelungstechnik (in drei Bänden), Vieweg, Braunschweig/Wiesbaden, 6. Aufl., 1989

VIGG 90   Viggiano, F.; Schweitzer, G.: Blade Loss Dynamics of a Magnetically Supported Rotor. Proc. Third Int. Symp. on Transport Phenomena and Dynamics of Rotating Machinery, ISROMAC-3, Honolulu, USA, Apr. 90

7 Dynamik des elastischen Rotors

7.1 Übersicht

Ein elastischer Rotor läßt sich nur dann erfolgreich aktiv magnetisch lagern, wenn mechanisch-physikalische Kenntnisse über sein Bewegungsverhalten in den Entwurf seiner Regelung mit einbezogen werden. Ziel dieses Abschnittes ist es, Gemeinsamkeiten bei der Modellierung des elastischen Rotors aufzuzeigen, unabhängig davon ob der Rotor kontinuierlich elastisch oder diskret durch finite Elemente dargestellt wird. In jedem Fall werden wir einen Satz von gewöhnlichen Differentialgleichungen erhalten, z.B. in Form einer Zustandsgleichung. Die charakteristischen Eigenschaften des elastischen Schwingers, also seine Eigenformen und Eigenwerte, die Eigenschwingungen oder sog. "modes", werden abgeleitet und vorgestellt. Die Modalanalyse ist ein bekanntes, theoretisches und experimentelles Werkzeug, dessen Einsatzprinzipien vorgestellt werden. Zunächst betrachten wir einen kontinuierlich elastischen Rotor, bzw. der Einfachheit halber einen Balken, und kennzeichnen die Vorgehensweise anhand von Beispielen. Daran schließt sich die Modellierung von kontinuierlich verteilten Unwuchten, sowie ein konkretes, praktisches Beispiel für einen elastischen Rotor an.

7.2 Modellierung durch Eigenschwingungen

Die Bewegungsgleichung für die freien Schwingungen des Bernoulli-Balkens ist die partielle Dgl. /MEIR 67/

$$EI \frac{\partial^4 y}{\partial z^4} + m \frac{\partial^2 y}{\partial t^2} = 0 \qquad (7.1)$$

Die Gleichung enthält die Summe der an dem Balkenelement angreifenden

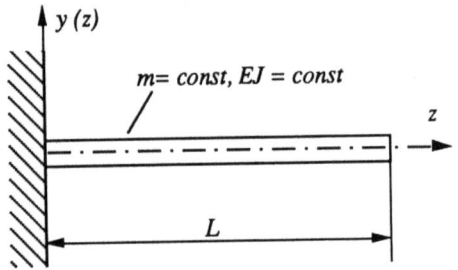

Bild 7.1 Einseitig eingespannter Biegeschwinger

elastischen Kräfte und der Trägheitskräfte (m ist die Masse pro Längeneinheit, EI die Steifigkeit). Wir setzen eine Lösung an, bei der sich die Lösung nach Ort und Zeit getrennt angeben läßt (Separationsansatz, Produktansatz von D. Bernoulli)

$$y(z,t) = Y(z)\ q(t) \tag{7.2}$$

Setzt man diesen Ansatz in die Bewegungsgleichung ein, so folgt

$$\frac{EI}{m}\frac{d^4Y(z)/d^4z}{Y(z)} = -\frac{d^2q(t)/dt^2}{q(t)} = \omega^2 \tag{7.3}$$

Die linke Seite von (7.3) hängt nur vom Ort z, die rechte nur von der Zeit t ab. Sowohl x als auch t sind unabhängige Variable. Somit müssen beide Seiten von (7.3) einer Konstanten, genannt ω^2, gleich sein, wenn (7.1) eine Lösung haben soll. Damit zerfällt (7.3) in zwei gewöhnliche Differentialgleichungen

$$\frac{d^4Y(z)}{dz^4} - \beta^4\ Y(z) = 0 \quad , \quad \beta^4 = \frac{\omega^2}{EI/m} \tag{7.4}$$

$$\frac{d^2q(t)}{dt^2} + \omega^2\ q(t) = 0 \tag{7.5}$$

Die erste dieser Gleichungen ist 4. Ordnung; sie muß für eine eindeutige Lösung durch 4 Randbedingungen ergänzt werden, welche die Art der Einspannung kennzeichnen. Die des einseitig eingespannten Balkens von Bild 7.1. lauten z.B.

$$z = 0\ :\quad Y(0) = 0\ ,\quad \frac{dY(z)}{dz} = 0$$

7.2 Modellierung durch Eigenschwingungen

$$z = L \quad : \quad \frac{d^2 Y(z)}{dz^2} = 0 \ , \quad \frac{d^3 Y(z)}{dz^3} = 0$$

Die zweite der Gleichungen ist 2. Ordnung und ist durch zwei Anfangsbedingungen über Ort und Geschwindigkeit der Bewegung zu ergänzen. Verknüpft sind die beiden Gleichungen durch die noch unbekannte Größe ω.

Eigenformen und Eigenfrequenzen

Die Aufgabe, diejenigen Werte von ω^2 zu bestimmen, für die die homogene Dgl. (7.4) eine nichttriviale, die Randbedingungen erfüllende Lösung hat, heißt *Eigenwertproblem*. Die jeweiligen Werte von ω heißen dann charakteristische Werte oder *Eigenwerte*, und die zugehörigen nichttrivialen Lösungen $Y(z)$ heißen *Eigenfunktionen*. Die 4 Randbedingungen bestimmen eindeutig die Form der Lösung, allerdings mit einer noch beliebigen Amplitude. Sie liefern auch die Gleichung, aus der die Eigenwerte schließlich zu bestimmen sind. Für einen Stab endlicher Länge erhalten wir eine unendliche Folge diskreter Eigenwerte für die Eigenfrequenzen $\omega_j, j = 1,2,...\infty$. Zu jeder Eigenfrequenz gehört eine Eigenfunktion $A_j Y_j(z)$, wo A_j eine beliebige Amplitude und $Y_j(z)$ eine Eigenfunktion, eine *Eigenform*, kennzeichnet. Diese Eigenformen (natural modes) lassen sich normieren, und man erhält die normierten Eigenformen (normal modes). Die Eigenformen und die zugehörigen Eigenfrequenzen sind Charakteristika des untersuchten Schwingers und kennzeichnen seine Eigenschwingungen. Eine Analyse des Schwingers zur theoretischen oder zur experimentellen Bestimmung dieser modalen Größen heißt *Modalanalyse*. Die Gesamtlösung baut sich aus den geeignet überlagerten Eigenschwingungen auf. Als Beispiele sind Eigenformen und Eigenfrequenzen verschiedener Balken angegeben /MEIR 67/.

Anmerkung: Der *einseitig eingespannte Balken* von Bild 7.1 hat die transzendente Eigenwertgleichung

$$\cos \beta L \ \cosh \beta L = -1$$

Die daraus resultierenden Eigenwerte sind zusammen mit den Eigenformen in Bild 7.2 dargestellt. Der *freie Balken* hat eine Eigenwertgleichung, die als Lösung einen doppelten Nulleigenwert enthält (Bild 7.3)

$$\cos \beta L \ \cosh \beta L = 1$$

Der *beidseitig fest eingespannte Balken* (Bild 7.4 a) hat dieselben Eigenwerte wie der freie Balken, natürlich hier ohne die Null-Eigenwerte; Bild 7.4 zeigt die Eigenformen. Auf einfachere Beziehungen führt der *beidseits gelenkig gelagerte Balken*. (Bild 7.4 b). Er hat die Eigenwertgleichung

$$\sin \beta L = 0 \quad \text{mit} \quad \beta = j\pi / L$$

und die Eigenformen

$$Y_j(z) = A_j \sin j\pi z / L$$

Die Kenntnis der Eigenfrequenzen ist offensichtlich wichtig für den Entwurf einer Magnetlager-Regelung. Nicht minder wichtig, ja fast entscheidend ist die Auswirkung der Schwingungsform. Wenn z.B. die Wegsensoren für die Messung der Rotorschwingung an der Stelle "a" des frei-frei Rotors von Bild 7.3 angeordnet sind, also im Schwingungsknoten der elastischen Grundschwingung, dann werden sie keine sinnvollen Aussagen über diese Schwingung liefern können, und keine Art von Regelung wird diesen Mangel an Information korrigieren können. Ein gutes mechanisches Modell für das Schwingungsverhalten und seine experimentelle Absicherung durch eine Modalanalyse ist notwendige Voraussetzung für einen systematischen Entwurf des Magnetlagersystems. Das wird auch an dem praktischen Beispiel von Abschnitt 7.3 deutlich werden.

Kritisch ist hierbei auch die Frage nach den "richtigen" Randbedingungen. Sie läßt sich bei magnetgelagerten, elastischen Rotoren gar nicht so einfach beantworten. Im Grunde hängen die Lagerkräfte und damit auch die Rotorverformungen von der Reglerauslegung ab, und diese Abhängigkeit müßte bei der Herleitung der Bewegungsgleichung für den elastischen Rotor berücksichtigt werden. Man dürfte also das System Rotor/Regelung nicht auftrennen und unabhängig voneinander behandeln. Auf der anderen Seite ist es sinnvoll, zuerst das mechanische Verhalten des Rotors an sich zu kennen, bevor man eine Regelung dazu auslegt. Deshalb werden wir uns hier zunächst auf den Rotor beschränken.

Lösungen der Bewegungsgleichung

Mit den modalen Größen läßt sich die Lösung der Bewegungsgleichung (7.1) aufbauen. Es gilt der wichtige *Entwicklungssatz*: Jede Lösung $Y(z)$, die die homogenen Randbedingungen erfüllt, kann durch eine konver-

7.2 Modellierung durch Eigenschwingungen

gierende Reihe aus Eigenfunktionen dargestellt werden

$$Y(z) = \sum_{j=1}^{\infty} c_j Y_j(z) \qquad (7.6)$$

wo die c_j geeignete Gewichtungskoeffizienten sind. Unter Verwendung des Entwicklungssatzes und des Produktansatzes läßt sich die Lösung von (7.1) schreiben als

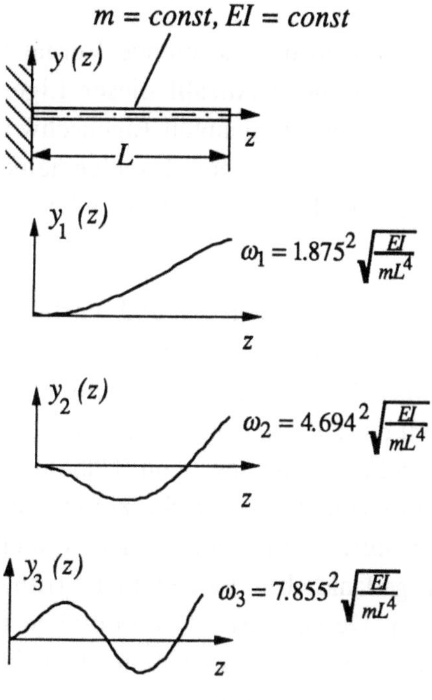

Bild 7.2 Die ersten drei Eigenformen und Eigenfrequenzen des einseitig eingespannten Balkens. Die Eigenform $Y_j(z)$ weist j–1 Knoten auf

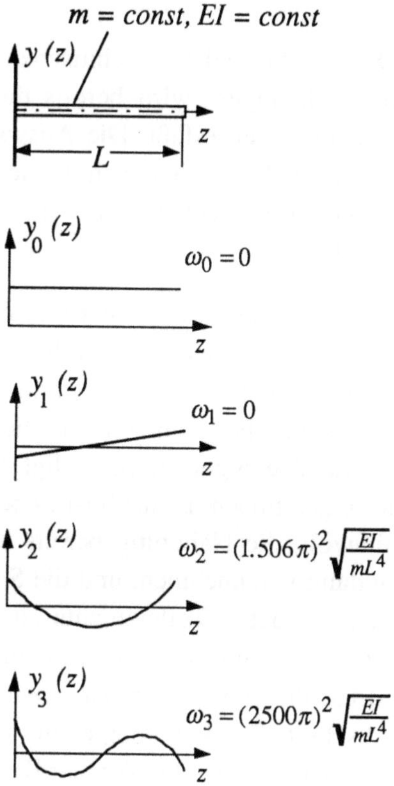

Für den einseitig eingespannten Balken ($m = const, EI = const$):
- $\omega_1 = 1.875^2 \sqrt{\dfrac{EI}{mL^4}}$
- $\omega_2 = 4.694^2 \sqrt{\dfrac{EI}{mL^4}}$
- $\omega_3 = 7.855^2 \sqrt{\dfrac{EI}{mL^4}}$

Bild 7.3 Die ersten vier Eigenformen und Eigenfrequenzen des frei-frei Balkens

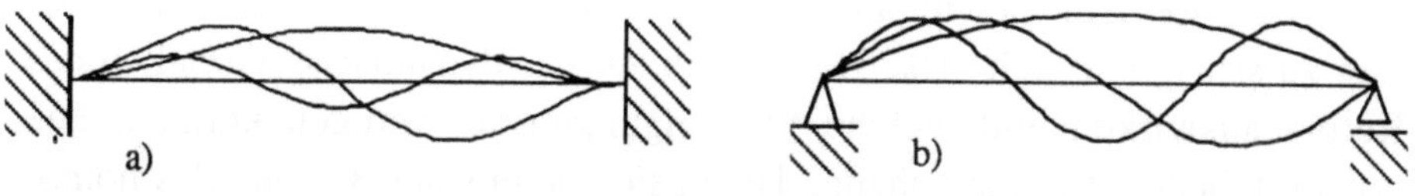

Für den frei-freien Balken ($m = const, EI = const$):
- $\omega_0 = 0$
- $\omega_1 = 0$
- $\omega_2 = (1.506\pi)^2 \sqrt{\dfrac{EI}{mL^4}}$
- $\omega_3 = (2500\pi)^2 \sqrt{\dfrac{EI}{mL^4}}$

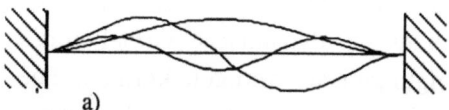

Bild 7.4 Eigenformen des fest eingespannten Balkens (a) und des gelenkig gelagerten Balkens (b)

$$y(z,t) = \sum_{j=1}^{\infty} Y_j(z)\, q_j(t) \tag{7.7}$$

Das zeitliche Verhalten $q_j(t)$ jeder der j Eigenschwingungen folgt aus einer entsprechenden Schwingungsgleichung

$$\ddot{q}_j(t) + \omega_j^2\, q_j(t) = 0 \quad , \quad j = 1, \cdots, \infty \tag{7.8}$$

Das für die meisten technischen Anwendungen interessierende Verhalten des Schwingers wird bereits durch eine endliche Anzahl dieser Eigenschwingungen erfaßt. Die Auswahl dieser sog. dominanten Eigenschwingungen richtetet sich nach den technischen Anforderungen. Im allgemeinen sind die Eigenschwingungen mit den niedersten Eigenfrequenzen zu berücksichtigen.

Die an diesen einfachen Beispielen eingeführten Begriffe und Verfahren lassen sich wesentlich verallgemeinern. Allerdings ist es bei kontinuierlichen Systemen meist schwierig und oft nicht möglich, eine Lösung in geschlossener Form zu erhalten, die sowohl die Differentialgleichung als auch die Randbedingungen befriedigt. In vielen Fällen lassen sich nur Näherungslösungen finden. Deshalb ist es bei technischen, elastischen Strukturen meist sinnvoll, die Näherung bereits auf der Stufe der physikalischen Modellbildung vorzunehmen, und die Struktur gedanklich in eine endliche (finite) Zahl einfacher Teilelemente zu zerlegen. Deren elastisches Verhalten ist einfach beschreibbar, und das Gesamtverhalten läßt sich dann aus dem Verhalten dieser sog. *Finiten Elemente* systematisch aufbauen. Darauf wird Abschnitt 7.4 kurz eingehen. Letzten Endes werden wir auch hier die gleichen modalen Größen zur Kennzeichnung des Schwingers verwenden.

7.3 Unwuchten beim elastischen Rotor

Ein elastischer Rotor weist im allgemeinen neben diskreten Unwuchten auch mehr oder weniger gleichmäßig verteilte Unwuchten auf. Es ist von Interesse zu sehen, wie sich diese Unwuchten auf das dynamische Verhalten des Rotors auswirken und welche Schwingungen sie anregen können. Die grundsätzlichen Zusammenhänge lassen sich bereits am Beispiel des homo-

7.3 Unwuchten beim elastischen Rotor

genen, elastischen Rotors erkennen (Bild 7.5) Der Einfachheit halber sei er gelenkig gelagert, so daß sich seine Eigenformen explizit angeben lassen.

Wir betrachten die Bewegungen des elastischen Rotors von Bild 7.5. Das Koordinatensystem $O\text{-}x_Iy_Iz_I$ ist raumfest, das Koordinatensxstem $O\text{-}\xi\eta\zeta$ dreht mit der konstanten Winkelgeschwindigkeit Ω des Rotors. Der Massenmittelpunkt S eines Massenelementes an der Stelle z ist um die kleine Exzentrizität $e(z) = [e_\xi, e_\eta]^T$ vom Wellenmittelpunkt W entfernt. Der Wellenmittelpunkt W habe die Auslenkung $x_W(z,t)$, $y_W(z,t)$, und damit ergibt sich für die Auslenkung des Massenmittelpunktes S

$$x_s(z,t) = x_w(z,t) + e_\zeta(z) \cos \Omega t - e_\eta(z) \sin \Omega t$$
$$y_s(z,t) = y_w(z,t) + e_\zeta(z) \sin \Omega t + e_\eta(z) \cos \Omega t \tag{7.9}$$

Damit lauten die Bewegungsgleichungen

$$m \frac{\partial^2}{\partial t^2}(x_w + e_\zeta \cos \Omega t - e_\eta \sin \Omega t) + EI \frac{\partial^4 x_w}{\partial z^4} = 0$$

$$m \frac{\partial^2}{\partial t^2}(y_w + e_\zeta \sin \Omega t + e_\eta \cos \Omega t) + EI \frac{\partial^4 y_w}{\partial z^4} = 0 \tag{7.10}$$

Sowohl für die Bewegung als auch für die Unwuchtverteilung lassen sich Lösungsansätze mit Hilfe der bekannten Eigenfunktionen der Rotorschwingung angeben

$$x_w(z,t) = \sum_{n=1}^{\infty} X_n(t) \sin \frac{n\pi z}{l} \quad , \quad y_w(z,t) = \sum_{n=1}^{\infty} Y_n(t) \sin \frac{n\pi z}{l} \tag{7.11}$$

$$e_\zeta(z) = \sum_{n=1}^{\infty} a_n \sin \frac{n\pi z}{l} \quad , \quad e_\eta(z) = \sum_{n=1}^{\infty} b_n \sin \frac{n\pi z}{l} \tag{7.12}$$

Geht man mit diesen Separationsansätzen in die Bewegungsgleichungen (7.10) ein, so läßt sich für jeden Mode das Zeitverhalten aus einer Schwingungsgleichung zweiter Ordnung mit harmonischer Unwuchtanregung bestimmen

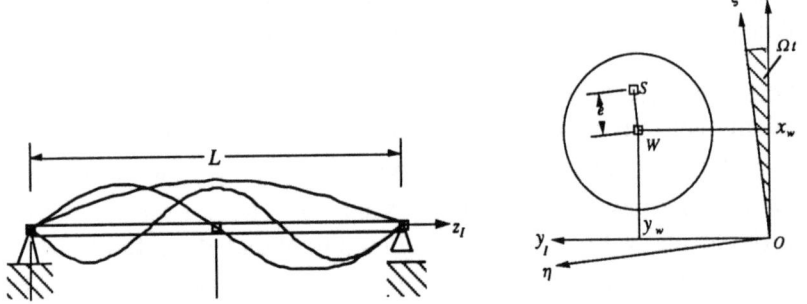

Bild 7.5 Homogener Rotor mit seinen Eigenformen und Querschnitt des Rotors an der Stelle z

$$\ddot{X}_n + \frac{EI}{m}\frac{\pi^4 n^4}{l^4} X_n = -\frac{b_n}{m}\Omega^2 \cos \Omega t + \frac{a_n}{m}\Omega^2 \sin \Omega t$$

$$\ddot{Y}_n + \frac{EI}{m}\frac{\pi^4 n^4}{l^4} Y_n = \frac{a_n}{m}\Omega^2 \sin \Omega t - \frac{b_n}{m}\Omega^2 \cos \Omega t$$

(7.13)

Die Gesamtschwingung $x_W(z,t)$, $y_W(z,t)$, wie sie in Gl. (7.11) angesetzt wurde, setzt sich damit aus einer Überlagerung von n Einzelschwingungen einläufiger Schwinger vom Typ (7.12) zusammen. Falls also die Unwucht auf dem Rotor sinusförmig verteilt ist ($n=1$), dann bedeutet das, daß nur die erste Eigenschwingung des Rotors von dieser Unwucht angeregt werden kann. Andererseits, wenn die Unwucht als Einzelmasse lokal diskret wirkt, enthält sie wegen der Entwicklung nach Gl. (7.12) sämtliche Eigenfunktionen und regt damit auch alle Eigenschwingungen des Rotors an. Das bedeutet, daß es nicht möglich ist, eine verteilte Unwucht durch ein lokal diskret wirkendes Gegengewicht an irgend einer Stelle des Rotors auszugleichen. Da auch Lagerkräfte an diskreten Stellen auf den Rotor wirken, wird es ebenfalls nicht möglich sein, eine verteilte Unwucht durch solche diskrete Lagerkräfte in ihrer gesamten Wirkung zu kompensieren, auch wenn die Lagerkräfte über ein Reglerkonzept aktiv erzeugt und ihre Einflußmöglichkeiten dadurch stark verbessert werden.

Ausführliche Angaben über *Wuchtverfahren bei elastischen Rotoren* sind in /KELL 85/ enthalten. Von besonderem Interesse sind für uns Verfahren, die es uns ermöglichen, die Unwuchtverteilung aus lokal diskreten Messungen zu berechnen oder einen geeigneten Beobachter zur Schätzung zu entwerfen. Das wäre nützlich für eine Regelung mit einer Berücksichtigung oder gar Kompensation der Störgröße "Unwuchtschwingung". Solche Untersuchungen für elastische Rotoren sind im Gange /LAST 92/. Für einen starren Rotor sind entsprechende Konzepte für den "kräftefreien"Lauf in Abschnitt 6.2 kurz behandelt.

7.4 Finite Element Modell, Softwarepakete

Finite Element Methode

Bei der Methode der Finiten Elemente (FEM) wird die elastische Struktur, z.B. Rotor oder Fundament, gedanklich in eine endliche Anzahl mehr oder weniger einfacher Elemente zerlegt. Solche Elemente wurden mit Mitteln der Elastizitätstheorie ausführlich untersucht. Ihr Verhalten unter äußerer Last oder auch unter der Wirkung von Trägheitskräften und Feldkräften ist bekannt. Bei der sogenannten Verschiebungsgrößenmethode werden diese Elemente nun an diskreten Stellen miteinander verknüpft, wobei gewisse geometrische Stetigkeitsbedingungen eingehalten werden können, je nach der Ordnung der gewählten Elemente. Die Vorgehensweise ist die folgende:

- Das Kontinuum wird durch gedachte Schnitte in einfache Teilbereiche aufgeteilt (in Finite Elemente). Dafür gibt es bereits Programme zur automatischen Netzgenerierung bei komplizierten Aufgaben.

- Der Kraftfluß von Element zu Element erfolgt in diskreten Punkten (Knoten). Die Verschiebungen dieser Knoten werden als grundlegende Unbekannte betrachtet (daher der Name Verschiebungsgrößenmethode).

- Es werden Funktionen angesetzt, die dem Verschiebungszustand innerhalb eines Elements eindeutig die Knotenpunktsverschiebungen zuordnen und die Kompatibilität zum Nachbarelement sichern. Diese Arbeit, ist für den Anwender mit der Wahl des Elementes bereits getan.

- Über das Verschiebungsfeld sind in einem Element auch der Verzerrungszustand und über das Stoffgesetz auch der Spannungszustand bekannt. Nach dieser Methode wurde z.B. auch die Festigkeit des Rotors bei sehr hohen Drehzahlen in Abschnitt 5.7 bestimmt.

- Über das Prinzip der virtuellen Arbeit werden den an den gedachten Elementrändern wirkenden Spannungen statisch gleichwertige resultierende Knotenpunktskräfte zugeordnet. Während also die geometrischen Bedingungen wenigstens an den Knotenpunkten exakt erfüllt sind, werden die Aussagen über die Knotenkräfte nur im Mittel richtig sein.

- Aus den Bedingungen für die näherungsweise Erfüllung des Gesamtgleichgewichts folgt die Gesamtsteifigkeitsbeziehung, aus der die unbekannten Knotenpunktsverschiebungen berechnet werden können. Diese Knotenpunktsverschiebungen sind die gesuchten Auslenkungen der elastischen Struktur an diskreten Stellen.

Die Vorgehensweise ist stark auf eine numerische Systematik mit Matrizenoperationen zugeschnitten. Für die Knotenpunktverschiebungen q, z.B. mit über 1000 Elememten, treten Gleichungen auf der bekannten Form

$$M \ddot{q} + D \dot{q} + K q = 0 \qquad (7.14)$$

aus denen Eigenwerte und Eigenformen zu ermitteln sind. Von diesen Eigenschwingungen werden letzlich nur wenig dominante, mit denen sich das Schwingungsverhalten am zutreffendsten beschreiben läßt, verwendet und dienen zum Aufbau eines Modells niederer Ordnung für die Regelstrecke. Einführungen in die mechanischen Grundlagen der FEM finden sich in den Lehrbüchern über Technische Mechanik, z.B. von /SAZI 84/, ausführliche Darstellungen sind z.B. in /ZIEN 77/ enthalten.

Rechenprogramme

Es gibt zahlreiche FEM-Programme zur Berechnung von elastischen Strukturen. Es überwiegen Verfahren für linear-elastische Probleme, doch auch nichtlineare Effekte lassen sich erfassen. Zwei solcher Programme seien im folgenden genannt.

Ein Programm, das von uns mehrfach zur Berechnung komplexer Festigkeits- und Schwingungsprobleme eingesetzt wurde, ist MARC /MARC 90/. Es eignet sich vor allem dazu, Nichtlinearitäten in den Randbedingungen wie Schrumpfsitze oder Kontaktbedingungen zu beschreiben und hochbeanspruchtes Werkstoffverhalten bis zur Plastizitätsgrenze zu modellieren /VIGG 91/.

Ein industrielles Programm, das speziell zur Schwingungsberechnung von Rotor-Fundament-Systemen entwickelt wurde, ist MADYN /MADY 82/.

7.4 Finite Element Modell, Softwarepakete

Die Sonderbedingungen der Rotordynamik entstehen durch die Kreiselwirkung und durch örtlich wirkende, oft nichtkonservative Kräfte bei hydrodynamischen Lagern oder bei Reglereingriffen mit unsymmetrischen lage- und geschwindigkeitsabhängigen Eigenschaften. Um diese Effekte mathematisch einwandfrei erfassen zu können, sind außer den reellen auch komplexe Eigenwertalgorithmen vorhanden. Zur Darstellung der Ergebnisse gibt es verschiedene Plotformen.

Das FE-Programm kann bis zu 500 Knoten und bis zu 2000 Freiheitsgrade enthalten. Folgende Elemente sind verwendbar: allgemeiner Balken, Stab, Welle, reduzierte Welle, Feder/Dämpfer, Gleitlager, Punktmassen, starre Körper, koeffizientenweise eingebbare generalisierte Elemente, kinematische Kopplungen. Das Programm erstellt die Steifigkeitsmatrix, die Matrix der nichtkonservativen Lagekräfte, Massenmatrix, Dämpfungsmatrix, Kreiselmatrix. Das Programm berechnet dann u.a. Eigenwerte, kritische Drehzahlen, dynamische Steifigkeiten, harmonische Anregungen sowie transiente Schwingungen.

Beispiel

Als Beispiel für ein mit MADYN ermitteltes Ergebnis dient das Schwingungsverhalten einer Frässpindel /SIEG 89/. Die Modellierung mit dem FE-Programm muß dabei als iterativer Vorgang betrachtet werden, dessen Ziel es ist, ein physikalisch sinnvolles Modell zu bilden, das mit der experimentellen Modalanalyse (s. auch Abschnitt 7.5) am Rotor möglichst gut übereinstimmt.

Insbesondere die innere Dämpfung kann nur über die experimentelle Modalanalyse bestimmt werden. Für die Dämpfungsmatrix D im FE-Modell von Gl. (7.4.1) wird dabei der folgende Ansatz gemacht

$$D = \alpha M + \beta K \tag{7.15}$$

Die Konstanten α und β für die Strukturdämpfung werden im FE-Modell so lange variiert, bis der resultierende Dämpfungsgrad mit der Messung übereinstimmt.

Der Aufbau des Rotors aus finiten Elementen ist aus Bild 7.6 ersichtlich. Die obere Hälfte des Bildes stellt die Rotorkonstruktion dar, und die untere Hälfte zeigt die FE-Aufteilung. Es wurden 8 Knoten (schwarze Punkte) gewählt, die durch 7 Elemente verbunden sind. Die einzelnen Elemente haben dabei keine konstante Geometrie, sondern sind, wie aus der Darstellung ersichtlich, nochmals in Teilelemente unterteilt. Diese Teilelemente bauen sich aus einer linearelastischen Grundstruktur auf, und sie sind zum Teil mit einer verteilten Zusatzmasse belegt. Die Zusatzmassen, sie repräsentieren die nicht zur tragenden Struktur gehörenden Blechpakete, bewirken Trägheitskräfte, geben aber keinen Beitrag zur Rotorsteifigkeit. Nach mehrmaliger, physikalisch sinnvoller Verbesserung der Geometrie der Elemente wurde schließlich das in Bild 7.7 gezeigte Verhalten des FE-Modells gefunden. Die Unterschiede zwischen der Modalanalyse, also den experimentellen Ergebnissen, und dem FE-Modell sind für die gezeigten ersten zwei elastischen Modes relativ klein. Mit diesem gesicherten Modell sind jetzt auch weitere Modifikationsabschätzungen sinnvoll, wie der Einfluß eines Fräswerkzeugs an der Rotorspitze oder eine Spannvorrichtung in der hohlen Rotorwelle. Die Eigenwerte und Dämpfungsgrade des FE-Modells sind die folgenden

Elastischer Mode 1: $f = 972\,\text{Hz} \quad \zeta = 0.0023$
Elastischer Mode 2: $f = 2540\,\text{Hz} \quad \zeta = 0.0055$
Elastischer Mode 3: $f = 3923\,\text{Hz} \quad \zeta = 0.0255$

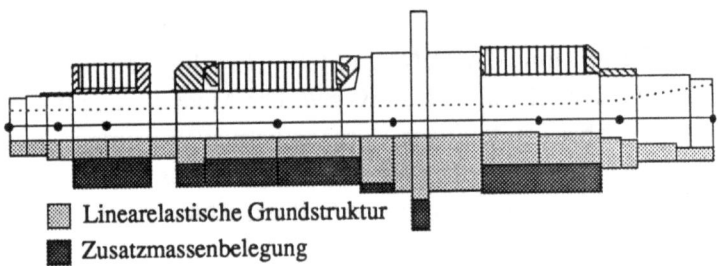

Bild 7.6 Finite Element Aufteilung des Frässpindelrotors

7.5 Modalanalyse

Modalanalyse ist das Untersuchen und Charakterisieren einer elastischen Struktur durch ihre modalen Kennwerte, also ihre Eigenwerte (Eigenfrequenzen, Eigendämpfungen, Eigenformen). Solche Informationen über die Struktur sind erforderlich für ihre schwingungstechnische Auslegung, ganz besonders, wenn damit Parameter für eine spätere Regelung ermittelt werden. Eine rein theoretische Analyse würde im allgemeinen keine ausreichend genauen Parameter liefern können.

7.5 Modalanalyse

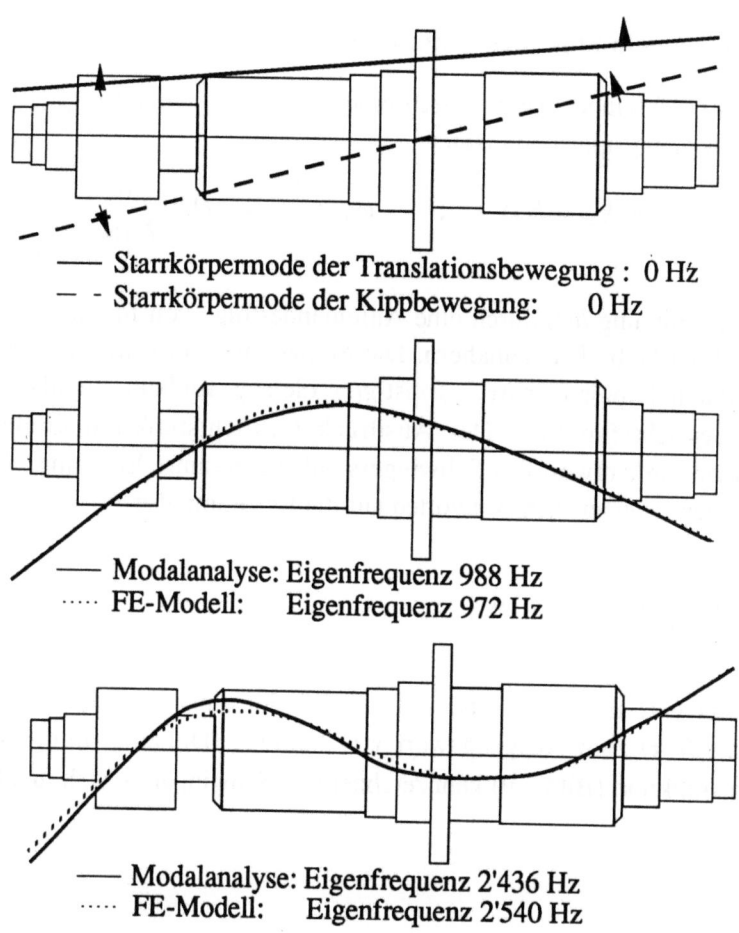

Bild 7.7   Eigenformen aus dem FE-Modell und aus der experimentellen Modalanalyse

Die theoretische Vorgehensweise für die Untersuchung solcher linearer Schwingungssysteme ist stark systematisiert. Aber auch die Experimente werden durch spezielle Geräte für die digitale Signalverarbeitung, sog. Modalanalysatoren, entscheidend gefördert. Die meisten bei der Analyse erforderlichen Transformationen, im Zeit- oder im Frequenzbereich sind per Knopfdruck abrufbar. Im folgenden wird eine kurze Einführung in die Modalanalyse gegeben. Zunächst wird die erzwungene Schwingung des einläufigen Schwingers im Zeit- und Frequenzbereich beschrieben. Anschließend werden die Schwingungsparameter auch für einen Schwinger mit mehreren Freiheitsgraden aus den kennzeichnenden Frequenzgangverläufen abgeleitet. Ausführliche Darstellungen finden sich in /EWIN 84/ oder in den Anleitungen der Gerätehersteller von Schwingungsanalysatoren.

Erzwungene Schwingung des einläufigen Schwingers

Ein einläufiger Schwinger werde durch eine Erregerkraft $h(t)$ erregt (Bild 7.8). Seine Bewegungsgleichung lautet

$$m\ddot{y} + d\dot{y} + ky = h(t) \quad , \quad \omega_0^2 = \frac{k}{m} \quad , \quad D = \frac{d}{2m\omega_0} \tag{7.16}$$

Man kann die Erregung $h(t)$ durch eine Aufeinanderfolge von Impulsen der Breite $\Delta\tau$ und der Höhe $h(\tau)$ annähern. Die Schwingungsantwort auf einen einzelnen Einheitsimpuls (für $\Delta\tau \to 0$) ist $g(t)$, die sog. Einheits-Impulsantwort oder Gewichtsfunktion. Der Ausdruck Gewichtsfunktion kommt daher, daß man die Antwort des Schwingers auf die gesamte Erregung $h(t)$ zusammensetzen kann aus den Antworten auf die Einzelimpulse

$$y(t) = \int_0^t g(\tau)\, h(t-\tau)\, d\tau \tag{7.17}$$

und dabei gibt $g(\tau)$ an, mit welchem "Gewicht" der um τ zurückliegende Erregerwert $h(t-\tau)$ zum Ausgangswert $y(t)$ beiträgt (Duhamel-Integral). Die Gewichtsfunktion (Bild 7.9) kennzeichnet den Schwinger an sich, unab-

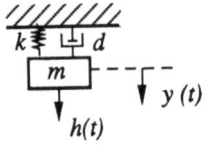

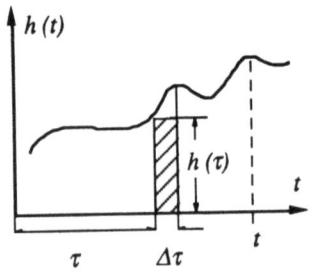

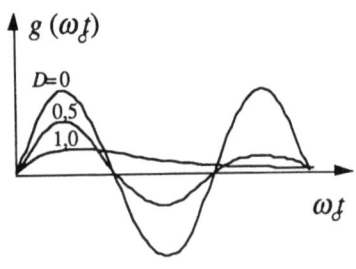

Bild 7.8 Einläufiger Schwinger und zeitlicher Verlauf seiner Anregung als Impulsfolge

Bild 7.9 Impulsantwort oder Gewichtsfunktion $g(t)$ des einläufigen Schwingers

7.5 Modalanalyse

hängig von der Erregung $h(t)$. Auch im Frequenzbereich läßt sich die Schwingungsantwort angeben: Aus der Schwingungsgleichung erhält man den Zusammenhang

$$Y(\omega) = G(\omega)\, H(\omega) \qquad (7.18)$$

Dabei ist $Y(\omega)$ die Fouriertransformierte der Schwingungsantwort $y(t)$,

$\qquad\quad H(\omega)$ die Fouriertransformierte des Eingangs $h(t)$,

$\qquad\quad G(\omega) = (-m\,\omega^2 + jd\omega + k)^{-1}$

der komplexe Frequenzgang des Schwingers.
Denselben Ausdruck erhält man auch, wenn man die Fouriertransformierte der über das Duhamel-Integral erhaltenen Schwingungsantwort bildet. Aus dem Faltungsintegral

$$\int g(\tau)\, h(t-\tau)\, d\tau \qquad (7.19)$$

im Zeitbereich wird das Produkt $G(\omega)\, H(\omega)$ im Frequenzbereich. Durch Vergleich sieht man, daß der Frequenzgang gleich der Fouriertransformierten der Gewichtsfunktion ist. Frequenzgang und Gewichtsfunktion charakterisieren den Schwinger auf äquivalente Weise im Frequenzbereich und im Zeitbereich. Aehnliche Ueberlegungen gelten für Schwinger mit mehreren Freiheitsgraden, wie im folgenden gezeigt wird.

Eigenschwingungen und modale Parameter einer elastischen Struktur

Die Bewegung einer elastischen Struktur läßt sich näherungsweise durch die Bewegung von diskreten Punkten der Struktur beschreiben. Für die mechanisch-mathematische Modellierung der Struktur gibt es verschiedene Näherungsverfahren, die eine solche Diskretisierung erlauben (Mehrkörpermodelle, Finite-Element-Modelle). Die Bewegungen $y_i(t)$ der $i = 1,...,f$ diskreten Strukturpunkte faßt man zu einem Vektor

$$y = \begin{bmatrix} y_1, \dots, y_i, \dots, y_f \end{bmatrix}^T \qquad (7.20)$$

zusammen. Die Bewegungsgleichung lautet

$$M\ddot{y} + D\dot{y} + Ky = h(t) \qquad (7.21)$$

und in Analogie zu den Parametern des einläufigen gedämpften Feder-Masse-Schwingers bezeichnet man M, D und K als Massen-, Dämpfungs- und Steifigkeitsmatrizen. Diese Strukturmatrizen sind symmetrisch und positiv definit.

Das homogene System von linearen Differentialgleichungen läßt sich lösen mit einem Lösungsansatz der Form

$$y_K(t) = \tilde{y}_k \, e^{\lambda_k t} \quad , \quad k = 1, \cdots, 2f \qquad (7.22)$$

Die Kenngrößen sind die Eigenwerte λ_k und die Eigenvektoren $\tilde{y}_k$. Beide seien entweder reell oder treten als konjugiert komplexe Paare auf. Ein Eigenwert ist somit gegeben durch

$$\lambda_i = \delta_i + j\,\omega_i \quad , \quad \lambda_{i+f} = \lambda_i^* \, , \, i = 1, \cdots f \qquad (7.23)$$

wobei $(-\delta_i)$ als Eigendämpfung oder Abklingkonstante und ω_i als Eigenfrequenz bezeichnet werden.

Die Eigenwerte des *ungedämpften Systems* ($D = 0$) haben die Eigenschaft, rein imaginär zu sein: $\lambda_i = j\omega_i$, $\lambda_{i+f} = -j\omega_i$. Die Eigenvektoren $\tilde{y}_i$ sind dann reell. Das heißt, der Lösungsansatz kennzeichntet rein harmonische Schwingungen, die Eigenvektoren geben die Amplitude der Auslenkungen an den diskreten Koordinatenstellen an; alle Koordinatenstellen bewegen sich gleich- oder gegenphasig, Nulldurchgänge oder Maximalwerte werden gleichzeitig erreicht. Man kann die reellen Eigenvektoren $\tilde{y}_i$ zu einer Matrix

$$\widehat{Y} = [\tilde{y}_1, \cdots, \tilde{y}_f] \qquad (7.24)$$

zusammenfassen und mit ihrer Hilfe statt der ursprünglichen Auslenkungen y neue Koordinaten $\hat{y}$, sog. Modalkoordinaten, einführen

$$y = \widehat{Y}\,\hat{y} \qquad (7.25)$$

Die Modalkoordinaten kennzeichnen direkt die räumliche Form der jeweiligen Eigenschwingung.

7.5 Modalanalyse

Eine besonders anschauliche Darstellung des Schwingungssystems mit Hilfe seiner Eigenschwingungen erhält man, wenn der Schwinger ungedämpft ist oder eine sog. Strukturdämpfung aufweist, wenn z.B. die Dämpfung proportional zur Steifigkeit ist

$$\boldsymbol{D} = 2\zeta \boldsymbol{K} \tag{7.26}$$

Dann erhält man, wenn man mit der Koordinatentransformation (7.25) die Bewegungsgleichung umformt, einen Satz von entkoppelten Bewegungsgleichungen

$$\begin{bmatrix} \vdots \\ \ddot{\hat{y}}_i \\ \vdots \end{bmatrix} + \begin{bmatrix} \ddots & & \\ & 2\zeta_i \omega_{0i} & \\ & & \ddots \end{bmatrix} \begin{bmatrix} \vdots \\ \dot{\hat{y}}_i \\ \vdots \end{bmatrix} + \begin{bmatrix} \ddots & & \\ & \omega_{0i}^2 & \\ & & \ddots \end{bmatrix} \begin{bmatrix} \vdots \\ \hat{y}_i \\ \vdots \end{bmatrix} = 0 \tag{7.27}$$

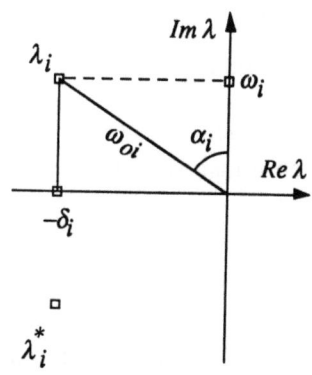

Bild 7.10 Komplexer Eigenwert λ_i

Jede Eigenschwingung $\hat{y}(t)$ verhält sich also wie ein einläufiger gedämpfter Feder-Masse Schwinger. Die Lage des Eigenwertes in der komplexen Ebene kennzeichnet das Frequenz- und Dämpfungsverhalten. Man charakterisiert die Dämpfung einer Eigenschwingung durch den Dämpfungsgrad D von Gl. (7.16) bzw. seine modale Dämpfung ζ_i

$$\zeta_i = \sin \alpha_i = \frac{-\delta_i}{\sqrt{\omega_i^2 + \delta_i^2}} = \frac{-\delta_i}{\omega_{0i}} = D_i \tag{7.28}$$

Für $\zeta_i = 0$ ist die Schwingung ungedämpft, für $\zeta_i = 1$ wird die sog. kritische Dämpfung erreicht. Auch beim mehrläufigen Schwinger kann man die Antwort auf eine beliebige Erregung $h(t)$ als eine Antwort auf die Überlagerung von Impulserregungen angeben:

$$y(t) = \int_0^t \psi(t-\tau)\, h(\tau)\, d\tau = \int_0^t \psi(\tau)\, h(t-\tau)\, d\tau \tag{7.29}$$

In der Matrix der Gewichtsfunktionen

$$\psi(t) = \begin{bmatrix} g_{11}(t) & \cdots & g_{1f}(t) \\ \vdots & & \vdots \\ g_{f1}(t) & \cdots & g_{ff}(t) \end{bmatrix} \quad (7.30)$$

kennzeichnet z.B. die 1. Spalte die Antwort des Schwingers auf einen Einheitsimpuls h_1 in der 1. Koordinate. Im Frequenzbereich gilt für das obige Faltungsintegral der Zusammenhang:

$$Y(\omega) = G(\omega)\, H(\omega) \quad (7.31)$$

Dabei ist $Y(\omega)$ die Fouriertransformierte des Ausgangsvektors $y(t)$,

$H(\omega)$ die Fouriertransformierte des Eingangsvektors $h(t)$,

$G(\omega)$ die Fouriertransformierte der Matrix der Gewichtsfunktionen $\psi(t)$ oder die Frequenzgangmatrix.

Diese *Frequenzgangmatrix* erhält man natürlich auch, wenn man die Bewegungsgleichung direkt in den Frequenzbereich transformiert

$$\left[-M\omega^2 + D\,j\omega + K \right] Y(\omega) = H(\omega)$$
$$G(\omega) = \left[-M\omega^2 + D\,j\omega + K \right]^{-1} \quad (7.32)$$

Die Frequenzgangmatrix läßt sich so umformen, daß die Bestimmungsgrößen des Schwingungssystems zum Ausdruck kommen. Es ist

$$G(\omega) = \sum_{i=1}^{f} G_i(\omega) = \sum_{i=1}^{f} \left[\frac{\tilde{y}_i\, \tilde{y}_i^T}{j\omega - \lambda_i} + \frac{\tilde{y}_i^*\, \tilde{y}_i^{*T}}{j\omega - \lambda_i^*} \right] \quad (7.33)$$

Die ganze Frequenzgangmatrix besteht aus einer Summe von $f \times f$ Matrizen $G_i(\omega)$, von denen jede den Einfluß einer Eigenschwingung kennzeichnet (komplexer Eigenvektor $\tilde{y}_i$, Eigenwert $\lambda_i = \delta_i + j\omega_i$). Der Einfluß einer einzelnen Eigenschwingung auf den Frequenzgang ist bei derjenigen Frequenz ω am größten, die am besten mit der jeweiligen Eigenfrequenz $\omega_i = \mathrm{Im}\,\lambda_i$ übereinstimmt, wenn also in Gl. (7.5.13) der Nenner am kleinsten wird. Betrachten wir z.B. das Element $G_{mn}(\omega)$ der

7.5 Modalanalyse

Frequenzgangmatrix $G(\omega)$. Ein typischer Verlauf des Betrags $|G_{mn}(\omega)|$ dieser komplexen Funktion, ein sog. Amplitudenfrequenzgang, ist in Bild 7.11 aufgetragen. Er kennzeichnet den Ausgang des Schwingers an der Stelle m, bezogen auf das Eingangssignal an der Stelle n, in Abhängigkeit von der Erregerfrequenz ω. Das Bild zeigt, daß die Amplitudenüberhöhungen im Bereich der Eigenfrequenzen am größten sind (Resonanz), die Überhöhungen selbst hängen stark von der Dämpfung ab. Diese Eigenschaften werden später zur Messung der modalen Parameter verwendet.

Es ist wichtig zu erkennen, daß der Einfluß einer jeden Eigenschwingung (praktisch) an jeder Stelle des Schwingers wirksam ist. Es genügt also, eine Spalte oder eine Zeile der Frequenzgangmatrix zu kennen, um daraus alle Eigenschwingungen zu bestimmen. Das heißt, man kann das System an einer einzigen Stelle erregen und alle f Auslenkungen messen, oder man kann das System an f Stellen erregen und an einer einzigen Stelle messen. Nach dem Maxwellschen Reziprozitätsprinzip sind damit Erregungsort und Meßort austauschbar, und es gilt $G_{mn} = G_{nm}$. In der Praxis bildet man Mittelwerte über mehrere Messungen.

Für die Regelung oder Steuerung elastischer Schwingungen mit einem aktiven Lager bedeutet das: ein einziges Lager kann im Prinzip alle Eigenschwingungen beeinflussen; außerdem genügt bereits die Wegmessung an einer einzigen Stelle des Rotors, sofern sie nicht in einem Schwingungsknoten erfolgt, um dabei alle relevanten Eigenschwingungen zu erfassen.

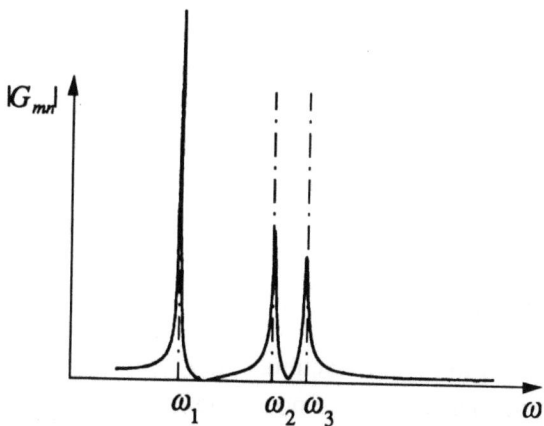

Bild 7.11 Beispiel für den Amplitudenfrequenzgang $|G_{mn}(\omega)|$ bei einem schwach gedämpften Systems

Bestimmung der Modalen Parameter aus den Frequenzgängen

Ergänzend zum oben Gesagten seien hier noch einige Hinweise zum konkreten Vorgehen bei der Messung modaler Parameter gegeben. Für die Vermessung eines Rotors können wir z.B. folgendermaßen vorgehen. Wir lagern den Rotor zunächst auf einer weichen Unterlage oder hängen ihn an einem Draht auf, um damit eine frei-frei Lagerung anzunähern. Wir definieren eine Stelle x zur Messung des Ausgangssignals und befestigen dort einen Beschleunigungsaufnehmer. Er sollte möglichst klein sein, um die Massenverteilung des Schwingers nicht zu verfälschen. Dann definieren wir die Stellen n des Rotors, wo wir ihn durch geeignete Anregungen zum Schwingen bringen wollen. Mit Hilfe eines speziellen Hammers können wir z.B. an diesen Stellen impulsförmige Stöße erzeugen, und gleichzeitig messen wir mit dem im Hammer eingebauten Piezoaufnehmer die jeweiligen Stoßkräfte bzw. die Eingangsbeschleunigungen. Die gemessenen Eingangs- und Ausgangssignale führen wir einem Zweikanal-Schwingungsanalysator zu, der sie speichert, die jeweiligen Fouriertransformierten und auch die komplexen Frequenzgänge $G_{xn}(\omega)$ berechnet. Mittelwertbildungen über mehrere Stöße sind angebracht. Es gibt verschiedene Algorithmen zur Auswertung dieser Frequenzgänge, um daraus Eigenfrequenzen und Eigendämpfungen zu ermitteln, und im Prinzip läßt sich die Auswertung auch auf einem PC ausführen. Auch Mehrkanal-Analysatoren und mehrachsige Beschleunigungsaufnehmer finden Verwendung. Aus den Beschleunigungs-Frequenzgängen folgen durch Integration die Geschwindigkeits- und die Auslenkungs-Frequenzgänge. Die Formen der Eigenschwingungen für den frei-frei Rotor erhalten wir dadurch, daß wir an den verschiedenen Stellen n des Rotors über seine ganze Länge anregen, und so erhalten wir die ganze n-te Spalte der Frequenzgangmatrix. Die Schwingungsformen lassen sich am Analysator, sogar im Zeitlupentempo bewegt, darstellen. Die Ermittlung der modalen Kenndaten ist durch die automatisierte Auswertung im Prinzip sehr einfach geworden, auch wenn die tatsächlichen Zusammenhänge doch recht komplex sind /EWIN 84/.

Kritische Diskussion

Als Schlußbemerkung sei nochmals auf die Voraussetzungen für die skizzierte Modalanalyse und auf noch offene Fragen hingewiesen. Die Modalanalyse beruht auf der Annahme, daß sich die schwingende Struktur als linear-elastisch modellieren läßt (***M***,***D***,***K*** - Struktur nach Gl. 7.5.4). Das ist

7.5 Modalanalyse

bei komplizierten Rotoren, die sich aus Teilen mit Schrumpfsitzen, Verschraubungen, Blechpaketen und Motorwicklungen aufbauen, nicht mit Sicherheit voraussetzbar. Vor allem die gemessenen Dämpfungswerte werden im allgemeinen nur als Schätzwerte zu betrachten sein. Die Übereinstimmung mit dem theoretischen FE-Modell ist häufig nur über iterative Korrekturen zu erreichen, eine systematische Analyse der Abweichungen ist bislang noch recht schwierig und erfordert Fachkenntnisse und Erfahrung. Trotzdem ist eine, wenn auch noch ungenaue, schwingungstechnische Modellierung des Rotors im Entwurfsstadium sehr empfehlenswert, damit wenigstens einmal ein Ausgangspunkt für den Reglerentwurf vorliegt.

Es ist zu erwarten, daß in Zukunft bei der Reglerauslegung stufenweise vorgegangen wird. Die Abweichung der Rotorparameter von den theoretisch vorgegebenen Entwurfsparametern werden meßtechnisch ermittelt mit Methoden der regelungstechnischen Identifikation ermittelt; gegebenenfalls werden dabei auch Korrekturen in der Modellierung des Strukturaufbaus selbst vorzunehmen sein, z.B. um "vergessene" oder nicht erkannte Freiheitsgrade noch zu berücksichtigen /VIGG 92/. Vorläufige Ansätze zur Beschreibung mechanischer Strukturen, die speziell für Reglerentwürfe nützlich sind und den Einbau von meßtechnisch ermittelten Korrekturen erlauben, liegen vor /BUCH 85/. Die Anwendung solcher Verfahren würde eine gewisse Abkehr von der bisher üblichen Modellierung der Struktur durch den Elementarbaustein "einläufiger Schwinger" bedeuten, eine Hinwendung zur regelungstechnisch bewährten Darstellung im Zustandsraum, und es hätte den Vorteil, daß bei dieser Modellierung auch die bisher nicht erfaßten Kreiselkräfte und nichtkonservativen Lagekräfte zwanglos enthalten wären. Dazu existiert eine breite regelungstechnische Literatur; eine Umsetzung jedoch in meßtechnische Hilfsmittel wie sie in der experimentellen Modalanalyse für mechanische Strukturen in der Form von Schwingungsanalysatoren vorliegt, ist unseres Wissens noch nicht erfolgt. Bei einem Ausbau dieser Methoden ist es vorstellbar, daß für die Feinanpassung der Regelung an die real vorhandene Struktur Automatismen entwickelt werden. Methoden dazu aus dem Bereich der adaptiven und lernenden Regelung liegen vor.

Literatur

BUCH 85   Bucher, Ch.: Contributions to the modeling of flexible structures for vibration control. Diss. ETH Zurich, No. 7700, 1985

EWIN 64   Ewins, D.J.: Modal Testing: Theory and Practice. Research Studies Press, Letchworth, England, 1984

KELL 87   Kellenberger, W.: Elastisches Wuchten. Springer-Verlag, Berlin, 1987

LAST 92   Larsonneur, R.; Siegwart, R.;Traxler, A.: Active magnetic bearing control strategies for solving vibration problems in industrial rotor systems. 5th Intl. Conf. on Vibrations in Rotating Machinery (IMechE), Bath, UK, Sept. 1992, to appear

MADY 82   MADYN-Handbuch, KrämerKlement, TH Darmstadt, 1982

MARC 90   MARC-MENTAT, General-Purpose Finite Element Program. Revision K4, Marc Analysis Research Corporation, Palo Alto, 1990

MEIR 67   Meirovitch, L.: Analytical Methods in Vibrations. Mac Millan Comp., London, 1967

SAZI 84   Sayir, M.; Ziegler, H.: Mechanik 2, Festigkeitslehre. Birkhäuser Verlag, Basel, 1984

SCHW 88   Schweitzer, G.: Magnetic Bearings. In Rieger, N.F., ed.: Rotordynamics 2, Problems in Turbomachinery, chapter 11. Springer-Verlag, Wien, 1988

SIEG 89   Siegwart, R.: Aktive magnetische Lagerung einer Hochleistungs-Frässpindel mit digitaler Regelung. Diss. ETH Zürich, No. 8962, 1989

VIGG 91   Viggiano, F.: Schadensanalyse eines zerborstenen schnellen Antriebes. VDI-Bericht 902, Düsseldorf, 1991

VIGG 92   Viggiano, F.; Schweitzer, G.: Active Magnetic Support and Design of High-Speed Rotors for Powerful Electric Drives. Third International Symposium on Magnetic Bearings, Virginia, to appear 1992

ZIEN 77   Zienkiewicz, O.C.: The Finite Element Method. McGraw Hill, London, 1977

8 Magnetische Lagerung des elastischen Rotors

8.1 Identifikation der Strecke

Die Regler-Auslegungsmethoden aus Kapitel 2 und 6 beruhen auf einem Modell des Rotors als starrer Körper. Für viele Magnetlageranwendungen kann damit eine befriedigende Lösung gefunden werden. Bei einigen Systemen, insbesondere wenn die Steifigkeit hohe Werte erreichen soll, können aber mechanische Schwingungen auftreten, die mit dem starren Rotormodell allein nicht erklärbar sind. Solche Schwingungen sind oft Biegeschwingungen des Rotors in den tiefsten zwei oder drei Biege-Eigenformen. Sie können als Pfeifen im akustischen Bereich gut hörbar sein. Wenn die Steifigkeit eines stabilen Systems erhöht wird, können diese Schwingungen oft sehr schnell so stark ansteigen, daß die Leistungsverstärker in die Sättigung geraten und das ganze System instabil wird.

Dieses Kapitel soll Wege aufzeigen, wie systematisch vorgegangen werden kann, um solche Schwingungen zu vermeiden. Dabei können keine fertigen Rezepte gegeben werden, da fast jedes Magnetlagersystem seine besonderen Eigenheiten und Ansprüche aufweist. Es können aber Denkanstöße gegeben werden, in welche Richtung und mit was für Methoden gearbeitet werden kann und was dabei berücksichtigt werden sollte.

Mit den in Kapitel 7 eingeführten Methoden kann das technisch relevante mechanische Schwingungsverhalten des Rotors sehr genau beschrieben werden, obwohl das mathematische Modell auch hier nur eine idealisierte Näherung des wirklichen Systems darstellt. Das Vorhandensein solch eines mathematischen Modells des elastischen Rotors ist somit eine erste Voraussetzung zur systematischen Behandlung von mechanischen Schwingungen in einem Magnetlagersystem.

Mit dem Modell können Computer-Simulationen durchgeführt werden und der Regler kann zunächst am Rechner ausgelegt und angepaßt werden. Noch weniger als beim starren Rotor kann nun aber ein Regler einfach durch "blinde" Anwendung von Standard Methoden der Regeltechnik gefunden werden. Bei anspruchsvollen Systemen, wie sie bei industriellen Anwendungen vorkommen können, wird die Reglerauslegung meist iterativ erfolgen müssen, also sowohl in der Simulation am Rechner als auch mit Versuchen und Messungen. Mit den Versuchen kann das Modell schrittweise der Wirklichkeit besser angepaßt werden. Diesen Vorgang, das Aufbauen und Verbessern des mathematischen Modells, nennt man "Identifikation" der Regelstrecke. Die Identifikation ist die erste Aufgabe jeder Anwendung von Regeltechnik. Für Magnetlagersysteme kann die Identifikation sehr anspruchsvoll werden, sie ist zur Zeit Gegenstand von Forschungsarbeiten. Falls die Rotorelastizität einbezogen werden soll, ist wegen der höheren Ordnung des Modelles geeignete Software für Identifikation und Reglerauslegung unerläßlich.

Das mechanische Schwingungsverhalten kann oft recht gut modelliert werden, aber einige andere Streckenparameter sind meist schwierig genau zu bestimmen. Insbesondere gilt dies für die Beschreibung der Magnetlager selber mit all ihren Nichtlinearitäten. Nur schon brauchbare Werte für Kraft-Weg-Faktor und Kraft-Strom-Faktor sowie Lagerinduktivität des linearisierten Modells sind nicht immer einfach zu messen. Rein statische Werte und dynamische Werte können voneinander verschieden sein. Daher muß alle vorhandene Information über das Lager genutzt werden.

Aus Wicklungsdaten und Abmessungen können die Lagerparameter berechnet werden, ein Vergleich mit statischen Messungen in verschiedenen Arbeitspunkten gibt schon erste Anhaltspunkte über mögliche Fehlerquellen. Eine bewährte Methode ist es, aus dem Betriebsverhalten mit einem anspruchslosen Regler nach Kapitel 2 (Steifigkeit ungefähr gleich Kraft-Weg-Faktor) auf die unbekannten Parameter zu schließen. Aus Messungen von Schrittantwort und Stoßantwort mit verschiedenen Dämpfungswerten und Vormagnetisierungen können bei bekannter Rotormasse Kraft-Weg und Kraft-Strom-Faktor bestimmt werden. Dank eines solchermaßen verbesserten Modells kann schließlich der Regler schrittweise dazu gebracht werden, die gewünschten Lagereigenschaften zu erzeugen.

Vom elektrischen Leistungsverstärker ist der statische Verstärkungsfaktor natürlich genau bekannt, das Verhalten bei statischer und erst recht bei dynamischer Sättigung ist aber viel schwieriger zu erfassen und in einem Modell einzubauen. Nur ein überdimensionierter Verstärker wird nie bis an seine Sättigung gefordert, in gut dimensionierten praktisch sinnvollen Systemen wird es notwendig sein, sich mit diesem Problem auseinanderzusetzen. Für anspruchsvolle Systeme sind nichtlineare Simulationsrechnungen mit Spannungs- und Stromsättigung durchzuführen. Ein Beispiel hierzu ist in Kapitel 10 (Frässpindel) zu finden.

8.2 Modellreduktion

Es wurde in Kapitel 7 gezeigt, wie die Modellierung des Rotors als Kontinuum auf ein System mit unendlich vielen Freiheitsgraden und unendlich vielen Eigenformen führt und wie daraus die "technisch interessierenden" Schwingungsformen entnommen werden können. Aus naheliegenden Gründen sollen für die Reglerauslegung nur soviel Schwingungsformen wie nötig berücksichtigt werden. Ein Finite-Elemente Modell enthält ebenfalls viel mehr Freiheitsgrade als für die Reglerauslegung erwünscht wären. Es wird also notwendig sein, die Modellordnung zu reduzieren und die möglichen Folgen einer solchen Reduktion bei Reglerauslegung und Simulation abzuschätzen.

Aus der Literatur über Regeltechnik sind verschiedene Methoden zur Modellreduktion im Frequenz- oder im Zeitbereich bekannt. Es kann verlangt werden, daß das reduzierte Modell nur die dominanten Eigenwerte nachbildet oder es kann verlangt werden, daß das transiente Verhalten möglichst gut demjenigen des wirklichen Systems entspricht. Weniger mathematisch, aber manchmal ebenso nützlich ist es, sich in Gedanken ein vereinfachtes mechanisches Modell zu konstruieren, beispielsweise aus elastisch gekoppelten starren Teilkörpern, das einige wesentliche Eigenschaften des kontinuierlichen elastischen Körpers enthält ("physikalische Reduktion"). Wie die Reduktion durchgeführt wird ist letzlich nicht so entscheidend. Abgesehen von den in Kapitel 2 erwähnten regeltechnischen Lehrbüchern können spezialisierte Publikationen zur Modellierung und Ordnungsreduktion mechanischer Systeme konsultiert werden, z.B. /SCMA 88/. Auf die Technik der Modellreduktion wird daher hier nicht eingegangen.

Die möglichen Auswirkungen der Modellreduktion sollen aber kurz an einem einfachen Beispiel untersucht werden. Zur Einführung des Begriffes "spillover" wird von einer Zustandsdarstellung ausgegangen:

$$\dot{x} = Ax + Bu$$
$$y = Cx \qquad (8.1)$$

Das reduzierte Modell soll von Ordnung $n_M < n$ sein, wobei n die Ordnung von System (8.1) ist. Der Zustandsvektor x wird so umgeordnet, daß die ersten n_M Elemente die zu modellierenden Variabeln x_M werden. Die restlichen Elemente sind x_R. So lassen sich folgende Teilmatrizen unterscheiden:

$$\frac{d}{dt}\begin{bmatrix} x_M \\ x_R \end{bmatrix} = \begin{bmatrix} A_M & A_{MR} \\ A_{RM} & A_R \end{bmatrix} x + \begin{bmatrix} B_M \\ B_R \end{bmatrix} u$$

$$y = \begin{bmatrix} C_M & C_R \end{bmatrix} x \qquad (8.2)$$

Bild 8.1 zeigt die Verknüpfungen dieser Elemente. Das reduzierte Modell ist

$$\dot{x}' = A_M x' + B_M u$$
$$y' = C_M x' \qquad (8.3)$$

Die neuen Variabeln x' und y' sind aber nur noch Näherungen der Teilvektoren x_M und y aus (8.2). Im reduzierten Modell werden die "spillover" Effekte (etwa mit "Überlauf" zu übersetzen) vernachlässigt. Der Einfluß des Eingangs u auf die nicht modellierte Dynamik x_R wird "control spillover" genannt (Matrix B_R), der Einfluß dieser Dynamik auf den Ausgangsvektor y wird "observation spillover" genannt (Matrix C_R). Mit "interconnection spillover" schließlich werden die gegenseitigen Wirkungen von modellierten und nicht modellierten Teilen des Zustandsvektors aufeinander bezeichnet (Matrizen A_{RM} und A_{MR}).

8.2 Modellreduktion

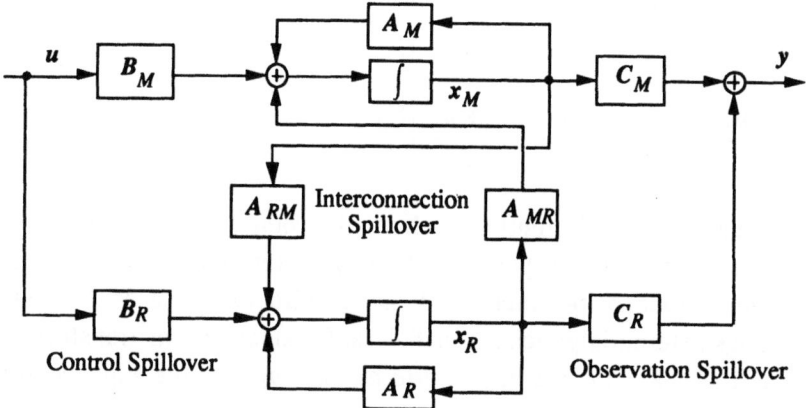

Bild 8.1 Wirkungsweise der nicht modellierten Dynamik (Indizes R) auf den modellierten Teil (Indizes M) der Regelstrecke

Die Spillover-Effekte können ein System destabilisieren, das heißt, daß das reduzierte Modell Stabilität vortäuscht, während das vollständige Modell instabil ist. Dies kann schon bei einem ganz einfachen mechanischen System, einem schwingenden Balken, eintreten. Auf Bild 8.2 sind zwei verschiedene physikalische Reduktionen des kontinuierlichen Modelles gezeigt: Einmal mit zwei Massen, womit das reduzierte Modell auch zwei Eigenformen und zwei zugehörige Eigenfrequenzen aufweist, das andere Mal mit nur einer Masse, womit nur noch die Grundschwingung modelliert werden kann. Wie verhalten sich die beiden reduzierten Systeme?

Es wirke eine Dämpfungskraft $f = -k_d\, dy/dt$ am Stabende, wo die Auslenkung mit z bezeichnet wird. Gemessen werde die Auslenkung y in Stabmitte. Der Zweimassen-Schwinger in der Mitte von Bild 8.2 hat, gemäß (7.5.3) und (7.5.4), die folgenden Bewegungsgleichungen für die Auslen-

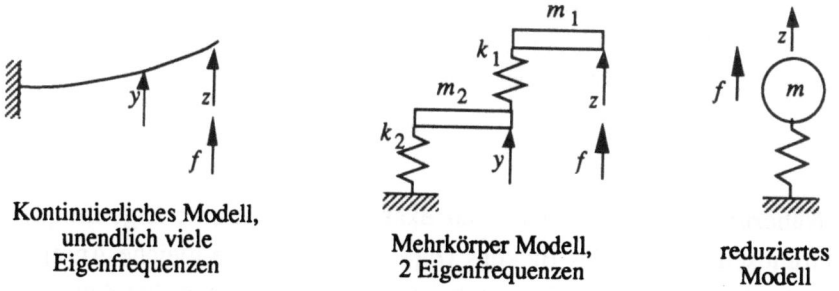

Bild 8.2 Beispiel zur Reduktion der Modellordnung

kungen z der ersten Masse und y der zweiten Masse:

$$\begin{bmatrix} m_1 & 0 \\ 0 & m_2 \end{bmatrix} \begin{bmatrix} \ddot{z} \\ \ddot{y} \end{bmatrix} + \begin{bmatrix} k_1 & -k_1 \\ -k_1 & k_1+k_2 \end{bmatrix} \begin{bmatrix} z \\ y \end{bmatrix} = M\ddot{x} + Kx = \begin{bmatrix} 1 \\ 0 \end{bmatrix} f \qquad (8.4)$$

Die Parameter der Differentialgleichung für den Einmassen-Schwinger werden aus dem Zweikörper-Modell hergeleitet, indem nur der erste Schwingungsmode beibehalten wird. Dazu wird das freie M-K-System (Bewegungsdifferentialgleichungen 8.4) auf modale Form transformiert. Die Matrix $M^{-1}K$ habe die Eigenwerte ω_1 und ω_2 und die Eigenvektoren y_1 und y_2, die zur Matrix $V = [y_1, y_2]$ zusammengefaßt. werden. Zudem seien die Eigenvektoren so normiert, daß $V^T M V = I$ (Einheitsmatrix) gilt. So führt die Modaltransformation $x = V x_m$ auf das System

$$I \ddot{x}_m + \begin{bmatrix} \omega_1^2 & 0 \\ 0 & \omega_2^2 \end{bmatrix} x_m = V^T \begin{bmatrix} 1 \\ 0 \end{bmatrix} f$$

$$y = [0 \ 1] V x_m \qquad (8.5)$$

Ein numerisches Beispiel mit $m_1 = m_2 = k_1 = k_2 = k_d = 1$ ergibt folgende Zahlenwerte der modalen Darstellung der Bewegungsdifferentialgleichung:

$$\ddot{x}_m + \begin{bmatrix} 0.382 & 0 \\ 0 & 2.618 \end{bmatrix} x_m = \begin{bmatrix} 0.851 \\ -0.526 \end{bmatrix} f$$

$$y = [0.526 \ 0.851] x_m \qquad V = \begin{bmatrix} 0.851 & -0.526 \\ 0.526 & 0.851 \end{bmatrix} \quad (8.6)$$

Daraus kann ein reduziertes Modell für den ersten Mode allein hergeleitet werden, indem nur die erste modale Variable x_1 berücksichtigt wird. Da die Variable des reduzierten Modells nur noch eine Näherung von x_1 darstellt, wird sie zur Unterscheidung mit x_1' bezeichnet.

$$\ddot{x}_1' + 0.382 x_1' = 0.851 f, \quad y' = 0.526 x_1' \qquad (8.7)$$

Die Näherungsvariable x_1' hat zwar exakt die gewünschte Eigenfrequenz der Grundschwingung des Balkens ($\omega_1^2 = 0.382$) sowie gleiche Anregung (0.851 f), die angenäherte Ausgangsvariable y' ist aber um den Ausgangs-

8.2 Modellreduktion

spillover Anteil $0.851\, x_2$ verfälscht. Der Eingangsspillover ist die in (8.7) nicht berücksichtigte Anregung $-0.526\, f$ der nicht modellierten Dynamik

$$\ddot{x}_2 + 2.618\, x_2 = -0.526\, f$$

Das System (8.6) in modaler Darstellung weist keine "interconnection spillovers" auf, da die modalen Variablen untereinander ungekoppelt sind. Eine Dämpfungskraft $f = -k_d\, dy/dt$ liefert für $k_d = 1$ in (8.7) ein stabiles System mit den Eigenwerten $-0.22 \pm i\, 0.576$. Die gleiche Kraft f wird nun auf das zweikörper-Modell (8.6) angewendet. Die Rückführung wird

$$f = k_d \dot{y} = k_d\, (0.526 \dot{x}_1 \quad 0.851 \dot{x}_2) \tag{8.8}$$

Es wird auf eine Zustandsdarstellung übergegangen mit dem modalen Zustandsvektor $[x_1, x_2, \dot{x}_1, \dot{x}_2]^T$, der Eingangsmatrix $b = [0, 0, 0.851, -0.526]^T$ und der Ausgangsmatrix $c = [0, 0, 0.526, 0.851]$, mit welcher die für die Rückführung verwendeten Geschwindigkeiten $\dot{x}_1$, und $\dot{x}_2$ ausgewählt werden. Die Dynamikmatrix des geschlossenen Regelkreises wird mit $k_d = 1$:

$$A_0 = A - bc = \begin{bmatrix} 0 & 0 & 1 & 0 \\ 0 & 0 & 0 & 1 \\ -0.382 & 0 & -0.447 & -0.724 \\ 0 & -2.618 & 0.276 & 0.447 \end{bmatrix} \tag{8.9}$$

Dieser Regelkreis ist instabil, wie die Eigenwerte von A_0 zeigen:

$$\mathrm{eig}(A_0) = \left\{ \begin{array}{l} -0.204 + 0.561\, i \\ -0.204 - 0.561\, i \\ 0.204 + 1.664\, i \\ 0.204 - 1.664\, i \end{array} \right\} \tag{8.10}$$

Im nächsten Abschnitt wird auf die Ursache dieser Instabilität eingegangen.

8.3 Einfluß der Lager- und Sensorposition längs des Rotors

Wie kommt es zur Instabilität im Beispiel oben? Der Dämpfungsterm für den ersten Mode ist zwar wie erwartet wirksam, wie das erste Eigenwertpaar (8.10) des geschlossenen Systems anzeigt. Der zweite, instabile, Mode weist aber zwischen Sensorstelle y und Aktuatorstelle z einen Knoten und damit eine Vorzeichen-Umkehr auf, wie an den Eigenformen gesehen werden kann (Bild 8.3). Diese Vorzeichenumkehr zwischen Messstelle und Kraftangriffspunkt bewirkt, daß die Kraft f mit "falschem" Vorzeichen zurückgeführt wird und somit der zweite Schwingungsmode angeregt statt gedämpft wird, auch wenn der erste Mode gedämpft wird.

Eine Möglichkeit, diesen Effekt zu vermeiden, besteht darin, an der Stelle des Aktuators zu messen (Kollokation). Unter dieser Voraussetzung kann die Stabilisierbarkeit eines mechanischen Systems mit "einfachen" Reglern allgemein nachgewiesen werden /SALM 88/. "Einfache" Regler sind in diesem Zusammenhang Regler, die sich auf das Nachbilden von passiven Elementen wie Steifigkeit und Dämpfung beschränken.

Kollokation ist aber in der Praxis nicht immer einfach zu realisieren. Daher besteht der Wunsch, die Forderung nach Kollokation zu lockern. Um den oben beschriebenen Vorzeichen-Umkehr Effekt zu vermeiden, genügt auch schon die Bedingung, daß sich *zwischen Lager und Sensor kein Knoten einer Biegeeigenform befinden darf*. Oberhalb einer bestimmten Grenzfrequenz ist dies zwar nur mit Kollokation möglich, da höhere Schwingungsformen immer mehr Knoten aufweisen. Da das ganze Magnetlagersystem, insbesondere der Aktuator, als Tiefpaß wirkt, können aber sehr hohe Frequenzen durch die Magnetlagerung ohnehin nicht mehr angeregt werden. Daher genügt es in der Praxis meist, wenn die oben postulierte Bedingung an Lager- und Sensorstelle für die ersten zwei bis vier Schwingungseigenformen erfüllt ist.

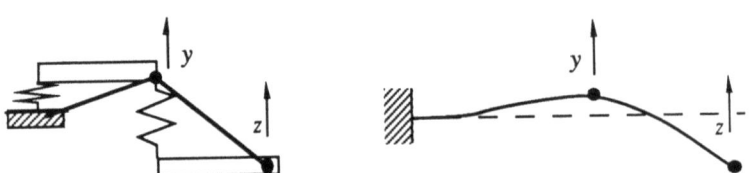

Bild 8.3   Zweiter Eigenvektor (Eigenform) des Balkens aus Bild 8.2 mit dem Vorzeichenwechsel zwischen Sensor (y) und Lager (z)

Einzig die Anordnung aller Sensoren (oder Aktuatoren) in der Nähe von Schwingungsknoten der tiefen Eigenfrequenzen ist ungünstig, da dann die Beobachtbarkeit (Steuerbarkeit) der betreffenden Eigenschwingungen verloren geht. Falls ein System einmal so konstruiert wurde, kann auch mit der besten Regeltheorie keine befriedigende Lösung mehr gefunden werden. Daher sollte vor dem Bau eines Systems zumindest eine ungefähre Vorstellung der Biegeeigenformen des Rotors gewonnen werden (siehe Kapitel 7). Im Kapitel 10 wird am Beispiel einer magnetisch gelagerten Frässpindel gezeigt, wie die Steuerbarkeit und Beobachtbarkeit verschiedener elastischer Schwingungsmodi verglichen wird und wie sich dies auf die Reglerauslegung auswirkt.

Je näher sich die Sensoren bei den Lagern befinden, desto leichter kann also hohe Steifigkeit realisiert werden. Dies ist eine *Richtlinie* für die Konstruktion, kein starres Gesetz. Die Regeltheorie ermöglicht es, "im Prinzip" mit fast beliebigen Lager-Sensor Anordnungen zu arbeiten, allerdings unter Umständen mit großem Aufwand. Sollte es also unvermeidlich sein, daß ein Knoten einer tiefen Biegeeigenform zwischen Lager und Sensor zu liegen kommt, so lassen sich Regler finden, die auch in dieser Situation eine hohe Steifigkeit erlauben. Dies muß aber mit höherem Aufwand an Identifikation und Reglerkomplexität erkauft werden. In solchen Fällen genügt ein dezentraler PD-Regler nicht mehr, wie schon aus dem vorangehenden Balkenbeispiel hervorgeht.

8.4 Möglichkeiten und Grenzen der Regelung für elastische Rotoren

Bisher konnte ab und zu der Eindruck entstehen, Magnetlagerregelung bestehe bloß im Nachbilden von mechanischer Steifigkeit und Dämpfung, obwohl in Kapitel 2 schon eine ganze Reihe grundsätzlicher Unterschiede zwischen Magnetlager und passiver Lagerung hervorgehoben wurde. Mit dem folgenden kleinen Gedankenexperiment zur Lagerung eines biegeelastischen Balkens soll ein weiterer wichtiger Unterschied zwischen einfacher Nachbildung von Feder-Dämpferverhalten einerseits und Magnetlager anderseits aufgezeigt werden. Man trage die tiefsten Eigenfrequenzen der Biegeschwingungen eines Balkens in Funktion der Dämpfung seiner Stützlager auf, wie in Bild 8.4 dargestellt. Die Stützlager seien an den Enden des Balkens angebracht.

Nun seien die beiden Grenzfälle sehr tiefer und sehr hoher Dämpfung betrachtet. Im Grenzfall tiefer Dämpfung wird der Balken die Eigenfrequenzen seiner freien Eigenschwingungsformen aufweisen. Die tiefsten zwei sind die Starrkörperbewegungen, deren Eigenfrequenzen mit immer kleiner werdender Lagerdämpfung ebenfalls abnehmen. Der Grenzfall fester Einspannung an den Lagerstellen erzwingt Schwingungsknoten in den Lagern selbst. Das bedeutet aber, daß diese Schwingungen nicht steuerbar sind und somit durch die Lager nicht mehr gedämpft werden können. Sie unterliegen nur noch der meist sehr schwachen werkstoffspezifischen mechanischen Dämpfung.

Bei langsamer Erhöhung der Lagerdämpfung von Null an werden die Dämpfungsmaße zunächst zwar ansteigen, dann aber ein Maximum erreichen und, bei noch höherer Dämpfung, wieder zurück gehen, zu den Werten, die einem fest eingespannten Balken entsprechen. Um eine sehr hohe Dämpfung zu erreichen, kann also nicht einfach die Geschwindigkeitsproportionale Rückführung erhöht werden. Ein Regler komplexer Struktur wird notwendig, dessen Funktion nicht mehr einfach im Nachbilden mechanischer Steifigkeit und Dämpfung besteht.

Für den Regelungstechniker ist das Problem "im Prinzip" einfach lösbar. Falls die Strecke steuer- und beobachtbar ist, kann ein Regler gefunden werden, der eine beliebige geforderte Steifigkeit und Dämpfung erzeugt. Dabei gibt es zwei Grenzen: Erstens müssen die Lager und die Verstärker in der Lage sein, die geforderten Amplituden bis auf *genügend hohe Frequenzen* bereitzustellen. Zweitens, dies wird oft übersehen, muß *das Modell der Strecke genügend genau mit der Wirklichkeit übereinstimmen*. Nur

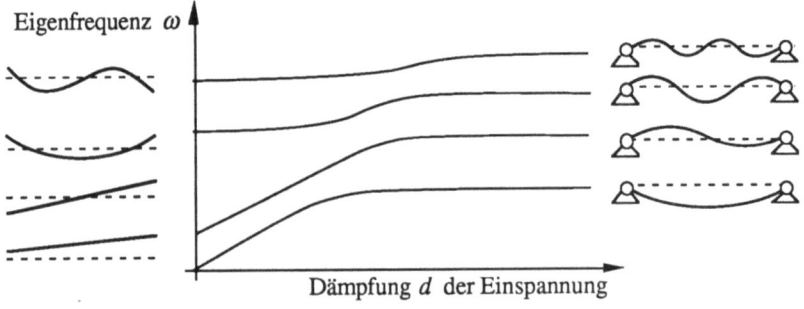

Bild 8.4 Erste vier Eigenfrequenzen und Eigenformen eines an seinen Enden eingespannnten Balkens in Funktion der Dämpfung an der Einspannung (doppelt-logarithmische Darstellung)

8.4 Möglichkeiten und Grenzen der Regelung für elastische Rotoren

wenn diese beiden Bedingungen erfüllt sind wird die theoretisch mögliche Dynamik der geregelten Strecke auch im wirklichen System realisiert.

Da ein Beobachter für das elastische Rotortmodell aber sehr empfindlich ist auf ungenau bekannte Parameter [1], ist dieser Weg in der Praxis oft nicht durchführbar. Die Identifikation der Strecke ist nicht mit genügender Genauigkeit möglich, vernachlässigte Nichtlinearitäten und Signalrauschen erschweren die Aufgabe zusätzlich.

Neben der großen Empfindlichkeit gegen Modellierungsfehler wird zudem die *hohe Ordnung* des vollständigen Zustandsreglers Reglers ganz erhebliche Anforderungen bei der Realisierung stellen. Eine radiale Rotorlagerung, deren Modell drei elastische Biegeschwingungsformen berücksichtigt, weist pro Radialrichtung mindestens fünf Freiheitsgrade auf, zwei für die Starrkörper Bewegungen und drei für die Biegeeigenformen. Für beide Radialrichtungen zusammen ergeben sich somit zehn mechanische Freiheitsgrade, also ein System der Ordnung zwanzig. Bei vier Reglereingängen verlangt also eine vollständige Zustandsregelung achtzig Rückführkoeffizienten. Dies zusammen mit einem Beobachter sowie allenfalls weiteren notwendigen Zustandsvariablen (Filter, Berücksichtigung der Induktivitäten und Integratoren) veranschaulicht, daß vollständige Zustandsrückführung dann nur noch eine theoretische Lösung ist.

Eine Kombination von Regeltheorie und eher pragmatischen Lösungsideen ist notwendig. In diese Kategorie gehört die dezentrale Regelung. Flexible und angepasste Lösungen sind notwendig, wie beispielsweise die Folgende: Falls ein Schwingungsknoten einer tiefen Biegeschwingung sich in einem Lager befindet, und falls diese Biegeschwingung nicht genügend gedämpft ist, so muß versucht werden, diese Dämpfung über das andere Radiallager zu erzeugen. Falls nun ungeschickterweise der Sensor dieses anderen Radiallagers ebenfalls in der Nähe eines Knotens dieser Biegeschwingung plaziert ist, so kann dieser Schwingungsmode mit nur lokalen Rückführungen nicht mehr gedämpft werden. In diesem Fall wäre eine gezielte Koppelung vom einen Sensor zum anderen Lager eine mögliche Abhilfe. Diese Situation ist in /LARS 90/ aufgetreten.

---

[1] Im Gegensatz dazu ist ein Beobachter, der nur dazu verwendet wird, bei einem starren Rotor aus Lagemessungen Geschwindigkeitssignale zu erzeugen, genügend robust gegen ungenau bekannte Parameter sowie gegen Störungen und scheint sich im Allgemeinen gut zu bewähren.

In der gleichen Arbeit wird ein Optimierungsverfahren für solche Regler vorgestellt. Es wird also nicht versucht, einen unnötig großen vollständigen Zustandsregler zu optimieren, sondern einen Regler, der nur die als notwendig erachteten Koppelungen enthält. Das Verfahren beruht auf der Minimierung eines Kostenfunktionals, wie beim LQR-Regler, mit dem wesentlichen Unterschied, daß sich aber nun Regler von vorgegebener einfacher Struktur optimieren lassen (daher der Name SPOC-D, **S**tructure-**P**redefined-**O**ptimal-**C**ontrol for **D**iscrete-Time Systems). Die Reglerkoeffizienten sind nicht mehr nur Elemente einer Zustandsrückführmatrix, sondern Koeffizienten von dynamischen Reglern. Das Verfahren ist von Anfang an auf digitale Regler ausgelegt, es kann also beispielsweise das digitale Äquivalent zu einem PD-Regler oder einem dezentralen Regler mit lokalem Beobachter optimiert werden. Ein Beispiel dazu ist in Kapitel 10 angeführt.

Eine weniger pragmatische, eher theoretisch fundierte Methode, das gegebene Regelproblem anzupacken, sind die unter dem Namen "H^∞" in der einschlägigen Literatur bekannten Methoden. Durch die bessere Berücksichtigung von Forderungen an die Reglergüte im Frequenzbereich können solche Methoden interessant werden, beispielsweise dann, wenn Robustheit gegenüber Störungen über einem breiten Frequenzbereich gefordert ist. Zur Zeit sind Forschungsarbeiten zur Anwendung von H^∞ auf Magnetlager im Gange /HERZ 91/. Es wurden damit zwar schon Ergebnisse inbezug auf die prinzipiellen Grenzen von Regelungen elastischer Systeme erhalten /HEBL 90/. Unter anderem zeigt sich deutlich, daß wichtige Forderungen wie hohe Steifigkeit und hohe Robustheit gegenüber Modellierungsfehlern sich zum Teil widersprechen können. Mit anderen Worten, wenn die Steifigkeit hoch sein soll, so muß auch die Strecke genauer bekannt sein. Das Hauptproblem dieser Methoden in der Praxis liegt zur Zeit in der relativ hohen Ordnung des Reglers, die in der gleichen Größenordnung wie die Ordnung des Modelles der Strecke liegt. So sind denn auch noch keine Anwendungen solcher Regler auf Magnetlager bekannt, die eine Verbesserung der Reglergüte bei vertretbarem Aufwand belegen würden. Eher pragmatische Methoden, allenfalls gewisse Arten adaptiver Regelung oder nichtlineare Methoden scheinen für Magnetlager eher angebracht.

Eine wichtige Voraussetzung, um eine Regelung für elastische Rotorsysteme zu finden, ist es, ein Gefühl für die möglichen und notwendigen Kompromisse zu entwickeln. Eine erfolgreiche Lösung darf sich nicht einseitig auf ein Fachgebiet oder eine Auslegungsmethode beschränken, sondern erfordert oft enge interdisziplinäre Zusammenarbeit zwischen Mechanik, Elektronik, Konstruktionstechnik und Regeltechnik. Dabei ist ein möglichst breiter Überblick über Theorie und Praxis all dieser Fachgebiete von Vorteil.

Literatur

FRAN 87 Francis, B. A.: A Course in H^∞ Control Theory. Lecture Notes in Control and Information Sciences, Springer, 1987

GLOV 84 Glover, Keith: All-optimal Hankel-norm Approximations of Linear Multivariable Systems and their L^∞-error Bounds. Int. Journ. Control, 1984, Vol.39 No 6, 1115-1193

HEBL 90 Herzog, R., Bleuler, H.: Stiff AMB Control using an H^∞ Approach. 2nd. Int. Symp. on Magn. Bearings, ed. T. Higuchi, University of Tokyo, 1990

HERZ 91 Herzog, R.: Ein Beitrag zur Regelung von magnetgelagerten Systemen mittels positiv reeller Funktionen und H^∞-Optimierung. Diss. ETH Nr. 9399, Zürich, 1991

LARS 90 Larsonneur, R.: Design and Control of Active Magnetic Bearing Systems for High Speed Rotation, Diss. ETH No. 9140, Zürich, 1990

SALM 88 Salm, J.: Eine aktive magnetische Lagerung eines elastischen Rotors als Beispiel ordnungsreduzierter Regelung grosser elastischer Systeme. VDI Fortschritt Bericht Reihe 1, Nr. 162, 1988

SCMA 88 Schweitzer, G., Mansour, M. (ed.): Dynamics of Controlled Mechanical Systems. IUTAM/IFAC Symposium, Zürich 1988, Springer, Berlin, 1988

9 Digitale Regelung

9.1 Weshalb digitale Regelung?

Diese Frage war vor einigen Jahren vielleicht noch ein Diskussionsthema, die ein sorgfältiges Abwägen von Vor- und Nachteilen analoger und digitaler Realisierung des Reglers notwendig machte. Die rasante Entwicklung auf dem Gebiet der digitalen Signalverarbeitung hat nun dazu geführt, daß der Einsatz solcher Regler meist selbstverständlich geworden ist. Digitale Regelung wird in der Praxis aus vielfältigen Gründen vorgezogen, denen im folgenden kurz nachgegangen wird. Allerdings könnten analoge Regelungen bei extrem preisgünstigen Systemen im Vorteil sein.

Der generelle Vorteil *großer Flexibilität* der digitalen Regelung äußert sich auf vielfältige Art und Weise:

- Zunächst bei der *Entwicklung*. Alle möglichen Regelstrategien können mit der gleichen Hardware ausprobiert werden.

- Bei der endgültigen Implementation: *Komplexe Regelfunktionen* sind realisierbar.

- Der digitale Regler kann, neben der Stabilisierung, sehr vielfältige wichtige *Zusatzfunktionen* übernehmen, zum Beispiel Sollposition-Vorgabe, adaptive Regelung, kräftefreier Lauf bei wechselnder Unwucht, Anzeige der Last, Start-Stop Rampe (sanftes Anheben), Zusammenspiel mit den übrigen Funktionen eines Systems (Werkzeugmaschinen, Vakuumanlage usw.). Einiges davon ist zwar mit analogen Reglern auch realisierbar, dann aber meist mit hohem Kalibrieraufwand und mit viel sehr aufgabenspezifischer Elektronik verbunden.

- *Kalibrierungen* bei der Inbetriebnahme, z. B. der Sensornullpunkte, Verstärkungen, Unwuchten, Reglerkoeffizienten können bei digitaler Regelung ganz wesentlich einfacher durchgeführt werden. Es besteht auch die Möglichkeit, diese wichtigen und schwierigen Aufgaben weitgehend zu automatisieren. Dies kann schon auf einer einfachen Stufe geschehen und bis hin zum "Selbstlernenden Regler" ausgebaut werden.

- *Testfunktionen* und Messungen bei der Inbetriebnahme. Dies kann bis zur automatisierten System-Identifikation führen.

- *Überwachung* im Betrieb: Schwingungen, Last, Stromverbrauch, Funktionstüchtigkeit usw. können laufend überwacht, protokolliert und übermittelt werden.

- Eine differenzierte Behandlung von *Ausnahmesituationen* ist möglich.

- *Diagnose* bei Pannen und Reparatur. Dies kann im Bedarfsfall sehr große Ersparnisse bringen.

- Nachträgliche *Änderungen* sind viel einfacher möglich als bei analoger Regelung.

All diesen in der Praxis wesentlichen Vorteilen steht zunächst der Nachteil *hoher Kosten* vor allem für die *Software-Entwicklung* gegenüber. Diese Kosten verteilen sich bei großer Stückzahl. Zudem kann ein gutes Regelprogramm mit nur wenigen Anpassungen für sehr verschieden Systeme verwendet werden. Software läßt sich billiger duplizieren als Hardware, so daß in vielen Fällen letztlich doch noch ein Kostenvorteil für digitale Systeme entstehen wird.

Heute ist das Angebot an leistungsfähigen Mikroprozessoren sehr groß. Genügend schnelle digitale Regler können aus preisgünstigen Komponenten problemlos aufgebaut werden. Nur noch für gewisse Anwendungen in sehr großen Stückzahlen, die inbezug auf die Anforderungen an die Magnetlagerung relativ anspruchslos sind, können allenfalls analoge Regelungen ihre Berechtigung haben.

9.2 Regler Hardware

Die Regler Hardware umfaßt nicht nur den Prozessor, sondern die ganze zugehörende Peripherie, also insbesondere Wandler, Speicher, Bedienerschnittstellen, Bussystem. Der Anwender hat die Wahl, ein maßgeschneidertes System selbst zu entwickeln oder ein fertiges System zu kaufen. Der Aufwand für den Eigenbau wird oft unterschätzt.

Trotz der hohen Kosten ist daher, zumindest für die Entwicklungsphase, der Kauf eines kompletten Systems oft vorteilhaft. Es wird eine Vielzahl modular aufgebauter Systeme angeboten, die durch die Wahl von Rechner, Software und Schnittstellen den eigenen Bedürfnissen angepasst werden können. Allerdings sind ursprünglich für ganz andere Anwendungen entwickelte Systeme manchmal für Magnetlager zu langsam, da die Magnetlager an die Totzeit[1] des Reglers besonders hohe Anforderungen stellen. Anderseits wird ein genügend schnelles System oft teuer, da es vieles enthält, was nicht notwendig wäre. In diese Lücke passen digitale Reglersysteme, die spezifisch für die Magnetlagerregelung entwickelt wurden. Mit heutiger Technologie findet eine fünf-Kanal Regelung mit leistungsfähigem Daten- und Programmspeicher sowie Wandlern auf einer Einfach-Europakarte Platz. Dies ermöglicht relativ preisgünstige Lösungen auch für kleinere Stückzahlen.

Der *Mikroprozessor* ist der zentrale Baustein jedes digitalen Reglers. Er wird aufgrund verschiedenster Kriterien evaluiert: Leistungsfähigkeit und Genauigkeit, Software, Entwicklungsumgebung, vorhandene Kenntnisse und Erfahrungen, Kosten, Erhältlichkeit, Ausbaufähigkeit, Kompatibilität. Für sehr anspruchsvolle Magnetlagerungen ist es denkbar, Mehrprozessorsysteme einzusetzen.

Die endgültige Wahl ist somit stark von jedem Einzelfall abhängig, es können nur wenige allgemeingültige Aussagen gemacht werden. Eine davon betrifft die *Genauigkeit* der Daten. Für Magnetlageranwendungen genügen im Normalfall *12 Bit-Wandler*, für die DA-Wandler allenfalls auch nur zehn Bit. Es hat sich gezeigt, daß in vielen Fällen auch acht Bit schon genügen, doch bringt dies meist keine wesentliche Kostenersparnis mehr. Anderseits jedoch bringen in den allermeisten Anwendungen 16 Bit

---

[1]Auf die wichtige Unterscheidung Totzeit −Abtastzeit wird später eingegangen.

Wandler keine Vorteile mehr, da der Signal-Rausch-Abstand der Sensorsignale ohne besondere Maßnahmen keinen sinnvollen Einsatz der 16-Bit Dynamik erlaubt. Es sei daran erinnert, daß die Auflösung bei 12 Bit ca. 1/4000 beträgt, was bei 10 Volt maximaler Signalamplitude einer Auflösung von 2.5 mV entspricht. Bei 16 Bit wäre die theoretische Grenze der Auflösung um einen Faktor 16 verbessert, womit im Normalfall aber nur noch Rauschen verarbeitet würde.

Bei der Rechnergenauigkeit sieht es etwas anders aus: Hier dürfte ein *16-Bit Rechner* eher als *minimale Anforderung* gelten. Da oft Summen von Produkten mit wechselndem Vorzeichen zu berechnen sind, ist entweder ein *32-bit Akkumulator* oder, besser, eine *Fließkomma* Hardware als sehr wünschenswert zu bezeichnen. Die modernen Versionen der spezialisierten Rechnertypen wie Signalprozessor und Transputer sind mit Fließkomma Arithmetik erhältlich.

Die *Architektur* eines Prozessors ist ein wichtiges Auswahlkriterium. Beispielsweise ist der *Signalprozessor* (DSP) dadurch gekennzeichnet, daß der Multiplizierer unabhängig vom Akkumulator und von der Address-Berechnung arbeitet. Die parallele Arbeit dieser Elemente ermöglicht die große Geschwindigkeit des DSP. Er ist *spezialisiert* auf die Berechnung der allgemeinen Regler (oder Filter-) Formel, die im wesentlichen aus einer Summe von Produkten konstanter Koeffizienten mit variablen Daten besteht.

Als Beispiel eines Rechnervergleichs werden Grunddaten von vier Prozessortypen kurz aufgeführt. Wegen der schnellen Entwicklung auf diesem Gebiet werden solche Daten allerdings laufend überholt.

	Motorola 68020	Single Chip	Signalprozessor	Transputer
Datenbreite	16 Bit	16 Bit	16 - 40 Bit	32 Bit
Akkumulator	32 Bit	16 Bit	32 - 40 Bit	32 Bit
Zeit /Multipl.	1µsec	6 µsec	100 nsec	360 nsec
Besonderheiten	Koprozessor erhältlich	Wandler auf Chip, preiswert	Mult/Akkum. in einem Zyklus	Vier Links für Multiprozessor System

Alle Daten sind Richtwerte, da es für jeden Rechner mehrere Versionen gibt und da die effektiv erreichbare Geschwindigkeit von vielen Faktoren abhängt (Programm, Taktzeit, On-chip RAM, Peripherie usw.) Gerade für Magnetlagerregelungen mit relativ einfachem Regelalgorithmus (wenig oder keine aufwendigen Koordinaten-Transformationen und dergleichen) ist es möglich, auch ohne Fließkommadarstellung auszukommen. Bei etwas anspruchsvolleren Reglern, beispielsweise mit Beobachter, erleichtert die Fließkomma Darstellung im Prozessor aber die Reglerauslegung wesentlich, da Skalierungsoperationen wegfallen. Schließlich wird dringend empfohlen, auf das Vorhandensein einer *höheren Programmiersprache* zu achten.

9.3 Von den Differentialgleichungen zu den Differenzengleichungen

Die Variablen der *Regelstrecke* werden durch *zeitkontinuierliche* Funktionen und somit durch *Differentialgleichungen* beschrieben. Die Variablen eines *digitalen Reglers* anderseits ändern nur zu vorgegebenen Abtastzeitpunkten, also *zeitdiskret*. Für solche Variablen ist es sinnvoller und praktischer, *Zahlenfolgen* an Stelle von Funktionen einer kontinuierlichen Zeitvariablen zu verwenden. In diesem Abschnitt werden daher die entsprechenden mathematischen Behandlungsmethoden kurz eingeführt, der mit digitaler Regeltechnik vertraute Leser kann gleich zu Abschnitt 9.4 springen.

Der Takt der Abtastung wird *Abtastzeit* T_s genannt. Mit der natürlichen Zahl k werden die Abtasttakte gezählt. Durch *Abtasten* wird aus einer *Funktion* $y(t)$ eine *Zahlenfolge* y_k ($k = 1,2,...$) erzeugt. Mit der Schreibweise y_k wird der Wert der Funktion $y(t)$ zur Zeit $t = kT_s$ bezeichnet. Die Reglerausgangsvariablen sind ebenfalls Folgen, die jeweils nach einer Abtastzeit ihren Wert ändern. Während einer Abtastzeit wird der Wert der Ausgangsvariablen konstant gehalten, dieses Element wird *Halteglied* genannt.

Die zwei unterschiedlichen Elemente, kontinuierliche Strecke und diskreter Regler sind also über *Abtaster* und *Halteglied* untereinander verbunden, wie in Bild 9.1 gezeigt. Im allgemeinen werden mehrere Variable benötigt, daher sind sie als Vektoren $y(t)$ und $u(t)$ eingeführt. Die Zahlenfolgen y_k und u_k sind somit Folgen von Vektoren.

Bei der Realisierung werden noch zusätzliche Elemente, die Wandler, benötigt, die aber für die theoretische Beschreibung weniger wichtig sind. Durch die Analog-Digital-Wandler (AD-Wandler) werden die Werte y_k

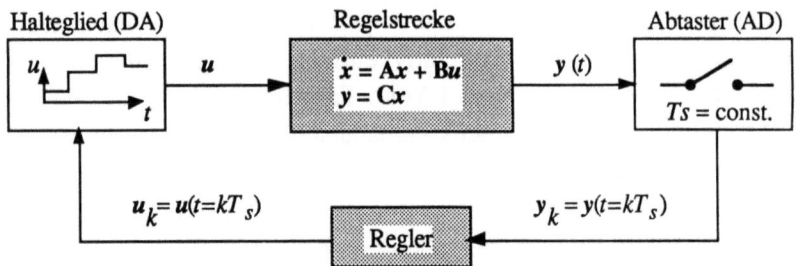

Bild 9.1 Zeitkontinuierliche Strecke und zeitdiskreter Regler mit Abtastzeit T_s.

amplitudenquantisiert und in digitaler Form dem Rechner weitergegeben. Ein Abtaster (mit Halteglied, "sample-hold") befindet sich am Eingang jedes AD-Wandlers. Das Halteglied des AD-Wandlers ist nur ein Hilfselement und ist in Bild 9.1 nicht gezeigt. Durch die Digital-Analog-Wandler (DA-Wandler) werden die numerischen Ausgangswerte u_k des Rechners in Spannungen umgewandelt und über Halteglieder als Treppenfunktionen $u(t)$ weitergegeben, wie in Bild 9.1 angedeutet.

Die durch die Amplituden-Quantisierung des Signals resultierenden Fehler können ähnlich wie ein Rauschen behandelt werden (Quantisierungsrauschen), für die folgenden Rechnungen dürfen sie vernachlässigt werden. Ferner soll vorausgesetzt werden, daß die Rechenzeiten des Prozessors und der Wandler kurz sind im Vergleich zur Abtastzeit.

Zunächst sollen nur Eingrößen-Regler betrachtet werden. Der zeitdiskrete Regler bildet aus der Folge y_k (Streckenausgang bzw. Reglereingang) die Folge u_k (Streckeneingang bzw. Reglerausgang). Wie soll nun ein einfacher Magnetlagerregler realisiert werden? Wie schon bei der Einführung der analogen Regelung wird die Nachbildung des Feder-Dämpfer-Vehaltens untersucht.

Die *Steifigkeit* wird durch Multiplikation der abgetasteten Auslenkung y_k mit einer Konstanten k_p angenähert:

$$u_k = -k_p \, y_k \tag{9.1}$$

Es handelt sich nur um eine *Näherung* eines analogen P-Reglers, weil die Reglervariable $u(t)$ sich nicht wie die stetige Funktion $-k_p y(t)$ verhält, sondern *treppenförmig*, mit den über eine Abtastzeit konstanten Amplitudenwerten der Zahlenfolge u_k.

9.3 Von den Differentialgleichungen zu den Differenzengleichungen

Um *Dämpfung* zu erreichen soll die Differenz zweier benachbarter Meßwerte, $y(t = kT_s)$ und $y(t = (k-1)T_s)$, als Näherung für den "Differentiator" eingesetzt werden:

$$dy/dt \approx (y_k - y_{k-1})/T_s \qquad (9.2)$$

Die zeitdiskrete Näherung des PD-Reglers

$$u(t) = -k_p y - k_d \, dy/dt \qquad (9.3)$$

ergibt sich durch Addition der Näherungen für Steifigkeit und Dämpfung:

$$u_k = -y_k(k_p + k_d/T_s) + y_{k-1} k_d/T_s \qquad (9.4)$$

Dieser Regler enthält einen *Speicher*, der, im Gegensatz zu einem Integrator im zeitkontinuierlichen Fall, nur einmal pro Abtastzeit verändert wird. Er wird auch als *Verzögerungselement* bezeichnet, das den Wert y_{k-1} während einer Abtastzeit speichert.

Der allgemeinste zeitdiskrete lineare Regler erster Ordnung enthält zusätzlich eine Rückführung der Folge u_k, deren Elemente ebenfalls verzögert werden können, mit einem konstanten Gewichtungskoeffizienten c_1 multipliziert. Somit ergibt sich für den Eingrößenregler erster Ordnung (Bild 9.2)

$$u_k = d_0 y_k + d_1 y_{k-1} - c_1 u_{k-1} \qquad (9.5)$$

Der Regler (9.4) hat also die Koeffizienten

$$\begin{aligned} d_0 &= -(k_p + k_d/T_s) \\ d_1 &= k_d/T_s \\ c_1 &= 0 \end{aligned} \qquad (9.6)$$

Wie verhält sich nun ein einfaches Magnetlagersystem mit diesem Regler? Der große Unterschied zum PD-Regler liegt in der stückweise konstanten, treppenförmigen Reglervariablen

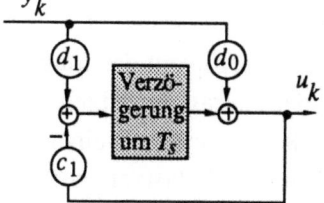

Bild 9.2 Zeitdiskreter Regler erster Ordnung

$$u(t) = u_k \text{ für } kT_s \leq t < (k+1)T_s, \quad k = 0, 1, 2, \ldots \tag{9.7}$$

Um das Verhalten des geschlossenen Regelkreises zu bestimmen, müssen die Differentialgleichungen der Strecke über jeweils eine Abtastperiode T_s bei konstantem Eingangswert $u(t) = u_k$ integriert werden. Der Zustandsvektor x_k zur Zeit $t = kT_s$ wird zum Vektor der Anfangswerte. Es wird berechnet, wie sich der Zustand vom einen Abtastzeitpunkt zum nächsten verändert. Als Beispiel für die Regelstrecke dienen die Zustands-Differentialgleichungen eines Einmassen-Systems mit $m = 1$ und $k_i = 1$, also

$$\begin{aligned}\dot{x} &= Ax + Bu \\ y &= Cx\end{aligned} \quad \text{wobei} \quad x = \begin{bmatrix} x \\ v \end{bmatrix} \quad A = \begin{bmatrix} 0 & 1 \\ k_s/m & 0 \end{bmatrix} \quad B = \begin{bmatrix} 0 \\ k_i/m \end{bmatrix} \quad C = [1 \ 0] \tag{9.8}$$

Mit den *Eigenwerten* der ungeregelten Strecke $\omega = \pm\sqrt{k_s/m}$ ergibt die *Integration* von (9.8) für $kT_s \leq t < (k+1)T_s$ und $u = u_k =$ konstant den neuen Zustand

$$x_{k+1} = \begin{bmatrix} \cosh(\omega T_s) & \frac{1}{\omega}\sinh(\omega T_s) \\ \omega \sinh(\omega T_s) & \cosh(\omega T_s) \end{bmatrix} x_k + \begin{bmatrix} \frac{k_i}{k_s}(\cosh(\omega T_s) - 1) \\ \frac{k_i}{k_s}\omega \sinh(\omega T_s) \end{bmatrix} u_k \tag{9.9}$$

Die Gleichungen (9.9) geben an, wie sich aus einem Zustandsvektor x_k und einer konstanten Reglervariablen u_k der Zustandsvektor zum nächsten Abtastzeitpunkt, x_{k+1}, ergibt. Die *Differenz* des Zustandes vom einen Abtastzeitpunkt zum nächsten wurde berechnet, diese Gleichungen werden daher *Differenzengleichungen* genannt. Der Übergang von (9.8) zu (9.9) ist exakt, er enthält *keine Näherung*. Er kann für eine Zustandsdarstellung mit beliebigen **A**-, **B**-, **C**- Matrizen allgemein gegeben werden in der Form

$$x_{k+1} = \Phi x_k + \Psi u_k \tag{9.10}$$

mit $\Phi = e^{AT_s}$ und $\Psi = \int_0^{T_s} \Phi(\tau) B \, d\tau$ \hfill (9.11)

Als Beispiel werde im System (9.8) für die negative Steifigkeit des Magnetlagers der Wert $k_s = 1$ eingesetzt. Damit wird der Betrag der Eigenwerte der offenen Strecke gleich eins. Der zeitdiskrete Regler wird mit einer Abtastzeit $T_s = 0.1$ ausgelegt werden, auf die Wahl der Abtastzeit wird im

9.3 Von den Differentialgleichungen zu den Differenzengleichungen

nächsten Abschnitt zurückgekommen. Die Koeffizientenmatrizen (9.9) der Strecke werden mit (9.10) und (9.11) berechnet:

$$\Phi = \begin{bmatrix} 1.0050 & 0.1002 \\ 0.1002 & 1.0050 \end{bmatrix} \quad \Psi = \begin{bmatrix} 0.0050 \\ 0.1002 \end{bmatrix} \tag{9.12}$$

Die *Eigenwerte* λ der Matrix Φ lassen sich durch die Eigenwerte ω der Matrix A ausdrücken:

$$\lambda = e^{\omega T_s} \tag{9.13}$$

Die Imaginärachse, die in der s-Ebene Stabilitätsgrenze war, kommt so auf den Einheitskreis zu liegen. Entsprechend beschreibt die Matrix Φ dann ein stabiles System, wenn alle *Eigenwerte von Φ innerhalb des Einheitskreises* liegen. Dies leuchtet im Fall einer skalaren Folge, wo der Eigenwert gleich der skalaren "Matrix" Φ ist, unmittelbar ein:

$$x_{k+1} = \Phi \, x_k \tag{9.14}$$

Diese Folge konvergiert dann und nur dann wenn der Betrag von Φ kleiner als Eins ist. Die Eigenwerte der Matrix Φ (9.12) betragen $\lambda_{1,2} =$ 1.1052 und 0.9048. Der erste Eigenwert ist größer als eins und zeigt damit die Instabilität der offenen Strecke an.

Die Differenzengleichungen definieren *Folgen* der Variablen x_k in einer rekursiven Gleichung. Die Elemente des Zustandsvektors haben dieselbe physikalische Bedeutung wie im kontinuierlichen Fall. Die Ausgangsgleichung $y = C\,x$ gilt daher mit unveränderter Matrix C für die Folgen y_k und x_k und geht über in

$$y_k = C\,x_k \tag{9.15}$$

Differentialgleichungen und Differenzengleichungen beschreiben also beide das Verhalten der Zustandsvariablen bei gegebenem Eingang u, im einen Fall als Funktionen der Zeit, im anderen als Folgen von Werten zu den Abtastzeitpunkten.

Nun sollen kontinuierlicher und zeitdiskreter Regler im numerischen Beispiel verglichen werden. Dazu soll in (9.4) eine Steifigkeit $k_p = 2$ sowie eine Dämpfung $k_d = 1$ eingesetzt werden. Das ist gerade diejenige Steifigkeit, für welche die Beträge der Eigenwerte von offener und geschlossener Strecke gleich groß sind. Für das kontinuierliche System (9.8) mit idealem

Differentiator und Regler (9.3) ergeben sich so die Eigenwerte der geschlossenen Strecke

$$\omega_{1,2} = -0.5 \pm j\frac{\sqrt{3}}{2}$$

Das Verhalten des geschlossenen zeitdiskreten Regelkreises mit einem Regler erster Ordnung nach (9.5) wird auf folgende Art untersucht. Der Zustandsvektor aus (9.9), der Auslenkung und Geschwindigkeit erhält, wird um die Reglerzustandsvariable z_k erweitert. Sie bezeichnet den Inhalt des Speichers im Regler:

$$z_k = d_1 y_{k-1} - c_1 u_{k-1} \quad \text{oder, äquivalent,} \quad z_{k+1} = d_1 y_k - c_1 u_k \quad (9.16)$$

Das Gesamtsystem ergibt sich durch Erweiterung von (9.10):

$$\begin{bmatrix} x \\ v \\ z \end{bmatrix}_{k+1} = \begin{bmatrix} \Phi & & 0 \\ & & 0 \\ d_1 & 0 & 0 \end{bmatrix} \begin{bmatrix} x \\ v \\ z \end{bmatrix}_k + \begin{bmatrix} \Psi \\ -c_1 \end{bmatrix} u_k \quad (9.17)$$

Mit der Ausgangsgleichung $y_k = x_k$ (9.8) kann u_k (9.5) ausgedrückt werden als

$$u_k = d_0 x_k + z_k = [d_0, 0, 1] \begin{bmatrix} x \\ v \\ z \end{bmatrix}_k \quad (9.18)$$

Die Systemmatrix Φ_0 des geschlossenen Systems wird somit

$$\Phi_0 = \begin{bmatrix} \Phi & & 0 \\ & & 0 \\ d_1 & 0 & 0 \end{bmatrix} + \begin{bmatrix} \Psi \\ -c_1 \end{bmatrix} [d_o, 0, 1] \quad (9.19)$$

Die Stabilität des geschlossenen Systems wird anhand der Eigenwerte von Φ_0 überprüft. Aus (9.6) erhält man $d_0 = -(2+10) = -12$ und $d_1 = 10$ sowie $c_1 = 0$, für die Systemmatrix des geschlossenen Regelkreises ergibt sich

$$\Phi_0 = \begin{bmatrix} 0.9450 & 0.1002 & 0.0050 \\ -1.1018 & 1.0050 & 0.1002 \\ 10. & 0 & 0 \end{bmatrix} \quad (9.20)$$

mit den stabilen Eigenwerten $\lambda_1 = 0.0553$ und $\lambda_{2,3} = .9473 \pm .0884j$. Die Umrechnung auf Eigenwerte eines zeitkontinuierlichen Systems kann durch Umkehrung von (9.12) berechnet werden und ergibt

9.4 Abtastzeit

$$\omega_{1,2,3} = -28.9538 \text{ und } -0.4976 + 0.9308j \quad (9.21)$$

Der Vergleich von (9.21) mit (9.18) zeigt, daß die Eigenwerte durch das Ersetzen des kontinuierlichen durch den digitalen Regler in diesem Fall nur unbedeutend verändert wurden.

Dieselbe Rechnung wird nun mit $T_s = 0.7$ durchgeführt. Nun werden die Eigenwerte der geschlossenen Strecke

$$\lambda_{1,2} = 0.6472 \pm 0.8062\,j \quad \text{und} \quad \lambda_3 = 0.3410. \quad (9.22)$$

Der Betrag des ersten Eigenwertes $|\lambda_{1,2}| > 1$ zeigt sofort an, daß das geregelte System in diesem Fall instabil ist. Die Abtastzeit $T_s = 0.7$ ist zu langsam. Der nächste Abschnitt befaßt sich mit der Wahl der Abtastzeit für Magnetlagersysteme.

In diesem Abschnitt wurden die wichtigsten Grundwerkzeuge zur Analyse digital geregelter Systeme im Zeitbereich eingeführt. Zum Verständnis der Magnetlagerregelung ist die z-Transformation nicht unbedingt erforderlich, daher wurde sie hier auch nicht behandelt. Sie müßte in einer vertieften Behandlung der Reglerauslegung für abgetastete Systeme enthalten sein. Mehr zu diesem Thema findet sich in den Lehrbüchern über Regeltechnik, die zum Teil schon in Kapitel 2 angegeben wurden /ACKE 88/, /GEER 90/, /UNBE 89/, /ISER 88/, /FOEL 82/.

9.4 Abtastzeit

Die Wahl der *Abtastzeit* ist bei der Realisierung digitaler Regelungen naturgemäß von zentraler Bedeutung. Eine kontinuierliche Regelung hat gewissermaßen "unendlich kurze" Abtastzeit. Offensichtlich ist eine schnelle Abtastrate[1] (also eine kurze Abtastzeit) wünschenswert, um einen möglichst hohen Frequenzbereich regeln zu können. Die Grenzen sind durch die Leistungsfähigkeit der Prozessoren und der Wandler gegeben. Für den Praktiker lautet also die Frage: Wie schnell muß die Abtastrate mindesten sein, um das Regelziel zu erreichen?

---

[1] Die Abtastrate wird auch "Abtastfrequenz" genannt und ist das Reziproke der Abtastzeit T_s: Abtastrate = $1/T_s$. Die Einheit der Abtastrate ist Hz.

Das bekannte Shannonsche Abtasttheorem aus der Nachrichtentheorie, wo es um die Rekonstruierbarkeit von Signalen geht, gibt eine erste untere Grenze für die Abtastrate: Sie sollte *mindestens* so groß sein, wie das *Doppelte der schnellsten zu rekonstruierenden Signalfrequenz*.

Für die Regelung, insbesondere von instabilen Strecken wie die Magnetlager, muß die Abtastrate deutlich über dieser theoretischen Grenze liegen. Um eine eine akzeptable Robustheit der Regelung zu garantieren, sollte die Abtastfrequenz gegenüber dem Abtasttheorem um einen Faktor von ca. drei bis sechs vergrößert werden. So ergibt sich die bekannte Faustregel "Abtastfrequenz = Zehn mal oberste zu regelnde Systemfrequenz".

Die Nützlichkeit dieser Faustregel ist allerdings bei elastischen Systemen beschränkt, denn es ist nicht eindeutig festzulegen, welche Frequenz jetzt als "höchste Systemfrequenz" zu gelten habe. Im analytischen Modell eines kontinuierlichen elastischen Körpers treten ja beliebig schnelle Eigenfrequenzen auf. Bei der Regelung muß sichergestellt sein, daß die Amplituden solcher hochfrequenter, nicht mehr regelbarer, Schwingungen so klein sind, daß sie nicht zu unerwünschten Störungen oder gar zur Destabilisierung der Regelstrecke führen.

In vielen praktischen Fällen ist daher ein analoges *Filternetzwerk* notwendig, das sich *vor dem Abtaster* zu befinden hat. Wenn die hochfrequenten Komponenten im Signal auch ohne Filternetzwerk genügend klein sind, darf dieses weggelassen werden. Eine gewisse Signalverfälschung (sog. *Aliasing-Effekt*, "Frequenzspiegelung") im Abgetasteten Signal y_k muß dann in Kauf genommen werden, sie kann als zusätzliches Signalrauschen betrachtet werden. Auf jeden Fall ist auf ein möglichst rauscharmes Signal zu achten.

Selbstverständlich muß das ganze System so ausgelegt werden, daß Wandler und Prozessor innerhalb eines Taktes die notwendigen Operationen durchführen können. Bei sehr kurzen Abtastzeiten wird also die Hardware entsprechend teurer. Realistisch und für Magnetlager sinnvoll sind derzeit Abtastzeiten im Bereich von einigen Tausendstel Sekunden bis zu etwa 60 μsec. Für die anspruchsvolle Frässpindel, beispielsweise, wurde eine Abtastzeit von 120 μsec gewählt. Dies ergibt eine Abtasrate von 8,3 kHz. Nach der oben angegebenen Faustregel können damit, bei guter Reglerauslegung, Schwingungen bis in den Bereich von etwa zwei bis maximal drei kHz aktiv gedämpft werden. Frequenzen über der halben Abtastrate werden vom Regler als tiefere Frequenzkomponenten missgedeutet (Frequenzspiegelung).

9.4 Abtastzeit

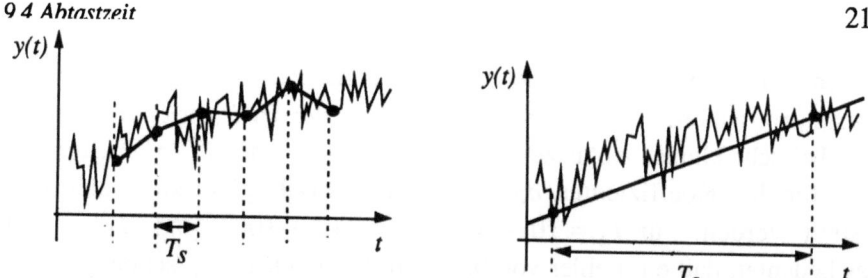

Bild 9.3 Bei zu kleiner Abtastzeit (links) wird die durch Differenz geschätzte Steigung eines durch Rauschen verfälschten Signals große Ausschläge und sogar unerwünschte Vorzeichenwechsel aufweisen. Eine längere Abtastzeit (rechts) ist dagegen viel weniger rauschempfindlich, sie mittelt die Störungen aus.

Für Magnetlager besonders wichtig ist die Unterscheidung von *Abtastzeit* und *Totzeit*. Die Totzeit ist die Zeit, die vom Starten des Abtastvorganges bis zur Reaktion der Steuergröße verstreicht. Diese in der bisherigen Rechnung vernachlässigte Totzeit kann ein Magnetlagersystem leicht destabilisieren. Noch eher als auf kurze Taktzeit ist auf möglichst kurze Totzeit zu achten. In einem optimierten Regelalgorithmus ergibt sich die Totzeit für jeden Regelkanal aus der Summe von Wandlerzeiten (AD und DA) und der Rechenzeit für eine Multiplikation und eine Addition sowie dem Prüfen ob sich das Endergebnis innerhalb des erlaubten Bereiches befindet. Alle anderen vorbereitenden Rechnungen sollen vor dem Abtasten durchgeführt werden. Auf synchrones Abtasten aller Kanäle ist im Normalfall zu verzichten, da dies nur eine unnötige Verlängerung der Totzeit zur Folge hat. Ein Beispiel für einen solchermaßen optimierten Programmablauf ist in Abschnitt 9.6 am Ende dieses Kapitels gegeben.

Da neuere Rechner immer leistungsfähiger und damit schneller werden, könnte man versucht sein, immer kürzere Abtastzeiten zu realisieren. Falls dies mit den bisher gegebenen Methoden versucht wird, treten aber verschiedene Probleme auf. Generell wird die Empfindlichkeit auf Rauschen erhöht, insbesondere durch die bei Magnetlagerreglern notwendige Differentiation. Wie im vorhergehenden Abschnitt gezeigt, wird die Differentiation im einfachsten Fall durch eine Differenz zweier aufeinander folgender Abtastwerte gebildet. Bild 9.3 deutet an, weshalb das Signalrauschen sich bei kleinerer Abtastzeit immer stärker auswirkt.

Aber auch ohne Rauschen ergeben sich Probleme bei sehr kleiner Abtastzeit. Aufeinanderfolgende Elemente der Sequenzen x_k unterscheiden sich dann nur noch wenig voneinander. Dies ist auch daran zu erkennen, daß die

Systemmatrix Φ sich bei immer kleinerer Abtastzeit immer mehr der Einheitsmatrix nähert. Die numerische Kondition der Differenzengleichungen wird bei sehr kleiner Abtastzeit immer schlechter. Anhand des Ausdruckes (9.6) für den Koeffizienten d_0 des digitalen PD-Reglers kann dies festgestellt werden: Für $T_s = 10^{-3}$ wird $d_0 = -(2 + 1000)$ und $d_1 = 1000$. Das bedeutet, daß ein Fehler von 0.2% im Ausdruck für d_0 schon das Vorzeichen der Steifigkeit (der Term 2 in der Summe) kehren kann!

Eine einfache Möglichkeit, dieses Problem zu umgehen, besteht darin, die Zeitbasis für die Berechnung von Geschwindigkeiten auf mehrere Abtastintervalle zu erhöhen. Der Regler nach (9.4) wird für eine Zeitbasis von q Abtastschritten folgende Darstellung haben:

$$u_k = -y_k(k_p + k_d/T_s) + y_{k-q} k_d/T_s \qquad (9.23)$$

mit $\quad d_0 = -(k_p + k_d/qT_s)$

$\qquad d_1 = k_d/qT_s$

$\qquad c_1 = 0$

$\qquad q\ \ = $ Ganze Zahl,

$\qquad qT_s = $ Zeitintervall für eine Trapeznäherung zur Geschwindigkeitsschätzung

Natürlich geht dies nur, solange innerhalb der Zeitbasis qT_s noch eine Schätzung der Geschwindigkeit zulässig ist, das heißt also nur für Frequenzen mit einer Periode, die mindestens etwa vier mal größer als qT_s ist. Diese Methode ist also ungeeignet, wenn hochfrequente Schwingungen gedämpft werden sollen. Der Nutzen der Methode besteht darin, daß die hohe Auflösung und schnelle Reaktion eines Reglers mit sehr kurzer Abtastzeit erreichbar ist, ohne die Empfindlichkeit übermäßig zu erhöhen, wie das sonst bei einfachen Reglern kurzer Abtastzeit der Fall wäre.

Wegen der großen Leistungsfähigkeit neuer Reglerbausteine werden in Zukunft Methoden zum Reglerentwurf bei sehr schnellen Abtastzeit zunehmend notwendig. Sie sollten allgemeiner sein als der eben vorgestellte eher pragmatische "Trick". Erste Ansätze solcher Methoden werden von der Regeltheorie angeboten. Anstelle der "klassischen" digitalen Regelung, die auf der Verzögerungsoperation und der z-Transformation aufbaut, wird die Verzögerung durch die Abtastzeit dividiert und eine neue "δ-Transformation" definiert /MIGO 90/, /GMPO 92/. Der Vorteil gegenüber der alten Methode ist, daß ein so aufgebautes mathematisches Modell der Regelung bei immer kleinerer Abtastzeit in die entsprechende zeitkontinuierliche Beschreibung übergeht. Alle oben geschilderten Probleme bei sehr kurzer Abtastzeit verschwinden und die Vorteile sehr schneller Abtastung kommen voll zum tragen. Die Anwendung solcher Methoden in der Praxis ist bisher allerdings noch nicht in großem Rahmen erfolgt.

9.5 Reglerauslegung

Bisher wurden fast ausschließlich Regler erster Ordnung betrachtet. Die Erweiterung auf Regler n-ter Ordnung ist, von (9.5) ausgehend, offensichtlich. Die Stellgröße wird

$$u_k = d_0 y_k + d_1 y_{k-1} + \ldots + d_n y_{k-n} - c_1 u_{k-1} - \ldots - c_n u_{k-n} \quad (9.24)$$

Ein solcher Regler hat die Ordnung n und $2n + 1$ Koeffizienten. Für Mehrgrößensysteme sind Koppelungen der verschiedenen Lager und Sensoren untereinander möglich, wodurch die Anzahl freier Parameter gegenüber (9.24) nochmals beträchtlich ansteigt. Es ist daher wichtig, so weit als möglich eine dezentrale Reglerstruktur beizubehalten. Koppelungen können dann gezielt eingeführt werden, wenn damit eindeutige Vorteile zu erreichen sind. Ein Beispiel dazu wurde in Kapitel 8 erwähnt (schlecht beobachtbare elastische Eigenform).

Generell kann festgestellt werden, daß praktisch alle früheren Aussagen über die Reglerauslegung vom zeitkontinuierlichen auf den zeitdiskreten Fall übertragen werden können, auch wenn die eigentliche Berechnung des Reglers nach den spezifischen Methoden für abgetastete Systeme zu erfolgen hat. Dabei kann die Analogie zu kontinuierlichen Systemen hilfreich sein. Insbesondere sind die digitalen Entsprechungen zu Polplazierung, optimaler Zustandsregelung und Beobachter sowie die übrigen in Kapitel 8 besprochenen Methoden von Interesse.

Viele Besonderheiten des zeitdiskreten Reglers gehen jedoch verloren, wenn dieser nur als Approximation eines zeitkontinuierlichen Reglers behandelt wird. Ein Beispiel dazu ist der Reglerparameter c_1 des linearen Reglers erster Ordnung (9.5). Dieser wichtige Parameter ist immer Null wenn der Regler als Näherung eines kontinuierlichen PD-Reglers ausgelegt wird. Er kann jedoch das Verhalten des Systems entscheidend beeinflussen und unter Umständen verbessern.

Ein weiteres Beispiel für die spezifischen Möglichkeiten der digitalen Regelung ist: Falls eine elastische Schwingung angeregt wird, deren Frequenz so hoch ist, daß aktive Dämpfung schwierig ist, so kann versucht werden, diese Frequenz herauszufiltern. Ein solches Filter ist unter Umständen bei digitaler Regelung viel einfacher zu erreichen als bei analoger Regelung. Die Abtastzeit könnte spezifisch auf eine solche Frequenz abgestimmt werden und es sind so sehr schmalbandige Filter möglich. Die Literatur über Nachrichten- und Filtertechnik behandelt solche Methoden. Ein Beispiel aus dem Bereich der Magnetlagertechnik ist in /OKAD 88/ zu finden, wo die Abtastzeit mit der Rotation synchronisiert wurde.

Die Regeltheorie verlangt eindeutig, daß die ganze Auslegung von Anfang an auf den zeitdiskreten Fall hinzielt. Es führt also nicht automatisch zum Optimum, einfach einen kontinuierlichen Regler zu übernehmen und digital zu "approximieren". Trotzdem bleibt das Verständnis für zeitkontinuierliche Regelung von Magnetlagern eine Voraussetzung zur erfolgreichen Reglerauslegung. Für eine gute Reglerauslegung sollten unbedingt Programmpakete verwendet werden, die spezifisch für die Auslegung digitaler Regler geschaffen wurden.

9.6 Das Regelprogramm

In diesem Abschnitt werden einige Hinweise zur praktischen Programmierung eines Magnetlagerregelprogrammes gegeben.

Sensor und Lager Offsets

Die AD-Wandler geben dem Rechner Sensorwerte und der Rechner gibt über die DA-Wandler Signale an die Lager weiter. Beide Signale werden fast immer Offsetwerte benötigen. Diese Offsets setzen sich aus verschiedenen Anteilen zusammen. Ein Anteil stammt von der *Signaldarstellung*: 12-Bit, links- oder rechtsbündig, Spannungsbereich der Analogsignale, Wandlerbereich, Vorzeichen. Selbstverständlich wird im Prozessor vorzeichenbehaftet gerechnet. Ein anderer Anteil hängt vom *Meßsystem* beziehungsweise

9.6 Das Regelprogramm

von den *Aktuatoren* und von vorgegebenen statischen Sollwerten (Gewicht, Solllage, Last) ab.

In der Theorie wird stets davon ausgegangen, daß die Signale so normiert sind, daß die *Solllage* der Nullage entspricht. Nach Abklingen der Einschwingzeit und ohne Störungen sind u und y gleich Null geworden. Um eine konstante Regelabweichung zu vermeiden sind *zwei Offsets* notwendig, einer für die Sensoren und einer für die Lager. So können unerwünschte Asymmetrien kompensiert werden. Solche Asymmetrien entstehen beispielsweise durch ungleiche Ausführung der zwei Lagerteile für positive und negative Kraftrichtung oder durch Gewichtskräfte oder auch durch kleine Fehler in der Fluchtung von Magnetlager, Fanglager und Sensorsystem. Diese Offsets können auf folgende einfache Art bestimmt werden: Der Sensoroffset ergibt sich aus der Forderung, daß der Rotor in der Solllage im Fanglager *gleichen Luftspalt* auf allen Seiten aufweisen soll. Der Rotor wird von Anschlag zu Anschlag bewegt und der Sensoroffset wird

$$x_{offset} = \frac{x_{max} - x_{min}}{2} \tag{9.25}$$

Der Meßwert wird damit $y = x_{sensor} - x_{offset}$. Anschliessend wird der Offset der Stromsollwerte so gewählt, daß der Rotor (ohne Integrierenden Regleranteil) bei $y = 0$ schwebt. Die Größe vom Stromoffset wird je nach Situation zu einem Maß für die Symmetrie in der Herstellung, für die statische Lagerlast, für die Linearität der Sensoren oder für eine Kombination solcher Abweichungen.

Hier zeigen sich die großen Vorteile der digitalen Regelung deutlich. Die oben beschriebenen Schritte lassen sich *automatisieren*. Damit wird bei der Herstellung eines Produktes ein erheblicher Teil aufwendiger Kalibrier- und Einstellarbeit durch den schon vorhandenen Mikroprozessor übernommen. Die paar zusätzlichen Programmschritte haben in jedem Festwertspeicher Platz und könnten beispielsweise bei jedem Einschalten der Magnetlager durchgeführt werden.

Vormagnetisierung

Im Kapitel 3 war die Vormagnetisierung eingeführt worden. Bild 9.4 zeigt, wie aus einem Reglersollwert u für den Steuerstrom die Stromsollwerte zweier gegenüberliegender Spulen bestimmt werden.

Die Vormagnetisierung bestimmt den Arbeitspunkt und damit die Größe der Lagerparameter, Kraft-Weg Faktor k_s und Kraft-Strom-Faktor k_i. So kann durch den Regler der optimale Arbeitspunkt gewählt werden.

Im Regelprogramm wird die Vormagnetisierung zusammen mit dem Offset zu den endgültigen Ausgangsgrößen hinzugefügt. In der Regelschlaufe werden aus u_k die zwei Sollwerte i_1 und i_2 bestimmt, und anschließend wird kontrolliert, ob ein Stromsollwert an der Sättigungsgrenze angelangt ist. Der Zusammenhang der Regelgröße u und der beiden Sollwerte der Spulenströme sowie die resultierende Lagerkraft sind in Bild 9.4 gezeigt.

Schließlich kann ein *Flußdiagramm* für die Regelschlaufe aufgestellt werden. Die Wandler sollen dabei mitberücksichtigt werden, da die Wandlungszeit mit der Rechenzeit vergleichbar ist. Die folgende Struktur (Bild 9.5) hängt wesentlich von der Hardware ab. Beispielsweise kann ein Wandler im Multiplexbetrieb für mehrere Kanäle verwendet werden oder es kann pro Kanal je ein Wandler vorhanden sein.

Es darf darauf *verzichtet* werden, die Kanäle *synchron* abzutasten. Simulationen zeigen, daß die theoretisch vielleicht wünschenswerte synchrone Abtastung in der Praxis nicht notwendig ist. Die durch synchrone Abtastung erhöhte Totzeit macht die Regelung schwieriger, ganz abgesehen davon, daß sie mit zusätzlichem Hardwareaufwand verbunden ist. Minimale Reaktionszeit (Zeit zwischen Einlesen eines Kanals und Reaktion darauf), wie sie nur bei Verzicht auf synchrone Abtastung erreicht werden kann, wirkt sich hingegen direkt auf gute Dämpfungseigenschaften aus.

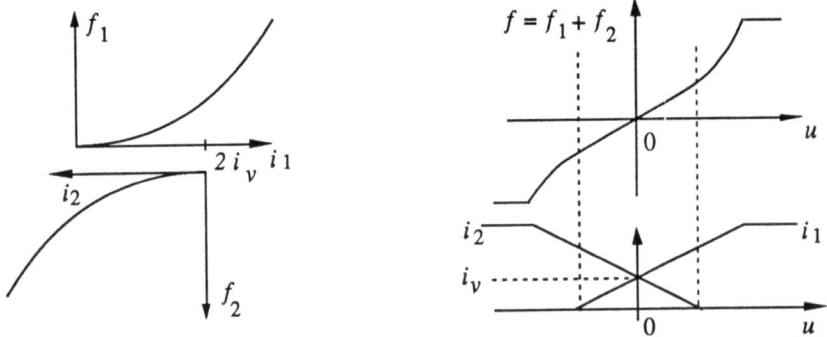

Bild 9.4 Aus der internen (vorzeichenbehafteten) Steuergröße u berechnet der Regler die Ströme i_1 und i_2 (beide positiv) für die zwei gegenüberliegenden Wicklungen. Für $u=0$ soll eine Gesamtlagerkraft $f=0$ resultieren. Als "Vormagnetisierungsstrom." i_v wird der Wert von i_1 bzw. i_2 bezeichnet, der bei $u=0$ fließt.

9.6 Das Regelprogramm

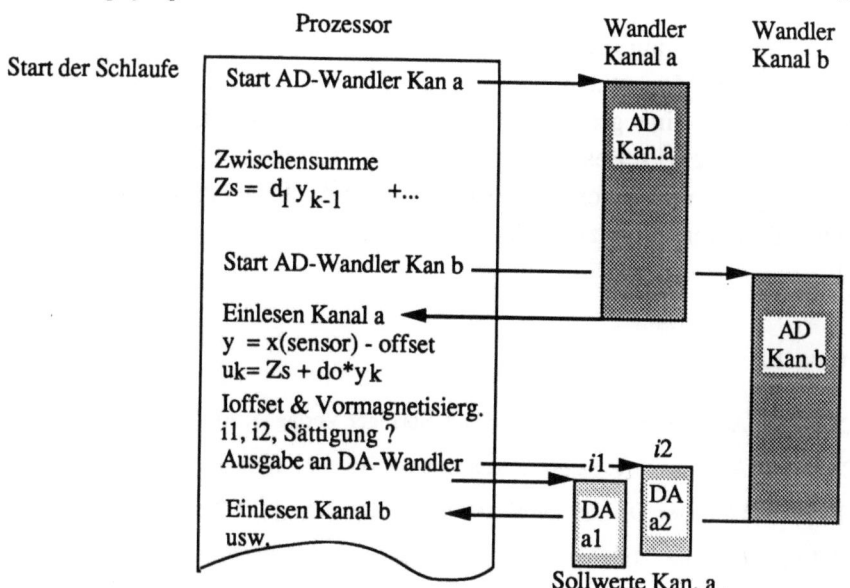

Bild 9.5 Möglicher Zeitlicher Ablauf einer Regelschlaufe. Dieses Beispiel wurde auf dem Signalprozessor realisiert. Eine AD-Wandlung braucht ca. 12 µsec, die minimale Abtastzeit für 5 Kanäle beträgt etwa 80 µsec und die Totzeit (inkl. Wandler) etwa 30 µsec. Die Totzeit wird auch bei längerer Abtastzeit nicht größer.

Ein zeitlich optimiertes Programm wie das oben dargestellte, wurde in Assembler geschrieben. Mit neuerer Software und Fließkomma Rechnern wird es möglich, nun auch mit *höheren Programmiersprachen* ähnlich gute Rechenzeiten zu erreichen. Für viele Magnetlageranwendungen genügen auch längere Abtast- und Totzeiten.

Das eigentliche Regelprogramm besteht nur aus der in Bild. 9.5 gezeigten Schlaufe und einem kurzen Initialisierungs- und Hauptprogrammteil. Die Koeffizienten sind alle auf dem Rechnerchip gespeichert (typisch für Spezialprozessoren). Im Hauptprogramm werden weniger zeitkritischen Anpassungen an den Betriebszustand ausgeführt.

Im Entwicklungssystem werden die Koeffizienten von einem *Bedienungsprogramm* berechnet und an den Regelprozessor weitergegeben. Der größte Teil der Programmierarbeit betrifft die Benützerschnittstelle des Bedienungsprogrammes, die nicht zeitkritisch ist. Alle Reglerparameter können während des Betriebes über das Bedienungsprogramm verändert werden.

Damit sind wir am Ende dieser knappen Einführung in die digitale Regelung von Magnetlagern angelangt. Gefühl und praktisches Geschick werden immer eine große Hilfe bei der Inbetriebnahme eines Magnetlagersystems sein, sei es analog oder digital geregelt. Es handelt sich bei Magnetlagern um besonders herausfordernde Regelstrecken, "Rezeptlösungen" führen kaum zum Ziel.

Literatur

ACKE 88 Ackermann, J.: Abtastregelung. Springer Verlag, 3. Aufl., Berlin, 1988

ACKE 85 Ackermann, J: Sampled-data Control Systems. Springer Verlag, Berlin, 1985

FOEL 82 Föllinger, O.: Lineare Abtastsysteme. Oldenburg, 1982

GEER 90 Geering, H.P.:Meß- und Regeltechnik. Springer Verlag, 2. Aufl., Berlin, 1990

GMPO 92 Goodwin, C.G., Middleton, R.H., Poor, H.V.: High Speed Digital Signal Processing and Control. Proceedings IEEE, Vol. 80 No 2, Feb. 1992

ISER 88 Isermann, R.: Digitale Regelsysteme. Springer Verlag, 2.Aufl., Berlin, 1988

MIGO 90 Middleton, R.H.,Goodwin, C.G: Digital Control and Estimation: A Unified Approach., Prentice Hall, Englewood Cliffs N.J., 1990

OKAD 88 Okada, Z., Nagai, B., Shimane, T.: Digital Control of Magnetic Bearings with Rotationally Synchronized Interruption. In "Magnetic Bearings", Proceedings 1st Int. Symp., G. Schweitzer (ed.), Springer Verlag, Berlin, 1988

UNBE 89 Unbehauen, H.: Regelungstechnik, Vieweg Verlag, 6. Auflage, BraunschweigWiesbaden, 1989

10 Aspekte der Anwendung

10.1 Anwendungsbeispiel Frässpindel

Die im folgenden vorgestellte Hochgeschwindigkeitsfrässpindel wurde in einem Forschungsprojekt an der ETH Zürich in Zusammenarbeit mit der Industrie realisiert /SIEG 89/.

Aufgabenstellung

Durch die verschiedenen Vorteile, welche Magnetlager mit sich bringen, haben sich in den letzten Jahren immer neue Anwendungsgebiete ergeben. Eine äußerst anspruchsvolle Anwendung, ist die elektromagnetische Lagerung einer Hochgeschwindigkeits-Frässpindel. Versuche an verschiedenen Forschungsinstituten haben gezeigt, daß durch die Erhöhung der Schnittgeschwindigkeit bei der spanabhebenden Bearbeitung die Abtragsleistung und die Wirtschaftlichkeit wesentlich verbessert werden können /SCHU 88/, /GALL 88/. Die spezifischen Spanvolumen, die Oberflächenqualität und der Standweg der Werkzeuge steigen bei gleichzeitiger Reduktion von Zerspanungskräften und Werkzeugmaschinenbeanspruchung. Die Wärme wird dabei vor allem durch den Span abgeführt, wodurch das Werkstück kalt bleibt. Durch die kleineren Schnittkräfte und die hohen Drehzahlen der Spindeln können dünne Stege wesentlich besser bearbeitet werden.

Die als *High-Speed-Cutting (HSC)* bezeichnete neue Technologie hat zu neuen Anforderungen an Werkzeugmaschinen und deren Antriebe geführt. So werden speziell für die Fräsbearbeitung sehr schnelldrehende Frässpindeln mit hoher Leistung und großer Steifigkeit gefordert. Um diesen Forderungen gerecht zu werden, kommen aber nur noch elektromagnetisch gelagerte Spindeln in Frage, die bei gleicher Grösse des Werkzeugkonus im

Vergleich zu konventionell gelagerten Spindeln eine Verdoppelung der Drehzahl zulassen /SIEG 89/.

Durch statistische Auswertung der Häufigkeit derjenigen Fräsoperationen in der Flugzeugindustrie, die sich besonders für die Hochgeschwindigkeitszerspanung eignen, haben sich folgende Forderungen an eine, neu zu entwickelnde Frässpindel ergeben:

- Werkzeugaufnahme Steilkegel SKI 40
- Arbeitsbereich: 20'000 bis 40'000 min^{-1}
- Maximalleistung: 35 kW
- Maximale Schnittkräfte: 1000 N
- Hohe Steifigkeit im Frequenzbereich der Schnittkraftanregungen
- guter Rundlauf

Daraus resultieren hohe Anforderungen an Rotorkonstruktion und Magnetlager. Um einen sehr steifen Spindelrotor zu konstruieren, dessen erste elastische Eigenfrequenz oberhalb der Arbeitsdrehzahl liegt, müssen der Rotordurchmesser so groß wie möglich und die Rotorlänge so klein wie möglich gewählt werden. Dies führt zu Rotoren, deren Material durch die Fliehkräfte bis an die Streckgrenze beansprucht wird und auf Aktuatoren, die sehr kompakt gebaut werden müssen /SITR 89/.

Von den Magnetlagern wird eine sehr gute Dynamik gefordert, weswegen sehr schnelle digitale Regler und *vor allem Aktuatoren mit großer Leistung* benötigt werden.

Modell des Aktuators mit geschaltetem Verstärker

Für die Frässpindel wurde ein Leistungsverstärker verwendet, dessen Stromregler statt der Pulsbreitenmodulation (vgl. Abschn. 3.6) eine Steuerlogik enthält, welche in jedem Verstärkertaktzyklus den vorgegebenen Stromsollwert i_{soll} mit dem gemessenen Strom i vergleicht und die Spannung u_0 in die eine oder die andere Richtung über die Lagerwicklung schaltet, je nachdem, ob der Strom größer oder kleiner ist als der Sollwert.

Dabei werden die Schalter 1 und 4 bzw. 2 und 3 in Bild 10.1 paarweise geöffnet oder geschlossen.

Die Beziehungen für das nichtlineare Verhalten des geschalteten Verstärkers mit einem Elektromagneten als Last können wie folgt formuliert werden:

10.1 Anwendungsbeispiel Frässpindel

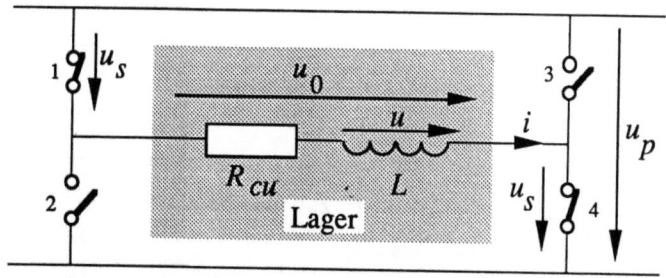

Bild 10.1 Geschalteter Verstärker

Gemäss Bild 10.1 ergibt sich die Spannung u über der Lagerwicklung zu

$$u = u_0 - R_{cu} i \tag{10.1}$$

Durch die Integration der Gleichung (3.6) über der Zeit ergibt sich der verkettete Fluß Ψ

$$\Psi = n\,\Phi = \int u\, dt \tag{10.2}$$

Aus der Definition des verketteten Flusses $\Psi = iL$, der Lagerinduktivität L aus Gleichung (3.17), k aus (3.24) und dem Luftspalt $s-x$ folgt

$$i = \frac{\Psi}{L} = \frac{2(s-x)}{n^2 A_l \mu_0}\Psi = \frac{(s-x)}{2k}\Psi \tag{10.3}$$

Durch Einsetzen von k aus (3.24) und $\Phi = \Psi/n$ in Gleichung (3.20) erhalten wir

$$f = \frac{B_l^2 A_l}{\mu_0} = \frac{\Phi^2}{A_l \mu_0} = \frac{\Psi^2}{n^2 A_l \mu_0} = \frac{\Psi^2}{4k} \tag{10.4}$$

und unter Berücksichtigung des Winkels α aus Bild 3.6 b die wirkende Kraft

Das Blockschaltbild 10.2 zeigt das Gesamtübertragungsverhalten des elektromagnetischen Aktuators.

$$= \frac{\Psi^2}{4k}\cos\alpha \tag{10.5}$$

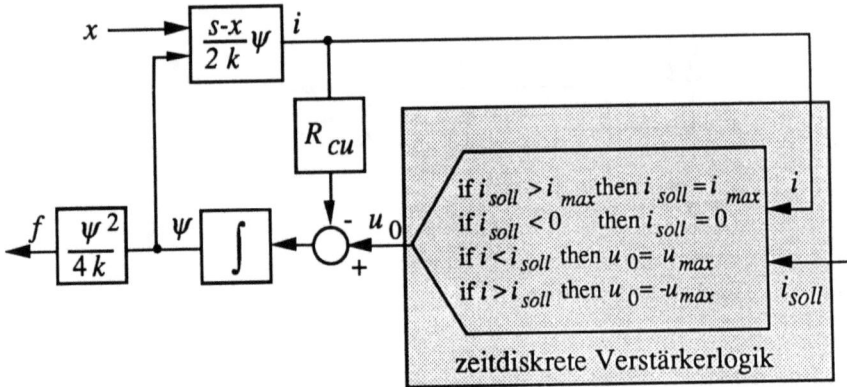

Bild 10.2 Blockschaltbild des Aktuators mit geschaltetem Verstärker

Der Elektromagnet entspricht einem zeitkontinuierlichen Element, dessen Wicklungsstrom von der zeitdiskreten Logik des Verstärkers geregelt wird. Der Aktuator von Bild 10.2 kann mit Hilfe eines Simulationsprogramms welches zeitkontinuierliche und zeitdiskrete Elemente zuläßt, simuliert werden.

Auslegung des Aktuators der Frässpindel

Im folgenden wird das Vorgehen für die Auslegung des Aktuators für die Frässpindel gezeigt. Da die Rotorkonstruktion und die Größe der Lagermagnete voneinander abhängen, muß die Auslegung in einem iterativen Prozess erfolgen. Ausgangspunkt für die Auslegung sind die folgenden Forderungen:

- F_{max} an der Spindelnase = 1000 N
- Hohe Steifigkeit und gute Dämpfung durch die Magnetlager

Aufgrund der zulässigen Fliehkraftbeanspruchungen ergibt sich für das Radiallager 2 in Bild 10.3 ein Durchmesser von 96 mm. Für das Radiallager 1 wird der Durchmesser mit 80 mm dem Durchmesser des Motors angepaßt. Um die geforderte Maximalkraft an der Spindelnase zu gewährleisten, müssen das Lager 1 eine Maximalkraft von ca. 1000 N und das Lager 2 eine Maximalkraft von ca. 2000 N erreichen. Mit Hilfe von Gleichung (4.2) läßt sich daraus die Lagerbreite b bestimmen.

$$b_1 = 35\text{-}40 \text{ mm} \qquad b_2 = 65\text{-}70 \text{ mm}$$

10.1 Anwendungsbeispiel Frässpindel

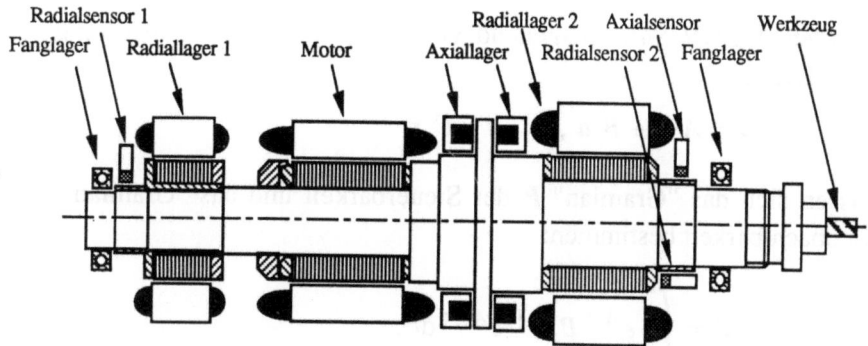

Bild 10.3 Rotorkonstruktion

Nach Wahl der Lagergeometrie lassen sich anschliessend der Rotor konstruieren (Bild 10.3) und ein Finite-Elemente-Modell des Rotors aufstellen. Damit können sodann die Rotoreigenfrequenzen und die Eigenformen bestimmt werden (Bild 10.4).

Der Rotor ist eine kontinuierliche elastische Struktur, die beliebig viele Eigenfrequenzen mit entsprechenden Eigenformen (Modes) aufweist (vgl. Abschnitte 7.2 und 7.4). Das Rotormodell läßt sich jedoch meist auf wenige relevante Eigenformen reduzieren /SALM 88/. Für die Frässpindel genügt es, die drei ersten elastischen Eigenformen zu berücksichtigen. Um eine Aussage darüber zu erhalten, welche Eigenformen durch die Magnetlager noch beeinflußt werden sollten, müssen die einzelnen Eigenformen auf ihre Beobachtbarkeit und Steuerbarkeit hin untersucht werden. Beobachtbarkeit und Steuerbarkeit sind abhängig von der Lage der Sensoren bzw. der Lager relativ zur Lage der Knoten der Eigenformen des Rotors. Als Maß für die Steuer- und Beobachtbarkeit können die sogenannten "Gramians" verwendet

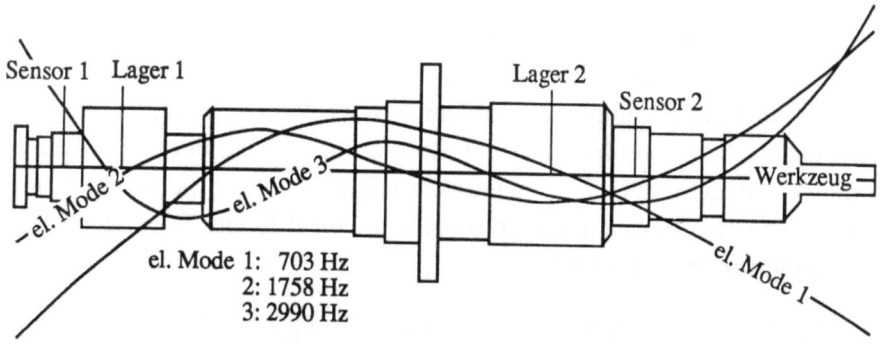

Bild 10.4 Eigenformen des Frässpindelrotors mit Werkzeug

werden /GLOV 84/. Ausgehend von der allgemeinen Darstellung eines Regelsystems

$$\dot{x} = A\,x + B\,u, \qquad y = C\,x \qquad (10.6)$$

lassen sich das "Gramian" P der Steuerbarkeit und das "Gramian" Q der Beobachtbarkeit bestimmen:

$$fP = \int_0^\infty e^{A\,t}\,B\,B^T\,e^{A^T\,t}\,dt, \qquad (10.7)$$

$$Q = \int_0^\infty e^{A^T\,t}\,C^T\,C\,e^{A\,t}\,dt \qquad (10.8)$$

Die "Gramians" bzw. ihre Singularwerte stellen ein energetisches Maß für die Steuer- und Beobachtbarkeit dar und sind daher ein ausgezeichnetes Hilfsmittel zur Beurteilung der Regelstrecke. Die Singularwerte σ der Matrizen P und Q können den jeweiligen Modes zugeordnet werden. Praktisch bewährt hat es sich, die Summe der Singularwerte von P und Q zur Beurteilung heranzuziehen, da ja die Modes sowohl beobachtbar, als auch steuerbar sein müssen (Bild 10.5).

Der markante Abfall der Singularwerte der elastischen Modes gegenüber den Starrkörpermodes deutet darauf hin, daß die elastischen Modes relativ schlecht zu regeln sind. Es muß davon ausgegangen werden, daß der zweite und der dritte elastische Mode nicht mehr in genügendem Maß beeinflußt werden können, und daß daher die Reglergrenzfrequenz ω_g unterhalb der zweiten elastischen Eigenfrequenz liegen soll ($\omega_g \approx 1600$ Hz).

Diese Annahme wurde bei der Realisierung bestätigt. Entsprechend muß nun der Aktuator so ausgelegt werden, daß die erste elastische Rotoreigenfrequenz noch gut gedämpft werden kann. Unter der Annahme, daß bei der ersten elastischen Eigenfrequenz des Rotors von 703 Hz noch eine Kraftamplitude von der halben Maximalkraft erreichbar sein soll, ergibt sich aus Gleichung (4.15) bei einem Lagerluftspalt s_0 von 0.35 mm folgende Maximalleistung für den Verstärker

Lager 1: $P_{max} = 0.85$ kVA Lager 2: $P_{max} = 1.7$ kVA

10.1 Anwendungsbeispiel Frässpindel

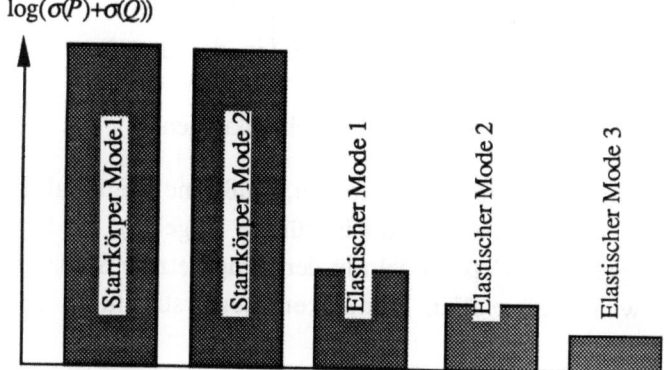

Bild 10.5   Maß der Steuer- und Beobachtbarkeit der einzelnen Modes

Geschaltete Stromverstärker in diesem Leistungsbereich mit Schaltfrequenzen über 50 kHz waren bei Beginn des Frässpindelprojektes leider noch nicht auf dem Markt erhältlich. Der für die Frässpindel eingesetzte 10-kanalige Verstärker wurde daher speziell für dieses Projekt entwickelt. Er arbeitet mit einer Taktfrequenz von 100 kHz bei einer Schaltspannung von 310 V. Der maximale Dauerstrom beträgt 8 A. Daraus ergibt sich eine Leistung von P_{max} = 2.4 kVA pro Kanal, die es ermöglicht, den ersten elastischen Mode noch gut zu dämpfen. Im Bild 10.7 ist das Übertragungsverhalten (Kleinsignalverhalten) des Verstärkers mit einer induktiven Last von 10 mH dargestellt.

Die leichte Amplitudenüberhöhung bei 2.5 kHz wird durch das Strommeßglied verursacht. Die Strommessung wurde daher in der Folge verbessert. Bei der Reglerauslegung muß die Dynamik des Aktuators berücksichtigt werden. Bei zu starker Rückführung besteht die Gefahr, daß der Regler zu große Stellgrößen verlangt und wegen der Stellgrößenbeschränkung des Aktuators die Stabilität des Gesamtsystems verloren geht. Um dies zu vermeiden, muß die Reglerauslegung entsprechend eingeschränkt werden.

Reglerauslegung

An den digitalen Regler der Frässpindel werden folgende Forderungen gestellt:

- Stabiles Gesamtsystem
- Gute Dämpfung bei der ersten elastischen Rotoreigenfrequenz
- Hohe statische Steifigkeit

- Hohe dynamische Steifigkeit im Arbeitsdrehzahlbereich
- Gute Robustheit gegenüber Änderungen in der Strecke (Werkzeugwechsel) und Signalstörungen
- Robustheit bezüglich der Stellgrößenbeschränkungen

Um diesen Forderungen gerecht zu werden, muß eine Reglertaktfrequenz von ca. 10 kHz erreicht werden. Dies ist für die Regelung der fünf Starrkörper-Freiheitsgrade der Frässpindel mit dem eingesetzten Signalprozessor nur möglich, wenn keine allzu komplexen Reglerstrukturen eingesetzt werden.

Für die Frässpindel wurde eine dezentrale, dynamische Ausgangsrückführung gewählt, mit der es möglich war, für die fünf Reglerkanäle eine Reglertaktfrequenz von 9.4 kHz zu erreichen. Die Regelung wurde auf dem Signalprozessor TMS320C25 von Texas Instruments implementiert, der mit einer Taktfrequenz von 20 MHz betrieben wird. Die Reglerstruktur für einen Kanal ist dabei gegeben durch die zeitdiskrete Übertragungsfunktion

$$u_k = d_0 x_k + d_1 x_{k-1} + d_2 x_{k-2} + d_3 x_{k-3} - c_1 u_{k-1} + d_{int} \sum_0^{k-1} x_i \qquad (10.9)$$

Um eine möglichst große statische Steifigkeit des Magnetlagers zu erreichen, wurde eine integrierende Rückführung realisiert.

Bild 10.6   Ansicht des Frässpindelrotors

10.1 Anwendungsbeispiel Frässpindel

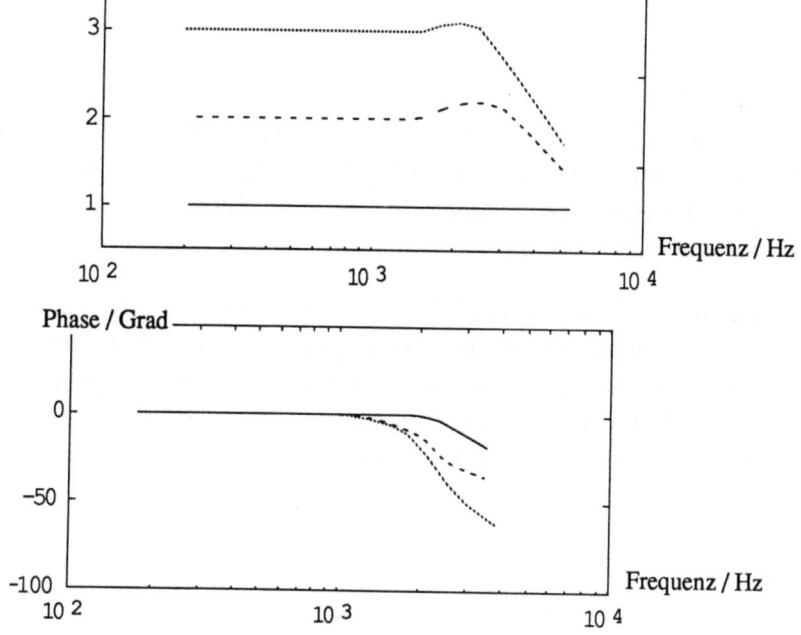

Bild 10.7 Übertragungsverhalten des geschalteten Verstärkers

Die Reglerauslegungen wurde mit dem *SPOC-D* Verfahren (*S*tructure-*P*redefined *O*ptimal *C*ontrol for *D*iscrete systems) /LAHE 88/ sowie mit einer zeitdiskreten PID Auslegungsmethode vorgenommen. Die Rückführamplituden (Steifigkeiten) konnten dabei sowohl beim SPOC-D Verfahren und auch für die PID Regelung für verschiedene Punkte im Frequenzbereich vorgegeben werden. Um aber auch der Robustheit Rechnung zu tragen, ist es unerläßlich, sie in der Reglerauslegung zu berücksichtigen. Dazu werden die folgenden Übertragungsmatrizen des Gesamtsystems (Bild 10.8) definiert:

Kreisverstärkung: Übertragungsmatrix des aufgeschnittenen Regelkreises

$$T(z) = G_S G_R \tag{10.10}$$

Störempfindlichkeit: Übertragungsmatrix des Systems zwischen η und γ_k

$$S(z) = G_S G_R \left(I + G_S G_R\right)^{-1} \tag{10.11}$$

Störkraftübertragung: Übertragungsmatrix des Systems zwischen p und f

$$R(z) = G_R G_S \left(I + G_R G_S\right)^{-1} \tag{10.12}$$

Dabei entsprechen $G_S(z)$ dem Übertragungsverhalten der Strecke (Rotor, Signalfilter) und $G_R(z)$ demjenigen des digitalen Reglers inklusive Aktuator. Das Signal η beschreibt die Signalstörungen, γ_k das Ausgangssignal, γ_{0k} die Referenzlage (Magnetlager: $\gamma_{0k} = 0$), f die vom AMB ausgeübte Kraft und p eine Störkraft.

Die Robustheit des Reglers bezüglich Änderungen in der Strecke kann nun aufgrund der Singularwerte σ der Übertragungsmatrix (10.10) beurteilt werden, die Robustheit gegenüber Störungen aufgrund der Singularwerte von (10.11) und die Robustheit gegenüber Stellgrößenbeschränkungen aufgrund der Singularwerte von (10.12). Insbesondere oberhalb der Reglergrenzfrequenz ω_g muß gelten:

für $\omega_g \leq \omega \leq \infty$

$$\sigma(T(z)) \ll 1, \ \sigma(S(z)) \ll 1, \ \sigma(T(z)) \ll 1 \tag{10.13}$$

Dies führt auf kleine Rückführamplituden für Frequenzen größer als ω_g, und es wird durch Sensorsignalfilter mit einer Eckfrequenz von 1'500 Hz $< \omega_g$ und durch schwache Reglerrückführungen für Frequenzen oberhalb ω_g erreicht.

Resultate

Dank der hohen Leistung der eingesetzten Verstärker und der damit verbundenen Aktuatordynamik konnten eine hohe Lagersteifigkeit und eine gute Dämpfung des ersten elastischen Modes erreicht werden. So läßt die gute Dämpfung des ersten elastischen Modes, der ohne Magnetlager praktisch ungedämpft ist, eine Schnittkraftanregung im Bereich dieses Modes ohne weiteres zu.

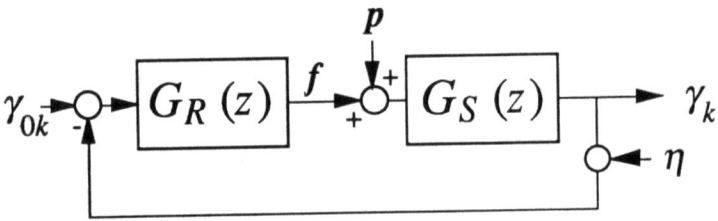

Bild 10.8 Signalflußbild des Gesamtsystems

10.1 Anwendungsbeispiel Frässpindel

Das erreichte Übertragungsverhalten zwischen der Schnittkraft an der Spindelnase und den Auslenkungen an den Sensorstellen ist in Bild 10.9 dargestellt.

Wie der Vergleich zeigt, stimmen die lineare Modellrechnungen relativ gut mit den Messungen überein. Die Dämpfung des ersten elastischen Modes ist etwas schlechter als erwartet, was vor allem auf die Vernachlässigung der Verstärkerdynamik zurückzuführen ist. Vergleicht man die Simulation des linearen Modells mit jener des nichtlinearen Modells, das die Verstärkerdynamik gemäß Bild 10.2 berücksichtigt, wird der Einfluß der Nichtlinearität sehr schön erkennbar (Bild 10.10).

Das Einschwingverhalten in der linearen Simulation zeigt das übliche exponentielle Abklingen der Eigenschwingung, wogegen die nichtlineare Simulation ein amplitudenabhängiges Abklingen zeigt. Für große Steuerströme verschlechtert sich die Dynamik des Verstärkers (vgl. i_{soll} und i) ganz klar und reduziert dadurch die erreichbare Dämpfung. Die Welligkeit des Stromes im Takt von 100 kHz des simulierten geschalteten Verstärkers ist klar zu erkennen.

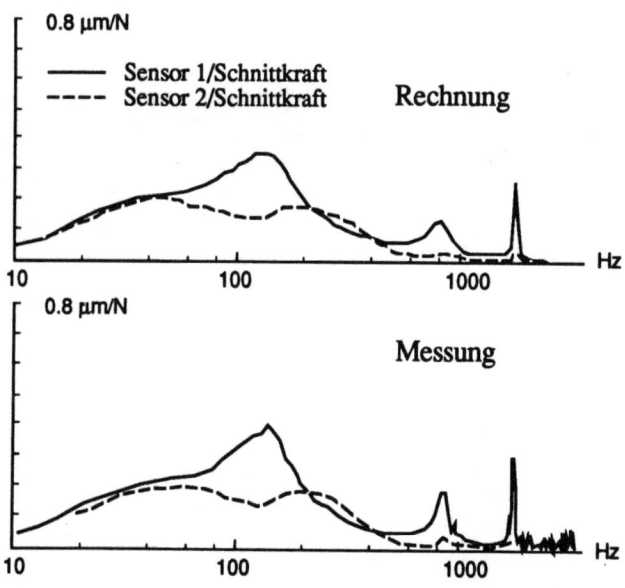

Bild 10.9 Schnittkraftübertragungsverhalten

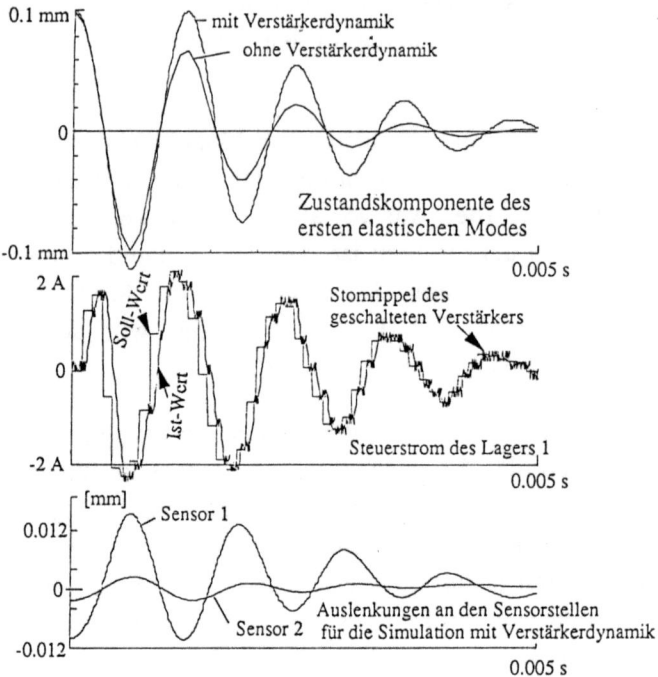

Bild 10.10 Einschwingvorgang des ersten elastischen Modes bei linearer und nichtlinearer Simulation

Bild 10.11 Fräsmuster aus Aluminium. Gefräst mit Fingerfräser Ø20, Vorschub 7 m/Min.

10.2 Fanglager

Der vorherige Abschnitt hatte schon auf die Bedeutung der Fanglager hingewiesen. Diese zusätzlichen Lager sind aus zwei Gründen notwendig. Zum einen wirken sie als Stützlager in dem Fall, wo die Magnetlager nicht eingeschaltet sind und der Rotor z.B. zu Wartungszwecken bewegt werden soll. Wichtiger jedoch ist der Fall, wo die Magnetlager, aus welchen Gründen auch immer, während des Betriebes ausfallen und die Fanglager dann den drehenden Rotor kurzzeitig stützen oder gar bis zum Auslaufen auffangen sollen. Je nach den Sicherheitsanforderungen müssen Fanglager den unterschiedlichsten Anforderungen genügen. Diesen unterschiedlichen Funktionen entsprechend sind denn auch neben dem Ausdruck *Fanglager* so unterschiedliche Bezeichnungen üblich wie Hilfslager, Stützlager, Notlauflager und im Englischen *retainer bearing* oder auch backup, auxiliary, touchdown und emergency bearing.

Die Ausführungen von Fanglagern sind sehr unterschiedlich, bei den wenigsten jedoch gibt es einen zuverlässigen Nachweis der Funktionfähigkeit unter Last. Das kommt daher, daß die physikalischen Zusammenhänge beim "Absturz" eines Rotors noch zu wenig bekannt sind, sie sind deshalb auch noch unzureichend modelliert, und damit sind kaum Entwurfskriterien für Fanglager vorhanden. Experimentell ist der Absturz noch wenig untersucht, da die Versuche im allgemeinen zu aufwendig und teuer sind, und weil eine systematische Vorgehensweise für Abnahmeversuche fehlt. Nur wo die Sicherheitsanforderungen sehr hoch sind, wie im Nuklearbereich, wurden auch entsprechende Versuche gefordert /DEFG 88/. Theoretische Ansätze zur Beschreibung der Phänomene sind z.B. in /BLCK 68, SZCS 87/ enthalten. Im ersten Fall bezieht sich die Untersuchung auf drehzahlsynchrones Anstreifen des Rotors am Gehäuse, im anderen Fall stehen die durch einen Absturz verursachten, durch Reibungskontakt selbsterregten, zum Teil auch chaotischen Bewegungen des Rotors im Vordergrund. Bild 10.12 zeigt einen möglichen Verlauf der Rotorbewegung mit den einzelnen Bewegungsphasen.

Ein gutes Verständnis für die dynamischen Vorgänge beim Absturz eines Rotors ist wesentlich, wenn die Entwicklung der Fanglager weitere Fortschritte machen soll. Im folgenden wird kurz auf einige Aspekte in der Dynamik eines starren Rotors eingegangen, wenn er unter dem Einfluß der Reibung in seinen Fanglagern gleitet /FUFE 92/. Der Rotor sei in axialer

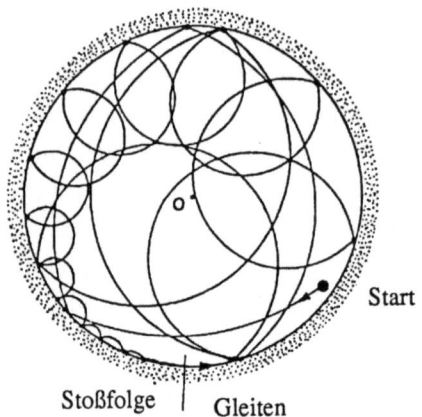

Bild 10.12 Mögliche Bewegung des Rotors im Spalt nach einem Absturz, vom ersten Kontakt, über eine Stoßfolge und einen Gleitzustand bis zum schließlichen Rollen.

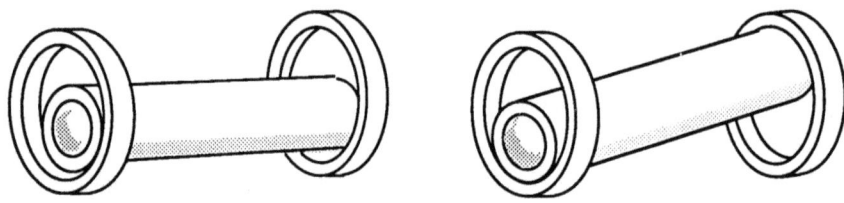

Bild 10.13 Hypothetische Zylinder- und Taumelbewegung

und in radialer Richtung symmetrisch und ausgewuchtet, die Rotorachse sei horizontal, wir betrachten nur die Gleitphase, die Reibung werde durch Coulombreibung modelliert, und ansonsten wirken auf den Rotor keine Antriebs- oder Bremsmomente. Wir nehmen an, das Gleiten setze sich aus zwei Bewegungsformen zusammen, einer Zylinder- und einer Taumelbewegung (Bild 10.13). Das einfachste Modell baut auf der Annahme auf, daß die Zylinderbewegung existiert und stabil ist. Es genügt dann, wenn wir eine ebene Bewegung nach Bild 10.14 untersuchen. Der Ort des Rotormittelpunktes ist gekennzeichnet durch den Wälzwinkel Θ, die Eigendrehung ist gegeben durch den Drehwinkel Φ bzw. dessen zeitliche Ableitung. Der Rotor hat die Masse m, das Trägheitsmoment J und einen Radius r, der Lagerradius sei R, der Luftspalt $\rho = R - r$, der Gleitreibungskoeffizient ist μ, und g ist die Schwerebeschleunigung. Wenn die Eigendrehung schneller ist als die Wälzgeschwindigkeit, $r\dot\Phi > \rho\dot\Theta$, wird der Rotor immer gleiten. Wir untersuchen den Fall, wo der Rotor immer in Kontakt ist zum Lager, wo also

10.2 Fanglager

$$g \cos \theta + \rho \dot\theta^2 \geq 0$$

gilt. Dann werden die Bewegungsgleichungen für das Wälzen und die Eigendrehung

$$m \rho \ddot\theta + m g \sin \theta - \mu m (g \cos \theta + \rho \dot\theta^2) = 0 \qquad (10.2.1)$$

$$J \ddot\phi + \mu m r (g \cos \theta + \rho \dot\theta^2) = 0 \qquad (10.2.2)$$

Die analytischen Lösungen lassen sich abschätzen, und die Wälzbewegungen lassen sich unterscheiden in umlaufende und pendelnde. Die Pendelbewegungen sind natürlich sehr viel erwünschter, da hier die Anpreßkräfte geringer sein werden. Ein numerisches Beispiel ist in Bild 10.15 dargestellt. Setzt nämlich der Rotor in der tiefsten Lage ($\theta = 0$) mit der Wälzgeschwindigkeit Null auf, dann hängt es von der Eigengeschwindigkeit $\dot\Phi$, der Reibung μ und vom Luftspalt ρ ab, ob der Rotor umläuft oder pendelt. Zwei Faktoren wirken gegen die Möglichkeit, daß sich eine Umlaufbewegung entwickelt: niedere Reibung und eine kurze Dauer der Reibungsanregung. Wenn die Eigengeschwindigkeit zu nieder ist, wird der Rotor rollen bevor er umläuft, er wird pendeln oder sich von der Lagerwand ablösen.

Die radiale Anpreßkraft, mit welcher der Rotor auf die Lagerwand drückt, ist in dem hypothetischen Fall der Zylinderbewegung

$$N_{cyl} = \frac{m}{2} (\rho \dot\theta^2 + g \cos \theta) \qquad (10.2.3)$$

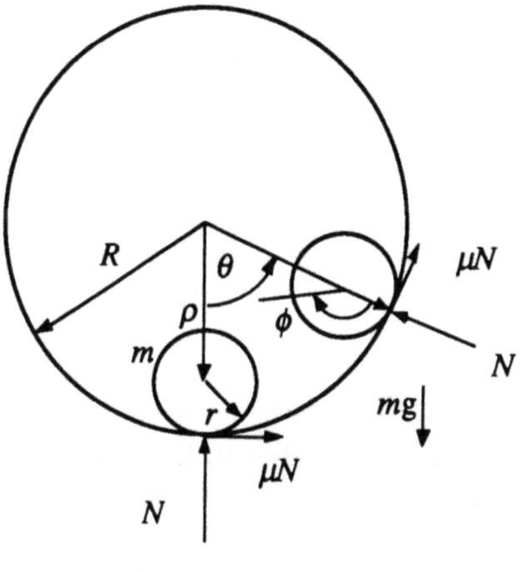

Bild 10.14 Zylinderbewegung und die verwendeten Koordinaten

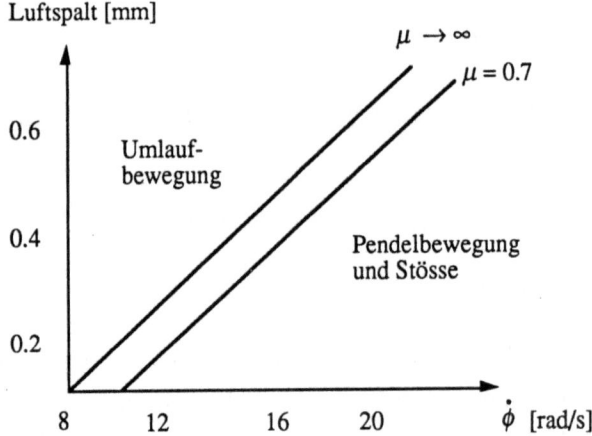

Bild 10.15 Grenzen zwischen Umlauf- und Pendelbewegung. Zahlenwerte $m = 7.76$ kg, $J = 2.425$ kgm^2, $\rho = 0.3$ mm, $R = 25$ mm

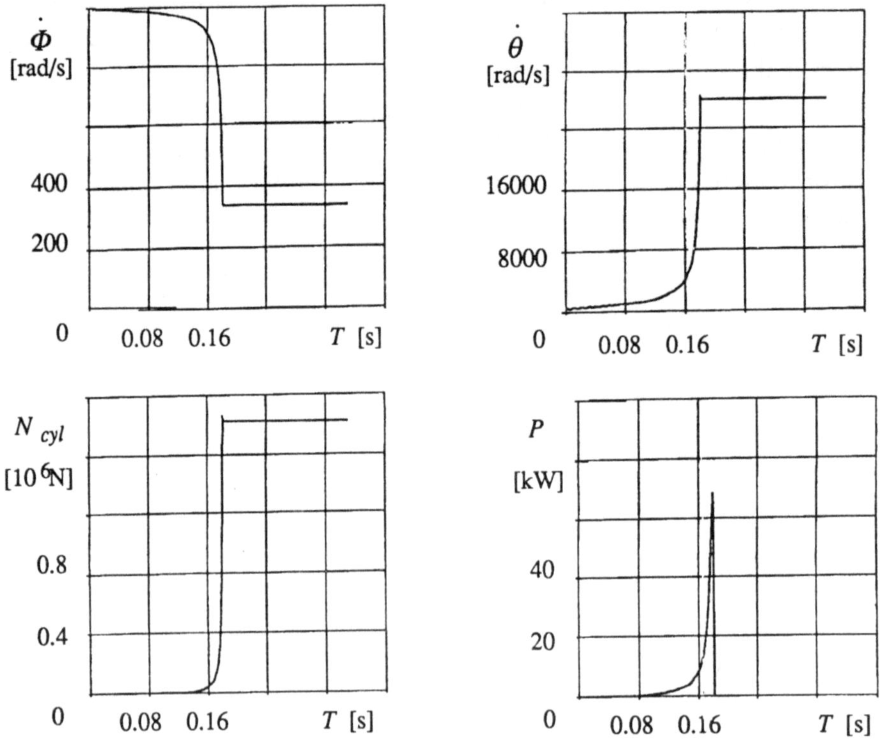

Bild 10.16 Zeitlicher Verlauf von Eigengeschwindigkeit, Wälzgeschwindigkeit, Anpreßkraft und Reibleistung, Zahlenwerte nach Bild 10.15 mit $\mu = 0.01$, Anfangsbedingungen $\Theta = 0$, $\dot{\Theta} = 600$ rad/s, $\dot{\Phi} = 1000$ rad/s

10.2 Fanglager

Für das numerische Beispiel von Bild 10.15 sind im Bild 10.16 die zeitlichen Verläufe verschiedener Größen aufgetragen. Nach einer anfänglich langsamen Zunahme der einzelnen Größen, tritt dann plötzlich, etwa bei 0.18 s, eine sehr abrupte Änderung des Verlaufs ein. Zu diesem Zeitpunkt setzt Rollen ein bei einer stark verminderten Eigendrehung von $\dot{\Phi}$ = 320 rad/s; diese Rollgeschwindigkeit nimmt in der Folge nicht weiter ab, da beim Rollen ja keine Energie mehr durch Reibung vernichtet wird. Bis zum Eintritt des Rollens nimmt dagegen die Wälzgeschwindigkeit $\dot{\Theta}$ stark zu bis zu einem konstanten Wert, und gleichzeitig wird ab diesem Zeitpunkt die Belastung N_{cyl} = 1800 kN am größten, da bei dieser schnellen Umlaufgeschwindigkeit die Fliehkräfte am größten sind. Die Verlustleistung P erreicht einen Spitzenwert von 70 kW; sie ist direkt proportional zu μ. Diese hohe Verlustleistung dürfte einen entscheidenden Einfluß haben auf Verschleiß und thermische Beanspruchung des Lagers, auch wenn sie nur sehr kurzzeitig auftritt. Die hohe Fliehkraftbeanspruchung des Rotors würde in vielen Fällen eine unzulässig hohe Verformung zur Folge haben mit den entsprechenden Auswirkungen.

Ganz ähnliche Untersuchungen lassen sich auch für die Taumelbewegung anstellen, doch sind hier, wenigstens bei dem genannten Zahlenbeispiel, die Belastungen geringer.

So anschaulich die beiden Bewegungsformen von Bild 10.13 auch sind, so zeigt doch eine genauere Analyse, daß sie in dieser reinen Form gar nicht auftreten können, da sie instabil sind. Falls nämlich der Schwerpunkt des Rotors nicht in der Mitte zwischen den beiden Lagern liegt, werden die Belastungen der Lager und auch die Reibungskräfte nicht gleich sein, und damit ist die Symmetrieannahme verletzt, die den beiden idealisierten Bewegungsformen zugrunde liegt. In Wirklichkeit werden also Mischformen auftreten, auch ein Abheben des Rotors ist nicht auszuschließen. Die o.g. Ergebnisse sind als hypothetische Grenzfälle anzusehen, aus denen Richtungen für weitere, gezielte Untersuchungen abzuleiten sind.

Von größtem Interesse sind natürlich experimentelle Ergebnissse und Fallstudien. Aus der Praxis bekannte Fanglager enthalten als wesentliche Elemente vor allem Kugellager mit besonders großem Spiel, damit sie bei plötzlichen thermischen Ausdehnungen nicht klemmen. Auch Graphitlager, Graphitlager mit Wasserschmierung, Teflonlager für Vakuumanwendungen, Bronzeringe oder verformbare, stark dämpfende Gleitringe wurden schon eingesetzt. Die Auslegung solcher Fanglager ist immer in Zusammenhang mit dem Zuverlässigkeits- und Sicherheitskonzept der Magnetlagerung und der ganzen Anlage anzusehen. Dazu gibt der folgende Abschnitt einige Hinweise.

10.3 Sicherheits- und Zuverlässigkeitsaspekte

Die Akzeptanz eines Magnetlagers für eine bestimmte Anwendung hängt oft entscheidend vom Nachweis seiner Sicherheit und Zuverlässigkeit ab. Unter *Sicherheit* (fail-safe-system) versteht man die Abwesenheit von Gefahren, die beim Einsatz des Magnetlagers für die Umwelt und für die Anlage entstehen. Mit *Zuverlässigkeit (fail-operative-system)* bezeichnet man die Wahrscheinlichkeit, daß der Betrieb der Anlage nicht durch einen Ausfall des Lagers oder seiner Komponenten gestört wird. Beide Begriffe werden mit Kenngrößen aus der Wahrscheinlichkeitsrechnung beschrieben /BIRO 85/; sie sind jedoch nicht deckungsgleich.

Magnetlager sind komplexe Systeme, aus mechanischen und elektronischen Komponenten, sowie eingebauter Software und somit ein typisches Mechatronikprodukt. Es ist berechtigt, daß für solche Mechatronikprodukte die Sicherheits- und Zuverlässigkeitsaspekte ausführlicher als für rein mechanische Lösungen behandelt werden. Sicherheit und Zuverlässigkeit müssen schon beim Entwurf des Lagers behandelt werden. Ein guter Entwurf mit einer realistischen Simulation von möglichen Ausnahmesituationen und die Beobachtung der Daten für eine Diagnose werden die Zuverlässigkeit der Magnetlagerung über die Grenzen konventioneller Lösungen erhöhen.

Zur Erhöhung der Zuverlässigkeit von Bauelementen gibt es zahlreiche Verfahren /BIRO 85/, speziell für Komponenten aus der Elektrotechnik. Etwas weniger vorhanden oder allgemein gesichert sind die Kriterien zur Beurteilung der Zuverlässigkeit von Software. Besser ausgebaut sind die Methoden zur Verbesserung der Zuverlässigkeit von Systemen, wie Redundanz für die Hardware und Diagnoseverfahren. Auch wenn damit eine ganze Reihe von spezifischen Maßnahmen bekannt sind, so kann man die Wirksamkeit solcher Maßnahmen nicht auf einfache Weise abschätzen, und es gibt es keine generellen Regeln für ein systematisches Vorgehen beim Entwurf eines Mechatronikprodukts, bei dem von vorneherein die sicherheitstechnischen Aspekte mit eingeschlossen wären.

10.3 Sicherheits- und Zuverlässigkeitsaspekte

Es gibt zahlreiche Maßnahmen, die zur Erhöhung der Zuverlässigkeit und Sicherheit dienen /DIEZ 93/. Einige von ihnen seien im folgenden genannt:

- Unterbrechungsfreie Stromversorgung
- automatischer Generatorbetrieb der Antriebseinheit zum Abbremsen des Rotors oder zum Erzeugen von Notstrom
- Redundanz in den Sensorsignalen, durch Hardwareredundanz oder analytisch durch Verknüpfung verschiedener Signale
- Verwendung von standardisierter und damit ausgetesteter Software, Modularität
- robuste Regelalgorithmen
- Überlastmessungen (Auslenkung, Strom, Kraft, Temperatur)
- Fanglager
- Unfallverhütungsmaßnahmen (ergonomische Bedienung, Erdung, Schutzdeckel)

Schon in der Entwurfsphase sollten die verschiedenen Vorschläge in ein Lösungskonzept einbezogen werden, und ihr Nutzen sollte in Simulationen und Tests überprüft werden. Von Diez /DIEZ 93/ wurde dazu ein Entwurfsverfahren vorgeschlagen (Intregrated Safety Design System ISDS), das die im Entwurf verwendete Hard- und Software weitgehend in das endgültige Produkt übernimmt. Bild 10.17 zeigt den Aufbau und die Blockkonfiguration des ISDS sowie seine Einbindung zwischen Anwender bzw. Entwickler und Prozess, d.h. Magnetlagersystem. Der Anwender hat über einen PC oder eine Workstation Zugriff zum Entwurfssystem. Der Prozess selbst ist nomalerweise über den Prozeßrechner, ein Echtzeit-Multiprozessorsystem, adressierbar. Die Aufgaben werden so verteilt, daß der PC der Entwurfsrechner ist mit der interaktiven, relativ langsamen Anwenderschnittstelle, der Verwaltung und Programmierung der Bibliothek, den leistungsstarken Entwurfs- und Simulationsprogrammen (Matlab, ACSL, Mathematica), Cross Software Tools, dem interaktiven Konfigurator, d.h. einem benutzerfreundlichen Werkzeug zum Konfigurieren und Testen von Steuerungen, den weniger zeitkritischen Diagnose- und Überwachungsfunktionen, dem Massenspeicher und der Schnittstelle zum Prozeßrechner. Der Prozeßrechner enthält andererseits das Echtzeit-Betriebssystem mit dem Synchronisationsmechanismus und der Hochgeschwindigkeits- Datenüberwachung sowie die Schnittstelle zum Magnetlagersystem selbst. Das System ist sehr flexibel, d.h., auch für unterschiedliche Magnetlagersysteme, einsetzbar. Durch weiteren Ausbau von Diagnose- und Über-

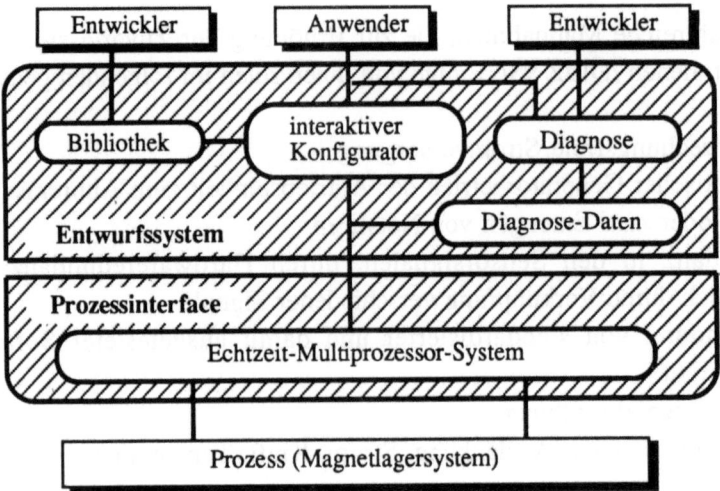

Bild 10.17 Konzept des integrierten Sicherheits-Entwicklungssystems ISDS

wachungsfunktionen sowie durch modularen Aufbau können die Zuverlässigkeit erhöht und die Wartungskosten gesenkt werden

Literatur

BIRO 85   Birolini, A.: Qualität und Zuverlässigkeit technischer Systeme. Springer-Verlag, Berlin, 1985

BLCK 68   Black, H.F.: Interaction of a whirling rotor with a vibrating stator across a clearance annnulus. J.Mech. Eng. Sc., 1968, 1-12

DEFG 88   Dell, H.; Engel, J.; Faber, R.; Glass, D.: Developments and Test on Retainer Bearings for Large Active Magnetic Bearings. Proc. First Intl Symp. on Magnetic Bearings, ETH Zurich, May 1988, Springer-Verlag, Berlin, 1988

DIEZ 93   Diez, D.: Sicherheitstechnisches Entwerfen eines Mechatronikprodukts am Beispiel eines Magnetlagersystems. Diss. ETH Zürich, 1993, to appear

FUFE 92   Fumagalli, M.; Feeny, B.; Schweitzer, G.: Dynamics of Rigid Rotors in Retainer Bearings. Third Internat. Symp. on Magnetic Bearings, Washington D.C., July 1992,

GALL 88   Gallist, R.: Hochgeschwindigkeitszerspanung - Entwicklung bis zum Jahr 2000. Technica, 21988

GLOV 86   Glover, K.: Robust Stabilization of Linear Multivariable Systems: Relations to Approximation. Int. J. of Control, No. 3 ,1986

LAHE 88   Larsonneur, R.; Herzog, R.: Optimal Design of Structure Predefined Discrete Control for Rotors in Magnetic Bearings (SPOC-D). Magnetic Bearings, First International Symposium, ETH Zürich, June 1988, Springer-Verlag, Berlin, 1988

Literatur

SALM 88 Salm, J.: Eine aktive magnetische Lagerung eines elastischen Rotor als Beispiel ordnungsreduzierter Regelung grosser elastischer Systeme. Fortschrittberichte VDI, Reihe 1, Nr. 162, Düsseldorf, 1988

SCHU 88 Schulz, H.: Die Vorteile des Hochgeschwindigkeitsfräsens. Technica, 261988

SIEG 89 Siegwart, R.: Aktive magnetische Lagerung einer Hochleistungs-Frässpindel mit digitaler Regelung. Diss. ETH Nr. 8962, Zürich, 1989

SITR 89 Siegwart, R.; Traxler, A.: Möglichkeiten und Grenzen schneller Aktuatoren am Beispiel einer magnetisch gelagerten Hochgeschwindigkeits-Frässpindel. VDI Berichte Nr. 787, Düsseldorf, 1989

SZCS 86 Szczygielski, W.; Schweitzer, G.: Dynamics of a High Speed Rotor Touching a Boundary. In Bianchi, Schiehlen (eds): Dynamics of Multibody Systems. Proc. IUTAM/IFToMM Symposium, Udine. Springer-Verlag, Berlin, 1987

Sachverzeichnis

Abtastzeit 205, 211
AD-Wandler 205
Aktuator 29, 97, 222
Aktuatordynamik 100
amorphe Metalle 140
Analogverstärker 73
Ansteuerungsarten 62, 92
Anstreifen 134, 233
Arbeitspunkt 30, 61, 218
Auflösung 76
Auslaufversuch 105
Auswuchten 125, 172
Ähnlichkeitstransformation 149

Bahnkurven 131, 132
Bandbreite 99, 198, 212
Beobachtbarkeit 226
Beobachter 158, 197
Bremsmoment 94, 104

DA-Wandler 203
Dauerresonanz 117
Dämpfung 17, 27
   bei digitaler Regelung 207
   bei Frässpindel 227
   bei Stromsteuerung 36
   bei Zustandregelung 150
   beim elastischen Rotor 195
   durch Regelung 32, 101
   modale 181

Deviationsmomente 108
dezentrale Regelung 158, 197
Diagnose 202, 239
Differenzansteuerung 62, 92
digitale Regelung 201
Drehzahl
   Anpassung der Regelung 154
   Eigenwerte 156
   Festigkeitsprobleme 134
   hohe 7, 13, 16, 97, 121
   Kreiseleffekt 118
Durchflutung 53
Dynamik 107, 165
dynamische Steifigkeit 40, 228
dynamische Unwucht 110, 123

Eigenschwingungen 107, 117, 165, 196
Eigenwerte 48, 118, 156, 165, 180
elastische Lagerung 113
elastischer Rotor 22, 165, 187
elektrodynamisches Schweben 14
elektromagnetisches Schweben 1, 14
Energieverbrauch 16, 18, 94

Fanglager 233
Feldenergie 59
Festigkeit 134, 174
Filter 197, 212
Finite Elemente 173
Fliehkraft 134

Sachverzeichnis

Flußdichte 51
Frässpindel 21, 134, 175, 221
Frequenzgang 76, 129, 179

Gegenlauf 107, 120
Geschwindigkeitsmessung 81
Gewichtsfunktion 178
Gleichlauf 107, 120

Hall-Effekt 81
Hilfslager 233
Hysterese 55, 94
Hystereseverluste 94
H∞-Regler 49, 198

Identifizierung 17, 123, 185, 187
Induktionsgesetz 54
Induktivität 41, 58
Kalibrierung 202
Kenngrößen 89
Kennlinien 30, 102
Klassifikation 10
Kleinsignalverhalten 99
Kollokation 148, 194
Kompressor 22
Kongruenztransformation 146
Kraft
    Anpreßkraft 235
    elektrostatische 14
    Lagerkraft 102, 115, 146
    magnetische 10, 13, 29, 59, 101
Kraft-Strom-Faktor 30, 61, 103, 218
Kraft-Weg-Faktor 30, 61, 218
kräftefreier Lauf 126, 157
Kreiseleffekte 115, 118, 151
kritische Drehzahlen 107, 117, 126
Kupferwiderstand 58
Kühlung 63
Lagerkraft 102, 115, 146, 235

Leistungsverstärker 73, 92, 97
Linearführung 21
Linearisierung 31, 92
Linearität 76
Lorentzkraft 13, 15, 51, 59
LQ-Regelung 46
Luftspalt 29, 56, 235
Luftwiderstandsverluste 96

MAGLEV 5
magnetische
    Achse 132
    Energie 10
    Feldstärke 52
    Induktion 51
    Kraft 10, 13, 29, 59, 101
magnetischer
    Aktuator 29, 97, 222
    Fluß 51
    Kreis 55
    Zug 123, 132
Magnetisches Rad 6
Magnetlager
    Ansteuerungsarten 62, 92
    Antrieb/Lager Kombination 15
    Auslegung 63
    Bauweisen 10
    Eigenschaften 16
    elektrodynamisches 14
    Entwurf 238
    Funktionsweise 1
    für starren Körper 27
    für starren Rotor 143
    Geometrie 89
    im Maschinenbau 9
    in der Physik 7
    in der Raumfahrt 9
    in der Verkehrstechnik 5
    Kenngrößen 89
    Klassifikation 10
    Komponenten 51
    mit Permanentmagnet 83

sensorloses 42
Stand der Technik 9
Magnetschwebefahrzeug 5
Material 16
   amorphe Metalle 140
   ferromagnetisches 54
   Festigkeit 138
   magnetische Eigenschaften 10
   Permanentmagnete 83
Meßbereich 75
Mechatronik 2, 238
Messung
   der Lagerkräfte 102
   der Verluste 104
Mikroprozessor 1, 202
Modalanalyse 165, 176
nichtkonservative Kräfte 116, 122

Nichtlinearität 61, 189, 231
Notlauflager 233
Nutation 107, 117

parametererregte Schwingung 132
Permanentmagnete 4, 12, 83
Permeabilität 10, 53
Polvorgabe 46
Präzession 107, 122

Redundanz 239
Regelung
   bei Frässpindel 227
   bei Kreiseleffekten 151
   beim elastischen Rotor 195
   dezentrale 158, 197
   digitale 201, 227
   für magnetisches Rad 6
   für starren Körper 27
   für starren Rotor 151
   H∞ 49, 198
   PD-Regler 36, 207
   PID-Regler 35

SPOC-D 198, 229
Reibung 235
Reluktanzkraft 10
Reluktanzlager 87
Remanenz 55
Resonanz 126, 183
Rotor
   elastischer 165, 187, 225
   starrer 107, 143
Rotordynamik 107
Rotorverluste 104
Rüttelkräfte 110

Sättigung 55
Schaltverstärker 73
Schaufelverlust 134
Schrumpfspannungen 140
Selbstzentrierung 131
Self-Sensing Bearing 12, 42
Sensor
   für Fluß 81
   für Geschwindigkeit 81
   für Kräfte 103
   für Strom 81
   induktiver 28, 77
   kapazitiver 78
   magnetischer 79
   optischer 1, 79
Sensorachse 132
sensorloses Lager 42
Sensorposition 194
Sicherheit 18, 238
Signalprozessor 204, 228
Signalrauschen 37, 49, 75, 204, 213
Simulation 174, 224, 239
Software Tools 173, 198, 239
Spannungsbegrenzung 98
Spannungssteuerung 41, 46, 99
spezifische Tragkraft 17, 90

Sachverzeichnis

Spillover-Effekte 191
Stabilität 27, 116, 209
statische Unwucht 110, 123
Steifigkeit 17, 27
   bei digitaler Regelung 206
   bei Frässpindel 227
   bei Stromsteuerung 36
   bei Zustandsregelung 150
   beim elastischen Rotor 195
   durch Regelung 32, 101
   dynamische 40, 228
   negative 30
Stellenergie 37, 49
Stellgrößenbeschränkung 98, 227
Steuerbarkeit 226
Streufluß 70
Strombegrenzung 98
Stromsteuerung 36, 41, 45, 99
Strömungskräfte 123
Strukturdämpfung 181
Stützlager 233
Supraleitung 13

Taumelbewegung 234
Totzeit 203
Tragkraft 17, 63, 70, 90
Transputer 204
Trägheitsmomente 108
Turbomaschinen 18
Turbomolekularpumpe 20

Umfangsgeschwindigkeit 16, 138
Ummagnetisierungsverluste 94
Unwucht 110, 123, 170
Unwuchtkompensation 158

Vakuumtechnik 18
Verschleiß 237
Verluste 16, 63, 73, 94, 104

Verlustwärme 66
Vormagnetisierung 62, 217

Wärme 63, 66
Werkzeugmaschinen 18
Wicklungsquerschnitt 63
Windungszahl 53
Wirbelstromverluste 95
Wirbelströme 14, 95

Zentrifuge 18, 20, 110
Zustandsregelung
   starrer Körper 44
   starrer Rotor 147
Zuverlässigkeit 18, 238
Zylinderbewegung 234

Springer-Verlag und Umwelt

Als internationaler wissenschaftlicher Verlag sind wir uns unserer besonderen Verpflichtung der Umwelt gegenüber bewußt und beziehen umweltorientierte Grundsätze in Unternehmensentscheidungen mit ein.

Von unseren Geschäftspartnern (Druckereien, Papierfabriken, Verpackungsherstellern usw.) verlangen wir, daß sie sowohl beim Herstellungsprozeß selbst als auch beim Einsatz der zur Verwendung kommenden Materialien ökologische Gesichtspunkte berücksichtigen.

Das für dieses Buch verwendete Papier ist aus chlorfrei bzw. chlorarm hergestelltem Zellstoff gefertigt und im ph-Wert neutral.

MIX
Papier aus verantwortungsvollen Quellen
Paper from responsible sources
FSC® C105338

If you have any concerns about our products,
you can contact us on
ProductSafety@springernature.com

In case Publisher is established outside the EU,
the EU authorized representative is:
**Springer Nature Customer Service Center GmbH
Europaplatz 3, 69115 Heidelberg, Germany**

Printed by Libri Plureos GmbH
in Hamburg, Germany